가뿐하게 떠나는 제주 드라이빙 로드

·제주·
자동차여행 코스북

이병권 지음

길벗

가뿐하게 떠나는 제주 드라이빙 로드
제주 자동차여행 코스북

초판 발행 · 2021년 8월 12일
초판 2쇄 발행 · 2022년 7월 7일

지은이 · 이병권
발행인 · 이종원
발행처 · (주) 도서출판 길벗
출판사 등록일 · 1990년 12월 24일
주소 · 서울시 마포구 월드컵로 10길 56 (서교동)
대표전화 · 02)332-0931 | **팩스** · 02)323-0586
홈페이지 · www.gilbut.co.kr | **이메일** · gilbut@gilbut.co.kr

편집팀장 · 민보람 | **기획 및 책임편집** · 정희경, 방혜수(hyesu@gilbut.co.kr) | **디자인** · 신세진, 최주연 | **제작** · 이준호, 손일순, 이진
영업마케팅 · 한준희 | **웹마케팅** · 김선영, 류호정 | **영업관리** · 김명자 | **독자지원** · 윤정아

교정교열 · 임인철 | **디자인 및 조판** · 한효경 | **일러스트** · 양하나
CTP 출력 · 인쇄 · 대원문화사 | **제본** · 경문제책

ISBN 979-11-6521-633-7(13980)
(길벗 도서번호 020151)

정가 17,500원

독자의 1초까지 아껴주는 정성 길벗출판사
(주)도서출판 길벗 | IT실용, IT/일반 수험서, 경제경영, 취미실용, 인문교양(더퀘스트) www.gilbut.co.kr
길벗이지톡 | 어학단행본, 어학수험서 www.eztok.co.kr
길벗스쿨 | 국어학습, 수학학습, 어린이교양, 주니어 어학학습, 교과서 www.gilbutschool.co.kr
페이스북 · www.facebook.com/gilbutzigy | **트위터** · www.twitter.com/gilbutzigy

독자의 1초를 아껴주는 정성!

세상이 아무리 바쁘게 돌아가더라도
책까지 아무렇게나 빨리 만들 수는 없습니다.

인스턴트 식품 같은 책보다는
오래 익힌 술이나 장맛이 밴 책을 만들고 싶습니다.

땀 흘리며 일하는 당신을 위해
한 권 한 권 마음을 다해 만들겠습니다.

마지막 페이지에서 만날 새로운 당신을 위해
더 나은 길을 준비하겠습니다.

독자의 1초를 아껴주는 정성을 만나보십시오.

Prologue
작가의말

제주는 언제 가더라도 설렘으로 가득하다. 계절별로 다르고, 바람 따라 다르고, 파도의 높이에 따라 달라지는 게 제주다. 봄부터 겨울까지 빠짐없이 푸릇하면서도, 형형색색의 빛깔이 넘실거린다. 우리나라 사람들이 제주를 이토록 좋아하는 것은 제주의 풍경을 떠올리는 것만으로도 지친 일상에 위로로 다가오기 때문이 아닐까 싶다.

2008년, 대학생 때 제주를 처음으로 여행했다. 올레길이 전부 개장되기 전이던 그 시절 자전거를 타고 제주를 일주하는 것이 여행 트렌드였다. 나 역시 자전거를 타고 용두암을 출발하여 해안도로를 따라 동쪽의 성산과 우도를 지나 남쪽의 서귀포를 거쳐 서쪽의 애월읍을 통해 4박 5일간 제주를 일주했다. 순간순간 마주하는 푸른 바다에 감탄사를 쏟아냈고, 갑자기 쏟아지는 소나기는 한여름의 무더위를 식혀주는 단비였다. 자전거를 타고 다니면서 만나는 여행자들과 나눈 대화를 추억할 때면 나에게 제주는 더없이 매력적인 곳으로 자리해 있었다. 그 이후 틈날 때면 제주를 찾았으나, 오히려 여행작가가 된 이후에는 제주와 연이 닿지 않았다. 전국의 여행지를 누비며 여행을 업으로 삼았음에도 제주는 서서히 기억 속에서 아스러지고 있었다. 그렇게 시간이 흐르던 와중에 '제주 자동차여행 코스북' 출간 계약을 하고 제주에 내려와 거주하게 되면서 다시 만난 첫사랑 같은 시선으로 이 섬을 마주했다. 출간 작업을 하는 내내 푸릇한 제주의 풍경만큼이나 내 몸과 마음도 발랄했던 20대로 돌아가는 순간이었다.

'제주 자동차여행 코스북'은 제주를 찾는 여행자 대다수가 렌터카를 빌린다는 것에 착안하여 드라이브를 테마로 삼아 해안도로와 중산간도로를 중심으로 코스를 짠 여행 가이드북이다. '해안도로'의 경우 바닷가를 따라 제주를 한 바퀴 도는 일주도로를 11개로 나눈 후 각

각의 코스를 만들었다. '중산간도로'의 경우 중산간 지역을 가로질러 해안가 마을을 잇는 11개의 도로를 코스화했다. 그렇게 총 22가지의 드라이빙 로드맵을 완성했다. 각각의 코스별로 소개되는 여행지는 제주를 대표하는 관광지와 근처에 가볼 만한 맛집&카페가 수록된다. 더불어 다른 책에는 잘 소개되지 않는 제주의 역사적&문화적 장소도 추가함으로써 '제주다움'을 담았다. Exploring 코너로 소개되는 '제주다움' 스폿은 사람들이 많이 찾아오는 유명 관광지는 아니지만, 제주의 속살을 만날 수 있는 여행지가 되리라 생각한다.

책 속에 다양한 제주의 이야기를 다룬 만큼 독자들이 자신의 취향에 맞는 제주여행을 계획하는데 작게나마 도움을 얻었으면 좋겠다. 마지막으로 제주는 천천히 보아야 더 아름답다. 자동차로 여행을 하다 보면 스치듯 지나치는 풍경이 많은데 그 순간마저도 힐링으로 다가올 것이니 제주에 발을 디딘 순간부터는 속도의 경쟁에서 벗어나 더 느리게, 더 천천히, 더 여유롭게 즐겨 보기를 바란다.

Special Thanks To

늘 마음속으로 그리워했던 제주와 다시금 사랑에 빠질 수 있도록 기회를 준 길벗 출판사에 감사의 마음을 전합니다. 기획 단계부터 출간에 이르기까지 꼼꼼하게 작업을 진행해주신 길벗 출판사의 정희경 에디터님께 고맙다는 말을 드리고 싶습니다. 특히, 독자의 시선으로 매끄럽게 문장을 다듬어주신 임인철 교열자님, 도서에 수록된 모든 일러스트 지도를 꼼꼼히 그려주신 양하나 일러스트레이터님, 그리고 448페이지를 수많은 고민과 시도로 완성시켜주신 한효경 디자이너님께 정말 감사합니다.
또한, 출간 작업을 위해 제주에 내려가 거주하게 되면서 크고 작은 도움을 많이 받았습니다. 제주 토박이의 관점으로 언제나 자기 일처럼 도와주고 숙소를 제공해주었던 임광호님, 많은 여행에 동행해주었던 김규호 작가님, 여행길 위에서 인연이 닿았던 모든 분께 감사의 말을 전합니다.

Contents
목차

Part 1. 일주도로 따라 제주 바닷길 한 바퀴

01 제주의 역사를 알아가는 것 일주도로 삼성혈~조천 P.036
02 무엇을 상상하든 그 이상 일주도로 함덕~평대리 P.052
03 제주 그 모습 그대로 일주도로 세화~종달리 P.070
04 익숙하고도 낯선 제주 일주도로 성산~신천 P.086
05 바다 따라 호젓한 시간 일주도로 표선~남원 P.104
06 바다와 폭포의 절묘한 만남 일주도로 서귀포 P.120
07 휴양지의 눈부신 절경 중문 P.136
08 바람 한 숨 파도 한 모금 일주도로 모슬포~산방산 P.152
09 쪽빛 바다와 불빛 석양 일주도로 협재~고산 P.168
10 끝없이 펼쳐지는 행복 일주도로 애월~이호 P.186
11 아무튼 설레는 제주 일주도로 제주 시내권 P.202

Part 2. 중산간도로 따라 제주 구석구석

12 우리 함께 꽃길만 가시리 녹산로 P.220
13 오몽하게 만나는 오소록한 숲 비자림로+명림로 P.232
14 탐라행 타임머신에 탑승 번영로 P.246
15 깊은 숲 깊은 숨 남조로 P.260
16 오름의 왕국 금백조로+중산간동로 P.274
17 한라산의 관대한 품속 516도로 P.290
18 구름 마중을 나가는 길 1100도로 P.306
19 개성 있게 솔직하게 힙하게 평화로 P.322
20 하루쯤은 건축물 투어 산록남로 P.338
21 자연이 살아 숨 쉬는 곳 저지리 문화예술의 길 P.356
22 고난 속에서 꽃피운 예술혼 김정희를 만나는 추사유배길 P.374

Part 3. 빛나는 보석 같은 제주의 산과 섬

설문대할망이 방귀 뀐 덕에 생긴 한라산 P.394
작고 소중한 또 다른 제주 우도 P.404
제주와는 사뭇 다른 매력 추자도 P.410
청보리가 물결치는 가파도 P.416
대한민국 최남단 마라도 P.418
해안 절벽 따라 둘러보는 무인도 차귀도 P.420
협재&금능해변의 랜드마크 비양도 P.422

추자도

10

애월읍

비양도

9

한림읍

20

21

한경면

차귀도

안덕면

대정읍

22

8

가파도

마라도

작가의 말 P.004
INTRO P.010
OUTRO P.424
인덱스 P.442

1

2

3

18

제주국제공항

제주시

17

조천읍

15

14

구좌읍

16

우도

4

13

12

성산읍

한라산

5

서귀포시

남원읍

표선면

6

About this book
일러두기

인트로

숨겨진 여행지, 역사 여행지, 건축 여행지, 비 오는 날 여행지 등 11가지 테마에 따라 가볼 만한 곳을 모아 소개합니다.

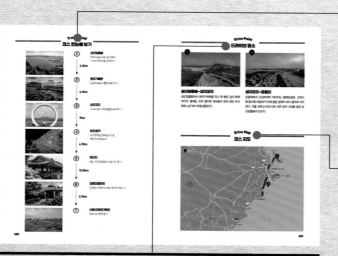

코스 한눈에 보기

해당 도로를 따라가며 방문하기 좋은 여행 명소입니다. 여행 포인트를 읽고 끌리는 곳을 선택해 방문하세요.

코스 지도

동선을 한눈에 보고 각자 취향에 맞게 여행을 계획할 수 있도록 도로 구간별 지도를 구성하였습니다. 드라이브 명소는 검은색으로 통일하여 표시하였습니다.

드라이브 명소

다음 목적지를 향해 달리는 차 안에서 자칫 못 보고 지나칠 수 있는 도로 위 드라이브 포인트를 알려줍니다. 길을 조금 우회하더라도 창밖 너머 멋진 풍경을 마주할 수 있습니다.

이 책은 작가가 수차례 제주를 방문하고 때로 제주에 길게 머무르며 엄선한 여행지를 소개하고 있습니다. 책에 소개한 여행지 정보는 2022년 5월을 기준으로 최대한 정확한 정보를 싣고자 노력했습니다. 하지만 출판 후 또는 독자의 여행 시점, 여행지 사정에 따라 정보가 변동될 수 있으니 양해 바랍니다.

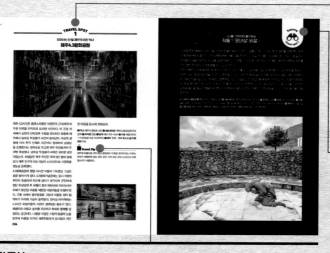

여행 명소

역사 명소, 자연 명소, 박물관, 미술관 등 방문할 가치가 높은 제주 속 장소에 대한 이야기를 풀어냈습니다.

익스플로링 구성

앞에 소개된 여행 명소와 관련해 한층 더 깊이 있는 이야기를 적었습니다. 이야기의 주제는 작품부터 공간, 액티비티까지 다양합니다.

팁 구성

주차장이 따로 마련되어 있지 않은 장소일 경우 Drive tip 구성에 주차 방법을 따로 적었습니다. 또한 장소를 돌아볼 때 알아두면 유용한 정보는 Travel tip 구성으로 담았습니다.

어라운드 트래블 구성

메인 여행 명소 주변으로 이동하기 편리한 위치에 있는 추가 여행지를 선별했습니다. 책방, 식당, 카페는 물론 여행 동반자(아이, 연인, 친구, 혼자)를 고려한 추천 장소를 담았습니다.

Intro

제주를 이제 막
입도하는 사람에게

이런 제주는
어떤가요?

Living For a month
한달살기

진정한 여행은 그 지역에 살아 보는 것이라 했던가. 최근 제주에서 한 달 살기를 하는 여행자들이 많아졌다. 한 달, 짧다면 짧고 길다면 긴 시간이다. 한 달 살이를 시작하면 2박 3일이나 3박 4일로 여행을 할 땐 무심코 지나쳤던 풍경들이 눈에 들어오기 시작한다. 시간이 지날수록 서서히 스며들어 제주를 더 사랑하게 될 것이다.

Step1. 숙소 구하기

한 달 살기를 하려면 가장 먼저 숙소부터 구해야 한다. 제주는 의외로 면적이 넓어 동쪽 끝에서 서쪽 끝으로 가려면 2시간 이상이 걸린다. 동선의 효율성을 위해 숙소 위치를 고심해서 정할 필요가 있다. 신제주나 구제주가 있는 제주 시내 지역은 교통량이 많아 차가 밀리는 경우가 잦아 한 달 살기 지역으로 추천할 만하지는 않다. 서귀포 시내나 신서귀포 지역은 편의 시설이 가깝고 교통량은 많지 않으면서도 동서 어느 쪽이든 1시간이면 갈 수 있다는 장점이 있다. 동쪽이나 서쪽에 치우쳐서 숙소를 잡는다면 그 지역을 중심으로 일정을 짜는 것이 효율적이다. 한 달 살기 숙소는 에어비앤비, 미스터맨션, 네이버 카페 등에서 찾는 것이 일반적인데, 개인적으로는 네이버 카페의 '제주도한달살기멘도롱또똣(https //cafe.naver.com/hyjnavercom)'을 추천한다. 1인 원룸형부터 규모가 큰 독채, 마당이 있어 아이들과 함께 지내기 좋은 집들까지 다양한 매물이 올라온다.

Step2. 렌터카 vs 자차 선택하기

단기 여행자들에게는 렌터카가 더 효율적인 것이 분명하지만, 한 달 살기를 하는 사람이라면 고민해봐야 한다. 제주는 렌터카 업체가 많아서 육지보다 렌터카 비용이 저렴한 편이지만 그렇다고 한 달을 꽉 채워 단기 렌트를 하기에는 비용 부담이 크다. 예를 들어 렌트 기간이 두 배로 늘어나도 비용은 세 배 이상 추가되기 때문에 많이 비싸진다. 한 달 이상 차를 빌려야 장기 렌트로 포함되는데, 제주는 장기 렌터카 매물이 드물어 찾기 어려우므로 한 달 살기를 한다면 자차를 이용하는 편이 더 낫다. 자차로 오는 대부분 여행자는 목포항 여객터미널(씨월드고속훼리 www.seaferry.co.kr)이나 완도항 여객터미널(한일고속훼리 www.hanilexpress.co.kr)을 통해 차량을 선적해 제주로 들어온다. 경상권에 사는 사람이라면 부산항 여객터미널(엠에스페리 msferry.haewoon.co.kr)에서 차량을 실을 수 있다. 차량에 따라 선적비가 천차만별이므로 홈페이지에서 금액을 확인하도록 하자.

Step3. 제주 생활 팁 알아두기

렌터카

제주는 제주 시내 지역을 제외하고는 교통량이 많지 않아 비교적 운전하기 수월한 편이지만, 신호등이 없는 곳이 많고, 교차로도 자주 나와 접촉 사고가 종종 발생한다. 내가 아무리 운전을 조심해서 한다 해도 사고를 피할 수 없는 순간이 올 수 있기에 사고 발생 시 렌터카 파손 보장 금액이 가장 큰 보험을 드는 것이 좋다. 제주 렌터카 가격 비교 사이트인 제주패스 렌트카(www.jejupassrent.com) 홈페이지나 앱을 이용해 차량을 한눈에 비교하면 편리하다. 중소 업체보다 금액이 비싸더라도 SK렌터카나 롯데렌터카 같은 대기업에서 렌트를 하면 보장 범위가 넓어 걱정 없이 운전할 수 있다. 차량을 인수하고 출발하기 전에 핸드폰으로 차량을 한 바퀴 돌며 동영상을 찍어 이상한 부분이 있는지를 확인할 것!

음식점 및 카페

제주도 음식점이나 카페의 경우 휴무일도 제각각이고, 비정기적으로 쉬는 경우가 많다. 찾아가기 전에 휴무일을 다시금 확인해볼 것. 재료 소진 시 조기 영업 종료를 하는 곳도 있으니 직접 전화해보고 가는 것이 헛걸음할 확률을 줄인다. 중산간 지역에 있는 음식점은 대부분 오후 6시 이전에 문을 닫고, 바닷가 쪽으로 내려와도 일부 술집을 제외하곤 대부분 오후 8~9시에 영업을 종료하므로 저녁을 먹으려면 오후 6시 이전에는 움직이는 것이 좋다.

입장료

제주의 수많은 테마파크는 대부분 사설 관광지라 입장료가 비싼 편. 업체에 따라 다소 차이가 있지만, 네이버 예매를 통하면 20% 이상 저렴하게 입장권을 구매할 수 있다. 방문하기 전에 네이버에서 검색해 예매하자. 구매한 입장권은 그 자리에서 바로 사용할 수 있다.

His Fave
작가가 선택한 보석 같은 여행지

작가가 개인적으로 가장 좋아하는 제주 스폿. 여러 번 방문해도 지루하지 않고 언제나 감상에 젖게 만드는 장소다. 지인들에게 제주 여행 코스 추천 문의를 받을 때마다 빼놓지 않고 꼭 언급하는 곳을 따라 가보자.

단산(바굼지오름) p.383

제주에서 가장 아름다운 경치를 품은 숨겨진 명소. 등산로가 다소 거친 편이라 여행자들에게 많이 알려지지 않은 곳이다. 정상에 오르면 산방산부터 송악산, 대정읍, 한라산까지 제주 서남쪽의 풍경이 360도로 펼쳐진다.

서귀다원 p.300

516도로가 끝나는 지점에 숨겨진 다원. 주인장 노부부가 돌담을 쌓아 소박하게 꾸민 녹차 밭이 인상적이다. 다원 가운데 있는 찻집에서 차를 마시며 창밖으로 싱그러운 초록빛 풍경을 바라보는 것만으로 힐링이 된다.

종달리 마을 p.080

제주살이를 하고 싶은 마을을 하나만 고르라면 단연코 이곳을 꼽을 정도. 골목길을 따라 천천히 걸으며 만나는 소소한 풍경에 마음이 평온해진다. 마을 곳곳에 들어선 카페, 음식점, 책방을 찾아 나만의 아지트를 만들어보자.

History & Culture
역사와 문화

제주의 역사와 문화, 정신이 담긴 문화유산 답사지. 제주에 대해 더 깊이 알고 싶은 사람이라면 꼭 한 번쯤 가 봐야 하는 장소를 뽑았다.

삼성혈 p.040

봄에는 벚꽃이 피어 SNS를 뜨겁게 달구는 곳으로 탐라국의 창건 설화가 깃든 곳이다. 3개의 구멍을 통해 땅속에서 솟아오른 제주의 시조, 삼신인(양을나, 고을나, 부을라)의 흔적을 찾아볼 것.

당오름 p.278

제주는 '신들의 고장'이라 불릴 만큼 마을마다 다양한 신을 모신다. 당오름은 신들의 어머니인 백주또 여신을 모시는 본향당이 있는 곳이다.

불탑사5층석탑 p.045

소박하게 자리한 절간에 육지에서 보기 드문 현무암으로 만든 석탑이 눈길을 끈다. 문화유산 답사에 관심이 있는 사람이라면 들러볼 것.

Grief Tourism
제주 4.3사건

역사적으로 비극적인 사건이 벌어졌던 장소를 돌아보는 여행을 '다크 투어리즘'이라고 한다. 4.3사건은 우리가 제주를 여행하며 만나는 거의 모든 장소에서 일어났다. 우리가 그날을 기억해야 하는 이유다.

제주4.3평화공원 p.236

제주를 비극으로 몰고 갔던 4.3사건에 대해 배울 수 있는 기념관과 희생자를 위로하고 추모하는 공간이 있는 공원이다. 기념관은 당시의 시대 상황과 4.3사건의 전개 과정에 대해 알 수 있는 전시물로 채워졌다.

너븐숭이
4.3기념관 p.057

4.3사건 당시 가장 큰 피해를 겪었던 북촌리에 세워진 기념관. 군인들은 주민들을 끌고 와 무차별적으로 학살했고 그 중에는 어린아이들도 있었다. 애기무덤 앞에 서면 가슴이 울컥해진다.

진아영 할머니 삶터 p.175

진아영 할머니를 기억하고 추모하는 공간. 할머니는 4.3사건 당시 얼굴에 총을 맞아 턱이 부서져 평생을 하얀색 천으로 얼굴을 감싸고 사셨다. 월령선인장 마을에 가면 꼭 들러볼 것.

Being Happy
우리 함께 꽃길 걸어요

제주는 사계절 내내 꽃이 피고 진다. 아름다운 꽃을 바라보노라면 마음까지 화사해진다. 제주를 여행하는 트렌드가 꽃을 따라간다고 해도 과언이 아닐 정도로 꽃 피는 시기에 맞춰 많은 여행자가 제주를 찾는다. 놓쳐서는 안 될 계절별 꽃 명소를 모았다.

2~4월 유채꽃

봄이 왔음을 알리는 노란 유채꽃. 제주를 다니다 보면 곳곳에서 크고 작은 유채꽃밭을 만난다. 대표적인 유채꽃 여행지로는 가시리의 유채꽃프라자와 조랑말체험공원 일대, 산방산 부근, 광치기 해변 부근이다.

3~4월 벚꽃

제주는 3월 말부터 벚꽃이 흩날린다. 녹산로에는 유채꽃과 벚꽃이 한데 어우러져 동화 같은 풍경을 만든다. 전농로, 제주대, 제주종합경기장, 신산공원, 삼성혈, 효돈동의 벚꽃이 좋다. 벚꽃이 지고 나면 4월에는 감사공묘역에 겹벚꽃이 꽃망울을 터트린다.

6~7월 수국

초여름이면 제주 곳곳에 형형색색 수국이 피어난다. 종달리의 해맞이해안도로, 혼인지, 보롬왓, 카멜리아힐, 답다니수국밭, 안덕면사무소 일대가 대표 명소. 산수국이 보고 싶다면 절물자연휴양림도 추천한다.

10~11월 억새

제주의 봄이 유채였다면, 가을은 억새다. 길가 곳곳에 억새가 피어 제주 전체가 은빛으로 일렁인다. 억새는 오름에 특히 많은데 새별오름, 따라비오름, 아끈다랑쉬오름이 3대 억새 명소로 손꼽힌다.

12~2월 동백

붉은 꽃을 송두리째 떨궈 고운 비단을 깐 듯 느껴지는 동백이 제주의 겨울을 장식한다. 동백수목원, 동백포레스트, 신흥리 동백, 카멜리아힐 등이 동백 핫플레이스다.

Healing Yourself
힐링 숲

제주에서 만나는 숲은 어느 곳 하나 좋지 않은 곳이 없으니 딱 몇 곳만 고르기 아쉽다. 그중에서도 가장 좋았던 장소만 엄선해 소개한다.

환상숲 곶자왈 p.363

제주 생태계의 허파인 곶자왈은 제주어로, 숲을 뜻하는 '곶'과 나무와 덩굴이 마구 엉클어져서 수풀 같이 된 곳을 뜻하는 '자왈'의 합성어. 특히 환상숲은 주인장이 직접 조성한 곳으로 길이 순탄하고 숲이 잘 가꿔져 있어 여유롭게 걸으며 곶자왈을 온몸으로 느낄 수 있는 곳이다.

안돌오름 비밀의 숲 p.240

SNS를 타고 입소문이 나면서 제주에서 가장 핫한 숲으로 떠올랐다. 하늘을 향해 수직으로 솟은 편백이 이국적이고 신비로운 분위기를 연출한다.

금산공원(납읍난대림) p.193

여행자들에겐 많이 알려지지 않은 숲이라 한적하고 여유롭게 숲의 향기를 만끽하기 좋은 곳. 데크를 따라 힘들이지 않고 원시림을 탐방할 수 있다.

Rainy Days
비 오는 제주

여행 중에 비가 쏟아지면 계획했던 일정에 차질이 생기기 쉽다. 그렇다고 제주로 여행 와서 시간을 허비하기에는 아쉽다. 비가 올 때 당황하지 않고 찾아갈 만한 곳을 소개한다.

엉또폭포 p.317

비가 오는 날에만 만날 수 있는 행운의 폭포. 평상시엔 물이 없다가 비가 오기 시작하면 서서히 폭포가 떨어지기 시작한다. 비가 많이 오면 많이 올수록 물줄기가 거세진다.

사려니숲 <u>p.268</u>

비가 오는 날이면 숲에 안개가 자욱하게 내려앉는다. 어둠이 짙은 삼나무 사이 사이로 안개가 낀 풍경은 영화 속 한 장면처럼 신비하게 다가온다.

비자림 <u>p.241</u>

비자나무가 숲을 이루는 비자림은 비 올 때 방문하기 좋은 숲이다. 비자나무의 푸 릇함이 물기에 젖어 더 짙어진다. 빗방울 소리와 함께 촉촉하게 젖어 든 숲을 걸 어보자.

Museums
미술관

제주에는 멋진 미술관들이 많다. 예술 작품으로 감성을 채우며 여행하는 것도 제주를 좀 더 특별하게 만나는
시간이 될 듯하다.

동쪽엔 빛의 벙커 p.095, 서쪽엔 아르떼뮤지엄 p.327

몰입형 미디어아트 미술관이다. 빛의 벙커는 세계적인 명화로 꾸며졌고, 아르떼뮤지엄은 각양각색의 테마로
다양한 공간을 연출했다. 2030 세대의 제주 여행에서 빠질 수 없는 핫플레이스!

아라리오 뮤지엄 제주 p.210

옛 극장, 모텔 등을 리모델링하여 만든 미술관. 옛 건물의 공간적 특징을 살려 예술 작품과 결합했다. 세계적인 컬렉터로 손꼽히는 아라리오 김창일 회장이 보유한 다양한 작품을 만날 수 있다.

이중섭미술관 p.128과 제주도립김창열미술관 p.365

이중섭은 한국전쟁 때 서귀포로 와 가족과 함께 1년 남짓 살았다. 그의 삶과 작품을 엿볼 수 있는 곳이 바로 이중섭미술관이다. 한편 제주도립김창열미술관에는 한국 현대미술을 대표하는 물방울 작가 김창열 화백의 작품이 전시되어 있다.

Architectures
예술 건축물

제주에는 세계적인 건축가가 지은 특색 있는 건물이 많다. 건축물 자체가 하나의 거대한 예술작품처럼 느껴지는 곳을 소개한다.

수풍석뮤지엄 p.346

이타미 준이 디자인한 뮤지엄으로 제주의 주요소인 물, 바람, 돌을 테마로 삼은 명상형 공간으로 구성되어 있다. 자유로운 방문은 제한되고 오로지 예약을 통한 도슨트(docent) 관람만 가능하다. 관람 인원도 소수이므로 미리 일정을 잡고 예약할 것.

본태박물관 p.344

안도 다다오가 지은 박물관이다. 노출 콘크리트를 통해 주변 환경과의 조화를 이룬 건축물이 눈에 띈다. 세계적인 예술가들의 작품이 전시되어 있어 볼거리도 풍부하다.

유민미술관 p.101

섭지코지에 있는 안도 다다오가 만든 건축물. 매표소에서 미술관 안까지 들어가는 동선에 꾸며진 정원, 건축물의 형태를 관찰하는 재미가 쏠쏠하다. 벽 가운데 뚫린 기다란 창틀 너머로 성산 일출봉이 보이는 것이 백미!

Activities
다이나믹 제주

제주는 아름다운 풍경만큼이나 즐길 거리도 많다. 다양한 액티비티 체험을 통해 역동적으로 제주를 즐겨보자.

서핑 또는 스킨스쿠버

제주에 있는 해수욕장 대부분 서핑 체험을 운영하는 업체들이 있다. 서프보드 위에서 파도를 타며 바다를 만끽한다. 산소통을 메고 바닷속을 탐방하는 스킨스쿠버(보목포구 일대)를 해보는 것도 좋은 추억이 될 것이다. 포털 사이트에서 미리 업체를 찾아보고 예약 후 방문할 것. 최근에는 해녀와 함께 물질을 배워보는 해녀 체험도 인기를 끌고 있다.

카트

제주에서 빼놓을 수 없는 액티비티 중 하나가 카트
다. 수많은 카트장이 있는데 그중에 가장 최신식 시
설을 보유한 9.81파크가 인기가 많다. 앱을 통해 나의
주행 영상이 바로 전송된다.

요트

요트의 선상 위에서 제주의 푸른 바다를 만난다. 대
포주상절리 앞을 다녀오는 중문 샹그릴라요트투어,
돌고래가 자주 출몰하는 곳으로 요트를 타고 나가는
대정읍의 M1971이 대표적.

For a Child or Childlike
아이가 있거나 동심이 있거나

아이와 함께 가기 좋은 곳이면서도 어른도 함께 즐길 수 있는 장소를 뽑았다. 하루쯤 천진난만하게 놀아 보는
건 어떨까.

제주항공우주박물관 p.362
항공과 우주에 관한 테마관과 영상관을 갖추고 있어 다양한 즐길 거리가 있는 체험형 박물관이다. 미지의 세
계인 우주로 여행을 떠나보자.

아쿠아플라넷 제주 p.100

바닷속 세상을 만나는 아쿠아리움은 언제나 흥미롭다. 대형 수족관에서 벌어지는 해녀 물질 공연은 제주에서만 볼 수 있는 프로그램이다.

피규어뮤지엄 p.331

각종 영화와 애니메이션에 등장한 캐릭터의 피규어가 모여 있다. 아이들에게 재밌는 곳이지만, 부모도 잠시나마 어린 시절의 동심을 떠올려 볼 수 있는 곳이다.

Part

01

일주도로 따라
제주 바닷길 한 바퀴

01

제주의 역사를 알아가는 것
일주도로
삼성혈~조천

삼성혈에서 시작해 조천의 조함해안로까지 달리는 길은 제주를 한 바퀴 도는 일주도로의 시작 구간. 탐라국의 건국신화부터 고려와 조선을 지나 오늘에 이르기까지의 제주 역사와 문화가 길 위에 고스란히 남아있다. 역사 여행이 재미없다고 생각한다면 오산! 제주는 세계 어디에 내놓아도 뒤지지 않는 풍경을 품은 섬임을 잊지 말자. 과거로 떠나는 시간 여행 중에도 제주의 아름다운 숲과 눈부신 바다는 우리 곁에 함께한다.

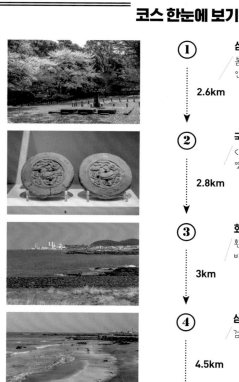

① 삼성혈
봄날, 벚꽃 아래
인생 사진 찍기

2.6km

② 국립제주박물관
〈탐라순력도〉를 통해
옛 제주 감상하기

2.8km

③ 화북포구
환해장성에 기대어
바다 감상하기

3km

④ 삼양검은모래해변
검은 모래 백사장 걷기

4.5km

⑤ 닭머르해안길
노을 감상하며
잡념 비우기

4.5km

⑥ 조천리~신흥리(조함해안로)
연북정에 올라 과거 유배되어
온 사람들의 그리움 그려보기

드라이브 명소

조함해안로

조천리~신흥리를 잇는 도로. 연북정을 지나면 본격적인 해안도로가 시작된다. 가까이 마주한 바다는 예상 외로 잔잔하고 고요해 마치 호수 위를 달리는 듯한 기분이 든다.

Drive Map

코스 지도

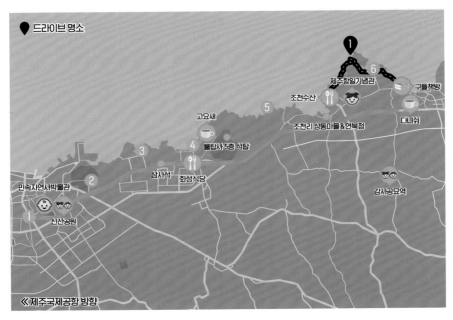

제주 시작의 전설을 간직한 곳
삼성혈

삼성혈은 제주의 건국신화인 삼신인(三神人) 전설이 깃든 곳이다. 삼성혈 숲 안에는 주변보다 지반이 다소 가라앉은 부분에 3개의 구멍이 움푹 파인 자리가 있는데, 이 구멍에서 양을나, 고을나, 부을나라는 3명의 신이 솟아나 탐라를 건국하고 다스렸다고 전해진다. 삼성혈 숲에는 족히 수백 년은 됐음직한 곰솔나무와 후박나무가 하늘을 뒤덮듯 빼곡하다. 숲 사이로 들어오는 청아한 볕을 따라 걸으며 숲을 한 바퀴 돌아보자. 봄에는 연분홍 벚꽃이 숲을 화사하게 밝히니 '벚꽃엔딩'을 즐기기에도 그만이다. 삼성혈에서 가장 인상 깊은 곳은 삼신인 전설이 깃든 세 개의 구멍이 있는 혈의 자리다. 주변을 빙 둘러싼 고목들은 하나 같이 혈 자리를 향해 가지를 뻗고 있어 마치 제단을 둘러싼 사람들이 고개를 숙이고 공손히 절을 하는 모습으로 보인다. 그런가 하면 눈이 많이 내려도 혈 자리에는 눈이 쌓이지 않는다고 하니 더욱 신비스럽다. 신령이 깃든 땅의 기운 때문일까. 자연도 성지에 경외감을 느끼는 듯싶다.

⊙ 주소 제주시 삼성로 22 **⊙ 내비게이션** '삼성혈'로 검색 **⊙ 주차장 있음** **⊙ 문의** 064-722-3315 **⊙ 이용 시간** 09:00~18:00 **⊙ 휴무** 연중무휴 **⊙ 이용 요금** 어른 4,000원, 청소년 2,500원, 어린이 1,500원

걸으며 배우는 제주의 역사

국립제주박물관

국내든 해외든 어떤 도시를 여행할 때, 그 도시의 역사와 속살을 알고 싶다면 도시의 이름을 내건 박물관을 가보는 게 기본이다. 이런 이유로 제주에 와서 국립제주박물관에 가는 것은 당연한 일. 제주를 아무리 많이 다녀왔어도 국립제주박물관을 가보지 못한 사람은 앙금 없는 찐빵을 먹은 것과 같다고 해도 과언이 아니다.

국립제주박물관은 선사시대부터 조선을 거쳐 현대에 이르는 제주의 역사와 문화를 담고 있다. 다양한 전시물을 통해 태초의 제주는 어떻게 시작되었는지, 섬과 바다가 제주인의 삶에 어떤 영향을 미쳤는지, 유배지였던 제주는 어떤 모습이었는지 등 제주의 여러 얼굴에 대해 자세히 배우게 된다. 가장 눈에 띄는 전시물은 보물로 지정된 〈탐라순력도〉. 1702년 제주목사 이형상이 한 해 동안 제주도 각 고을을 순시하던 장면을 기록한 화첩이다. 〈탐라순력도〉에는 김녕에 있는 용암굴, 서귀포의 정방폭포, 산방산의 산방굴 같은 명소를 탐방하는 그림도 있어서 오늘날의 모습과 비교하며 그림을 들여다보면 제주의 변화를 더 깊게 느낄 수 있을 것이다.

◉ **주소** 제주시 일주동로 17 ◉ **내비게이션** '국립제주박물관'으로 검색 ◉ **주차장** 있음 ◉ **문의** 064-720-8000 ◉ **이용 시간** 09:00 ~18:00 ◉ **휴무** 월요일 ◉ **이용 요금** 무료

〈탐라순력도〉

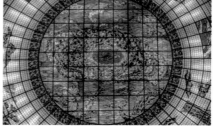

포구길 따라 만나는 옛 제주

화북포구

화북 지역에는 옛 제주의 모습을 그대로 간직한 비석 거리, 해신사, 환해장성, 별도연대, 삼사석 등 다양한 유적이 남아있다. 포구의 낡은 돌담과 바다를 따라 유 적을 한 곳씩 찾다 보면 시간을 거슬러 과거의 제주로 타임머신을 타고 온 듯하다. 화북리 마을 입구에는 옛 지방관들이 자신의 공적을 새겨둔 공덕비가 늘어섰 다. 이곳에 많은 비석을 세웠다는 것은 화북포구가 과 거 제주의 주요 관문이었다는 사실을 알려준다.

잔잔한 파도가 일렁이는 화북포구에는 배들의 안전 을 기원하기 위해 용왕에게 제사를 올리던 해신사가 있다. 조선 순조 때(1820년) 제주목사 한상묵이 지었 다. 해신사는 예스러운 자태로 여전히 자리를 지키며 주민들의 안녕을 기원한다. 포구 끝자락으로 걸음을 옮기면 환해장성과 별도연대가 나타난다. 환해장성 은 적의 침입을 막기 위해 제주도 해안선을 따라 쌓 은 성벽이고, 연대는 적의 동태를 살피고 봉화를 피 워 빠르게 소식을 전하던 봉수대였다. 별도연대에 서 서 해안을 따라 길게 이어지는 성벽을 바라보며 쪽빛 바다에 젖어보자.

🌊 Travel Tip

추천하는 관람 동선은 비석거리(제주시 화북일동 4008)에서 시 작해 화북포구에 주차하고 도보로 김석윤가옥(제주시 진남로 44), 해신사, 환해장성을 둘러본 후 포구 옆에 위치한 별도연대로 가는 코스다.

해신사

환해장성

📍 **주소** 제주시 화북일동 1619-4 📱 **내비게이션** '화북포구'로 검색
🅿 **주차장** 포구 앞에 주차

삼신인 전설이 전해지는 신화 속 돌
삼사석

삼성혈에서 솟아오른 삼신인은 벽랑국의 세 공주를 아내로 맞이한 후 살 곳을 정하기 위해 각자 화살을 한발씩 쐈다. 화살이 떨어진 각각의 자리에 일도리, 이도리, 삼도리라 하여 마을을 세웠는데, 이때 삼신이 쏜 화살에 박힌 3개의 돌이 삼사석(三射石)이 되었다. 삼사석은 화북포구에서 나와 일주도로를 타고 동쪽으로 가는 방향에 있다. 아파트 단지 앞으로 난 왕복 6차선의 대로변에 있어 무심코 지나가기 쉬우니 놓치지 말고 잘 찾아볼 것! 인도를 따라 동쪽으로 걷다 보면 돌담 안에 자리한 팽나무와 그 아래 놓인 석실을 볼 수 있고, 석실 안에 있는 3개의 돌이 바로 삼사석이다. 전설로만 여겼던 제주의 건국신화와 유물이 만나 역사의 한 페이지가 된 것.

주소 제주시 화북일동 1380-1　**내비게이션** '주소'로 검색

Drive tip 일주도로로 이어지는 도로변 공터(화북일동 1381-4)에 주차하면 된다.

찾는 사람이 적어 조용한 해변

삼양검은모래해변

화산암이 오랫동안 침식되어 만들어진 삼양해변의 모래는 검디검다. 화산암은 철분과 마그네슘의 함량이 높아 모래가 어두운색을 띤다. 철분과 마그네슘은 신경통과 관절염에 효과가 좋다고 알려져 예로부터 삼양해변에서 모래찜을 즐기는 사람들이 많았다. 썰물 때 삼양해수욕장의 모습을 보면 검은 모래가 더 도드라진다. 물이 빠져나간 자리에 검은 모래사장이 널찍하게 모습을 드러낸다. 모래 위에 이름과 글씨를 남기며 사진을 찍는 것도 이곳을 찾는 재미 중 하나. 날씨가 좋을 때는 미처 다 빠져나가지 못한 바닷물 위로 하늘이 비추어 마치 볼리비아 우유니사막에 온 것 같은 환상적인 풍경이 펼쳐지기도 한다.

부드러운 검은 모래를 따라 걸으며 해수욕장 끝까지 가면 용천수와 만난다. 사철 내내 끊이지 않고 솟는 맑은 물에 잠시 발을 담그고 쉬면 피로가 말끔히 풀린다.

⊙ 주소 제주시 삼양이동 1960-4 **◐ 내비게이션** '삼양검은모래해변' 으로 검색 **ℙ 주차장** 있음 **☏ 문의** 064-728-3991

용천수

국내 유일의 현무암 석탑
불탑사 5층 석탑

삼양검은모래해변에서 차로 5분 거리에 있는 불탑사에 가면 고려시대에 세워진 불탑사 5층 석탑을 만난다. 육지에서는 비교적 흔하게 볼 수 있는 것이 사찰의 탑이지만, 제주에서는 불탑사 5층 석탑이 유일한 고려시대 탑이다. 이 석탑의 가장 큰 특징은 탑에 사용된 석재 모두 현무암이라는 점! 현무암 특유의 구멍이 송송 뚫린 질감에 검은 회색빛 색감이 더해져 화강암 석탑과는 또 다른 독특하고 이색적인 분위기를 자아낸다.

탑은 좁은 기단부를 시작으로 상층부로 갈수록 더 얇아져 가냘픈 인상을 주고 지붕돌의 네 귀퉁이는 살짝 들려 있어 날아갈 듯 경쾌하다. 탑돌이를 하며 탑을 자세히 들여다보고 있으면 아담한 돌담 사이에 둘러싸인 탑 풍경이 그윽하게 다가온다. 현무암의 땅, 제주! 그 정서를 담은 탑은 고풍스러우면서 동시에 이색적이다.

◉ **주소** 제주시 원당로16길 41　◐ 내비게이션 '불탑사오층석탑'으로 검색　Ⓟ **주차장** 있음　◐ **문의** 064-710-3314

제주 북부 최고의 노을 명소
닭머르해안길

신촌리 해안에는 뾰족뾰족한 검은 바위들이 해안을 따라 이어지는 바닷길이 나온다. 기이한 바위 모습이 마치 닭이 흙을 파헤치고 그 안에 들어앉아 있는 것처럼 보인다 하여 '닭머르해안길'이라는 이름이 붙었다. 예전에는 올레 18코스의 일부로 크게 주목받지 않던 곳이었으나, 절벽 끝에 바다를 감상할 수 있는 정자가 세워지면서 찾는 이가 많아졌다.

SNS를 통해 노을 맛집으로 알려지기 시작하면서 지금은 제주를 대표하는 일몰 명소가 되었다. 정자에 앉아 바다를 가까이 만나는 것도 좋고, 산책로에 서서 정자로 향하는 S자 길과 그 끝에 바다와 하늘에 반씩 걸쳐 있는 듯한 정자를 바라보는 것만으로도 감상에 젖는다. 가을에는 해안가 주변 억새밭이 장관이다.

닭머르해안길을 나온 뒤에는 잠시 신촌포구에 들러보자. 제주 북부 지역의 바닷가에는 크고 작은 포구들이 많다. 신촌포구의 풍경은 어린 시절에 살던 동네에 돌아온 것처럼 정겹다. 발길이 이끄는 대로 포구를 걷고 마을 골목길을 돌아봐도 좋다.

◉ 주소 제주시 조천읍 신촌리 3403 **◐ 내비게이션** 앞의 주소로 검색

🚗 Drive tip
닭머르해안길 정자가 보이는 곳에서 포구 쪽으로 1분만 내려가면 왼쪽으로 공터가 있다. 주차 후 올레길을 따라 도보로 접근

신촌포구

옛 정취 여전히 그대로
조천리~신흥리(조함해안로)

연북정

신촌포구를 지나 조천리~신흥리에 이르는 길은 바다를 따라 늘어선 민가의 돌담이 길게 이어져 있고, 바닷가 근처 여러 곳에는 자연적으로 솟아난 용천수도 많다. 천천히 달리며 정겨운 포구 마을의 풍경을 감상하는 재미가 쏠쏠하다.

조천은 과거부터 육지와 제주도를 잇는 관문이었다. 조천포구 바닷가에 지어진 연북정은 제주에 도착한 신하들이 포구에 서서 '북쪽의 한양을 향해 임금에게 충정을 보낸다'는 의미를 담은 이름의 정자다. 성벽처럼 높은 곳에 지어진 연북정에 오르면 조천리 마을 풍경이 가슴 높이에서 펼쳐진다. 당시만 해도 제주도는 가장 척박한 땅이었다. 가족과 고향을 떠나 멀리 제주까지 온 이들이 조천의 바다를 보며 육지를 향한 그리운 마음을 애써 다독였으리라 생각하면 바다가 애틋하게 느껴진다.

연북정에서 조함해안로로 진입하면 드라이브하기 좋은 해안도로가 나타난다. 제주에서 육지와 가장 가깝다는 관곶을 지나 신흥리로 달리는 길에는 바다에 인접한 소박한 풍경이 연이어 나타난다. 잠든 것처럼 고요한 바다가 이어지는 길을 달리노라면 감상에 젖지 않을 수 없다. 마을에 드는 재앙을 막기 위해 방사

탑을 세운 신흥리 마을 뒤로는 에메랄드빛 바다가 시작되는 함덕해수욕장으로 이어진다.

⊙ 주소 제주시 조천읍 조천리 2690 **⊙ 내비게이션** 앞의 주소로 검색

🚗 Drive tip
연북정 앞 포구에 주차 가능하고 해안도로 드라이브 코스는 연북정~조함해안로 진입~관곶~신흥리~함덕으로 이어진다.

신흥리 방사탑과 노을

함께 가볼 만한 곳들을 소개합니다. 당신의 취향은 어느 곳인가요?

동네 책방
구들책방

길가에 자리한 헌책방, 노란색 페인트가 칠해진 외관에 눈길이 절로 간다. 처음에는 주인장 부부가 소장하고 있던 책들을 판매했다. 이후 주변 사람들의 도움으로 책이 한 권씩 채워졌다. 방문객이 헌책을 기증하기도 하고, 헌책을 사가기도 하며 '책방 스토리'가 늘어났다. 헌책방의 이미지와 잘 어울리는 고풍스러운 소품도 눈에 정겹다. 책을 산 후에는 소박하게 꾸며진 구들방에 잠시 앉아 책을 읽어도 좋다.

♥ **주소** 제주시 조천읍 신북로 502 ● **내비게이션** '구들책방'으로 검색 ● **문의** 0507-1422-4769 ◎ **이용 시간** 12:00~20:00 ● **휴무** 수요일 ◎ **인스타그램** @kim19party

🚗 Drive tip
함덕리사무소 앞 또는 카페 다니쉬 앞에 주차, 둘 다 주차 공간이 협소해 자리가 없는 경우에는 마을 골목 안쪽에 주차할 것

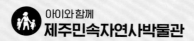

아이와 함께
제주민속자연사박물관

화산섬 제주는 특유의 자연과 문화를 갖고 있다. 박물관에는 척박한 환경 속에서 불굴의 정신으로 삶을 일궈낸 제주인들이 만들어낸 전통과 지혜를 배울 수 있는 전시가 주를 이룬다. 그중에서도 '일만팔천 신들의 고장'이라 불리는 제주에서도 가장 중요한 문화 중 하나인 제주칠머리당영등굿을 홀로그래피 기술로 재현한 콘텐츠가 눈길을 사로잡는다. 박물관을 관람하고 나면 제주와 한결 더 가까워짐을 느낄 수 있다.

♥ **주소** 제주시 삼성로 40 ● **내비게이션** '제주민속자연사박물관'으로 검색 ℗ **주차장** 있음 ● **문의** 064-710-7708 ◎ **이용 시간** 09:00~18:00(매표마감 17:30) ● **휴무** 월요일, 명절 연휴 ● **이용요금** 어른 2,000원, 청소년 및 어린이 1,000원

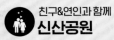

친구&연인과 함께
신산공원

제주 원도심 안의 작은 공원. 봄에는 왕벚꽃이 공원 전체를 메워 '벚꽃엔딩'이 한바탕 벌어지는, 도민들의 벚꽃놀이 명소다. 10~11월 중에는 약 한 달간 가을밤의 정취를 느낄 수 있는 '빛의 거리 축제'가 열린다. 나무에 전구를 걸어 밤을 밝히고, LED 조명을 이용한 다양한 전시가 펼쳐져 감성적인 사진을 남길 수 있다. 가을에 제주를 찾는다면 절대 놓치지 말 것.

⊙ 주소 제주시 일도이동 830 **⊙ 내비게이션** '제주신산공원'으로 검색 **ⓟ 주차장 있음 ☎ 문의** 064-726-0885

친구&연인과 함께
감사공묘역

감사공묘역은 조선 전기의 무신 강영의 묘지이다. 조선 태조 시절 이방원이 일으킨 제1차 왕자의 난이 일어나자 위험을 피해 전라감사를 사임하고 제주로 들어왔다. 그는 제주 주민들에게 충효의 도리와 예의를 가르치며 학문을 전파했다. 4월 중순이 오면 묘역 주변에 겹벚꽃이 피어난다. 부풀어 오른 팝콘처럼 팡팡 꽃망울을 터트려 세상을 온통 핑크빛으로 물들인다. SNS를 통해 입소문이 나면서 겹벚꽃 핫플레이스로 떠올랐다.

⊙ 주소 제주시 조천읍 함대로 362 **⊙ 내비게이션** '감사공묘역'으로 검색

 Drive tip

묘역 앞 도로 갓길에 주차

즐겁웁게 미식
화성식당

접짝뼈국은 옛날 제주 잔칫집에서 맛볼 수 있던 전통 음식. 돼지의 목부터 갈비에 걸친 부위의 뼈인 접짝뼈를 우려낸 후 메밀가루와 순무를 넣어 완성하는 걸쭉한 제주식 곰탕이다. 화성식당의 접짝뼈국은 국물은 걸쭉한데 보기와는 다르게 맛은 담백하고 시원하며 살코기는 매우 부드러워 입안에서 살살 녹는다. 양념보다는 재료 본연의 맛을 살리는 것이 화성식당의 특징.

◉ **주소** 제주시 일주동로 383 ◐ **내비게이션** '제주화성식당'으로 검색 ☎ **문의** 064-755-0285 ◉ **이용 시간** 10:00~14:00 ● **휴무** 명절 연휴 ◎ **메뉴** 접짝뼈국 11,000원

🚗 Drive tip
농협 삼양지점 앞 공영주차장
(삼양이동 2135-10)에 주차

즐겁웁게 미식
조천수산

황돔을 주로 취급하는 회 포장 전문점. 제주를 비롯한 남해안 지역에 서식하는 황돔은 살이 두툼하고 쫀득하여 맛이 좋다. 가게 앞에 자리한 간이 테이블에서 회를 먹을 수 있는데, 해 질 무렵이면 조천 앞바다로 떨어지는 노을과 함께 낭만을 즐기며 '회 먹방'을 즐길 수 있어 인기가 높다. 초고추장과 간장 외에 따로 제공되는 반찬이 없으므로 채소 및 음료(주류)는 개인이 준비해 가야 한다.

◉ **주소** 제주시 조천읍 조천북1길 35-8 ◐ **내비게이션** '조천수산'으로 검색 ◉ **주차장** 있음 ☎ **문의** 064-782-1426 ◉ **이용 시간** 15:00~21:00 ● **휴무** 화요일 ◎ **메뉴** 황돔 1kg 당 양식 32,000원, 자연산 35,000원, 돌문어 1kg 당 35,000원 ◎ **인스타그램** @ jocheonsusan

☕ 여유롭게 카페
고요새

'고요하고 오롯한 나의 요새'라는 의미의 카페 이름처럼 차분한 분위기다. 눈에 띄는 메뉴는 '천사의 크림'. 라즈베리 콩포트를 프로마주블랑이라는 치즈에 발라 먹는 것인데, 치즈라기보다 부드러운 생크림처럼 입안에서 살살 녹는 독특한 식감이다. '혼자만의 오롯한 시간'이라는 세트 메뉴를 예약하면 2층으로 올라가 음료와 디저트를 맛보며 메뉴와 함께 제공되는 편지지에 글을 쓰는 '로맨틱 타임'을 가질 수 있다.

◉ **주소** 제주시 선사로8길 11 고요새 ◉ **내비게이션** '고요새'로 검색 ◉ **문의** 0507-1466-4848 ◉ **이용 시간** 11:30~19:00 ◉ **휴무** 화요일 및 수요일 ◉ **메뉴** 아메리카노 5,000원, 땅콩버터크림 6,800원, 천사의 크림 7,500원, 혼자만의 오롯한 시간 19,000원 ◉ **인스타그램** @goyosae__

🚗 Drive tip
도보 5분 거리 삼양해수욕장 주차장 이용

☕ 여유롭게 카페
다니쉬

건강하고 신선한 빵을 선보이는 베이커리 카페로 소위 '빵덕후'들에게는 최고의 핫플레이스다. 빵은 프랑스산 밀가루와 프리미엄 버터를 재료로 당일에 만들어 소량만 판매하는 것을 원칙으로 한다. 판매하는 양은 적지만 개성 있는 빵 종류가 많아 하나만 선택하기 어려울 정도. 빨간 벽돌집의 외양, 빈티지하면서도 감각적 개성이 돋보이는 실내 공간, 맛 좋은 음료와 디저트까지 모든 게 만족스러운 스타일리시 카페다.

◉ **주소** 제주시 조천읍 함덕16길 56 ◉ **내비게이션** '다니쉬'로 검색 ◉ **문의** 0507-1333-1377 ◉ **이용 시간** 11:30~19:00 ◉ **휴무** 화요일 및 수요일 ◉ **메뉴** 필터커피 6,000원, 바닐라콜드브루크림라떼 6,500원, 빵 종류 가격 다양 ◉ **인스타그램** @danish_jeju

🚗 Drive tip
가게 앞 공터 또는 골목에 주차

02

무엇을 상상하든 그 이상
일주도로
함덕~평대리

해안도로를 따라 동쪽으로 달리노라면 쪽빛 바다가 끝없이 펼쳐진다. 바다 지나 다시 바다, 그 바다 지나 또다시 바다가 이어지는 것. 아름다운 해안 풍경에 '이게 진짜 제주지!'라는 혼잣말이 절로 튀어나온다. 10년 전만 해도 한적하던 해변은 많은 이들의 사랑을 받으며 어느덧 여행자들로 북적거리는 명소가 되었다. 다소 번잡한들 어떠랴! 굽이굽이 이어진 바다는 여전히 낭만적인 모습으로 우리를 기다린다.

① **함덕서우봉해변**
서우봉에 올라
함덕 해변 바라보기

4km

② **너븐숭이4.3기념관**
4.3사건의 아픔을 기억하기

11km

③ **김녕성세기해변**
투명한 바다부터 붉은 노을까지
해변의 낮과 밤 즐기기

4.5km

④ **만장굴**
한여름에도 시원한
동굴 속으로 들어가기

5km

⑤ **월정리해변**
힙하고 핫한 카페에 앉아
바다 바라보기

3.8km

⑥ **해맞이해안로1구간**
[월정리~세화리]
눈부신 바다따라 드라이브하기

Drive Point
드라이브 명소

만장굴~해맞이해안로~월정리

만장굴에서 바로 월정리로 내려가지 말고, 다시 김녕해
수욕장으로 돌아와 해안도로를 타고 월정리로 향할 것.
해변을 따라 풍차들이 줄을 잇는다.

월정리~해맞이해안로~평대리

복잡했던 월정리를 지나 행원리와 평대리로 들어서면
한적한 바다가 이어진다. 작은 어촌 마을의 소박한 풍경
이 차를 멈추게 한다.

Drive Map
코스 지도

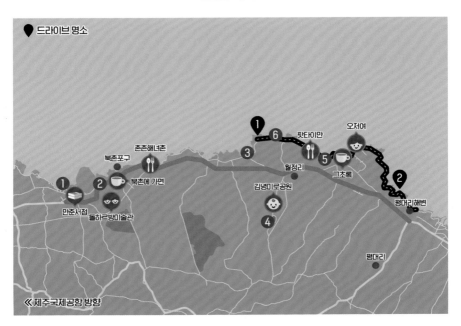

이곳은 마치 남태평양의 휴양지

함덕서우봉해변

함덕해변은 본래 바다였다. 바다 아래의 현무암 지층 위에 오랜 시간 조개껍데기가 쌓이고 부서지며 모래가 되었고, 해수면이 낮아지면서 이 모래들이 바다 위로 모습을 드러내 고운 백사장을 이룬 곳이다. 해수욕장 중간에 돌출된 현무암 바위가 바람을 막는 방파제 역할을 해 해변 안으로 들어오는 파도를 잔잔하게 만든다. 해변은 경사가 완만하고 수심이 깊지 않아 남녀노소 누구나 물놀이를 즐기기에 좋다. 백사장 주변은 높은 호텔과 리조트, 골목마다 들어선 맛집들로 번화가를 이루고 있어 제주 최고의 해수욕장다운 모습이다.

해변을 지나 동쪽 끝에 있는 서우봉으로 올라가면 곱고 눈부신 함덕해변의 풍경을 만난다. 중턱까지만 가도 함덕해변이 한눈에 내려다보이니 꼭 가볼 것. 하늘이 맑아 가시거리가 긴 날에는 해수욕장 뒤로 한라산의 능선과 울퉁불퉁하게 튀어나온 동쪽의 오름을 감상하는 호사를 누릴 수 있다. 해가 질 때면 강렬하게 떨어지는 노을빛이 함덕해변을 감싸며 쪽빛 바다마저 황금빛으로 물들인다. 봄에는 유채꽃, 여름에는 해바라기를 심어 계절마다 꽃과 바다가 어우러진 진귀한 풍경을 만날 수도 있다.

◎ 주소 제주시 조천읍 조함해안로 525 **◎ 내비게이션** '함덕해수욕장'으로 검색 **ⓟ 주차장** 있음

서우봉의 유채꽃

기억해야 할 제주의 아픔

너븐숭이 4.3기념관

소공원의 아기 무덤

제주의 근대사를 이야기할 때 빼놓을 수 없는 것이 4.3사건이다. 4.3사건은 1947년 3월 1일 벌어진 집회를 기점으로 1948년 4월 3일에 발생한 남로당의 무장봉기, 1954년까지 이어진 군경의 진압 과정에서 무고한 제주도민을 학살한 사건이다. 약 7년간 벌어진 학살로 2만~3만 명이 희생당했다고 알려졌는데, 이는 당시 제주 인구의 10%에 달하는 수치였으니 그 참혹함은 이루 말할 수 없을 만큼 끔찍했다.

너븐숭이는 4.3사건의 희생자들을 위로하고 아픔을 기억하기 위해 당시 가장 피해가 컸던 북촌리 마을에 세워졌다. 1949년 1월 17일, 군인들은 북촌리 주민들을 북촌초등학교 운동장에 한데 모은 후 50~100여 명씩 끌고 나가 학살했다. 당시 아이들도 총알을 피해갈 수 없었다. 기념관 앞 소공원에는 죽은 아이들의 시신을 암매장한 아기 무덤이 자리하고 있다. 자그마한 돌무더기로 된 아이들 무덤 앞에 서면 눈시울이 뜨거워질 수밖에 없다. 소공원에는 4.3사건을 배경으로 한 현기영의 소설 《순이 삼촌》 문학비도 세워져 있다. 《순이 삼촌》은 1978년, 4.3사건의 진실을 문학으로 드러낸 작품이다.

⊙ 주소 제주시 조천읍 북촌3길 3 **⊙ 내비게이션** '너븐숭이 4.3기념

관'으로 검색 **P 주차장** 있음 **☎ 문의** 064-783-4303 **◎ 이용 시간** 09:00~16:00 **⊖ 휴무** 둘째, 넷째 주 월요일, 명절 연휴 **🎫 이용 요금** 무료

🧳 **Travel Tip**

너븐숭이는 '넓은 돌밭'을 뜻하는 제주 방언

《순이 삼촌》 문학비

너븐숭이 4·3기념관

폭낭이 있는 마을
북촌포구

4.3사건의 피해가 가장 컸던 곳은 북촌마을. 오늘날 이 마을은 과거가 생각나지 않을 만큼 평화롭다. 돌담길 따라 마을을 걷다 보면 골목 귀퉁이마다 커다란 폭낭('팽나무'의 제주 방언)이 서 있다. 가지가 한쪽으로 기울어져 뻗어 나간 모습이 멋스러운 나무다. 가지가 기울어진 이유는 제주의 거친 바람 때문이다. 뿌리로는 단단히 땅을 붙들고 바람의 방향을 따라 순응하여 가지를 뻗었다. 바람에 몸을 맡긴 폭낭의 지혜가 돋보인다.

포구로 가면 조업 중인 어선들이 포구를 찾을 수 있도록 불을 밝히던 등명대. 물개가 헤엄치고 있는 듯한 모습으로 앞바다에 떠 있는 다려도가 나타난다. 짙푸른 바다는 북촌의 아픔을 위로하듯 포근하게 마을을 감싸 안는다.

◉ 주소 제주시 조천읍 북촌리 1363-4 **▶ 내비게이션** 앞의 주소로 검색 **ⓟ 주차장** 있음

한 폭의 그림 같은
김녕성세기해변

백사장을 성벽처럼 두르고 있는 검은 현무암, 현무암과 어깨동무하듯 이어지는 바다, 파란 하늘 사이로 얼굴을 내민 하얀 풍력발전기까지. 김녕성세기해변은 제주 바다의 아름다움을 새삼 느끼게 해주는 명소다. 해변 주변으로는 상업 시설이 없어 함덕이나 월정리의 번잡함을 피하고 싶은 사람에게 제격. 현무암에 걸터앉아 모래 위로 부서지는 파도 소리를 들으며 오롯이 바다를 즐길 수 있다. 발밑으로 밀려오는 바다에 위로를 받고, 떠내려가는 포말에 잡념을 흘려보낸다.

김녕해수욕장에서 서쪽으로 올레길 20코스를 따라 김녕서포구 방향으로 가면 이색적인 벽화마을이 나온다. 금속공예 벽화마을인 고장난길이다. '고장'은 '꽃', '난'은 '피우다'를 뜻하는 제주 방언이므로 고장난길은 '꽃이 핀 길'을 뜻한다. 마을의 따뜻한 이야기를 담은 금속공예 작품[꽃]들이 집 담벼락에 핀[난] 것이다. 형형색색의 페인트로 담벼락을 꾸민 다른 벽화마을에 비하면 금속공예 벽화는 다소 투박하다. 하지만 그 투박함이 예스러움이 남아있는 제주의 포구 마을과 제법 잘 어울린다. 마을을 걸으며 숨은그림찾기를 하듯 돌담과 벽, 지붕에 숨어 있는 금속공예 작품을 만날 수 있다

⊙ **주소** 제주시 구좌읍 해맞이해안로 7-6 ⊙ **내비게이션** '김녕해수욕장'으로 검색 ⓟ **주차장** 있음

화산섬의 신비를 간직한
만장굴

김녕성세기해변에서 차로 10분도 걸리지 않는 거리에 거대한 용암 동굴인 만장굴이 있다. 먼 옛날 거문오름에서 분출된 용암이 굽이치며 바다로 흘러가면서 만장굴을 만들었다. 만장굴을 걷다 보면 통로가 넓은 부분과 좁은 부분이 번갈아 가며 나타난다.

용암의 열에 의해 바닥은 녹고 천장에는 용암이 달라붙으면서 불규칙한 형태가 된 것. 가장 넓은 곳의 폭은 약 18m, 높이는 23m에 이를 만큼 웅장하다. 화산이 얼마나 격렬하게 폭발했으면 용암이 이처럼 큰 동굴을 만들며 바다로 흘러갔을지 그 광경이 쉽사리 상상되지 않는다. 벽면에는 용암이 흘러가면서 굳을 때 생긴 흔적이 다양한 형태로 남아있다. 동굴을 돌아보는 내내 자연이 빚은 경이로운 작품에 경외감이 든다.

만장굴의 연 평균기온은 11~12도로 여름에는 에어컨을 튼 것처럼 시원하고, 겨울에는 매서운 바닷바람과 비교되어 훨씬 따뜻하게 느껴진다. 덥고 습한 제주도의 여름을 피해 서늘한 동굴에서 시간을 보내는 건 이색적인 경험이 될 것이다.

○ **주소** 제주시 구좌읍 만장굴길 182 ◆ **내비게이션** '만장굴'로 검색 ℗ **주차장** 있음 ◐ **문의** 064-710-7903 ◉ **이용 시간** 09:00~18:00 ◐ **휴무** 첫째 주 수요일 ◐ **이용 요금** 어른 4,000원, 청소년 및 어린이 2,000원

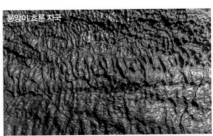
용암이 흐른 자국

두말할 필요가 없는
월정리해변

'달이 머문다'는 의미의 이름을 가진 월정리는 10년 전만 해도 한적한 해변에 불과했다. 해안도로를 타고 드라이브를 하다가 우연히 만나는 바다였을 뿐, 월정리만을 보기 위해 찾아오는 사람은 드물었던 것. 하지만 한 번이라도 월정리를 방문한 사람들은 낭만적인 풍경에 매료되어 입소문을 내기 시작했다. 이후 월정리는 무섭도록 빠르게 변했고, 지금은 제주를 대표하는 해변이 되었다.

과거의 모습을 기억하는 여행자들은 월정리가 상업화되면서 옛 낭만이 사라졌다고 아쉬움을 토로하기도 하지만, 초승달이 뜬 것처럼 휘어진 에메랄드빛 해안은 여전히 매력적이다. 투명한 유리구슬처럼 맑게 빛나는 바다는 사시사철 상쾌함 그 자체. 통유리로 창이 난 카페에 앉아 해변을 바라보거나, 맛집을 찾아 골목을 거닐거나, 백사장에 앉아 선탠을 하거나, 서핑하며 파도를 즐기거나, 다양한 방법으로 저마다의 월정리를 즐길 수 있다. 누가 무엇을 하든 푸른 바다가 마음 깊숙이 들어와 꿈결 같은 시간을 선사한다.

◉ 주소 제주시 구좌읍 월정리 33-3 **◉ 내비게이션** '월정리해수욕장'으로 검색

🚗 **Drive tip**

월정리노인회관 앞에 주차

바다가 끊어지지 않는
해맞이해안로 1구간(월정리~세화리)

김녕해변에서 시작된 해맞이해안로는 해안가를 따라 월정리, 평대리, 세화리를 지나 종달리와 성산까지 이어진다. 총 길이는 27.8km로 도로 대부분이 바다를 끼고 있어 제주 최고의 해안 드라이브코스로 손꼽힌다. 해맞이해안로는 세화해변을 중심으로 월정리~세화리, 세화리~종달리(일주도로 세화~종달 코스에서 소개) 두 구간으로 나눌 수 있다. 행원리를 지날 땐 해안선을 따라 우뚝 선 풍력발전기 아래로 해안로가 S자로 굽이굽이 이어진다. 차창을 열고 푸른 바다를 향해 손짓해 보자. 월정~행원~평대리까지 바다가 끊이질 않고 이어지는 풍경에 쾌감이 밀려온다. 도로를 달리다 중간중간 나타나는 쉼터마다 차를 세우고 아름다운 물빛을 감상하며 여유를 즐겨 보자.

📍 **주소** 제주시 구좌읍 평대리 1989-5 📱 **내비게이션** '평대리해수욕장'으로 검색 🅿 **주차장** 도로변에 공영주차장 있음

🚗 Drive tip
월정리에서 내비게이션에 '행원포구'를 경유지로 추가하고 '평대리해수욕장'을 도착지로 설정하면, 이 해안로를 타게 된다.

옛 월정리의 호젓한 낭만을 잇는
평대리

함덕, 김녕, 월정을 지나오기까지 바다는 끝없이 아름다웠지만, 제주 바다를 만끽하려는 많은 사람으로 인산인해를 이뤘을 것이다. 해안도로를 따라 평대리에 들어서면 방금과는 다른 고즈넉한 바다를 만날 수 있다. 옛 월정리의 호젓한 낭만이 그리운 사람에겐 안성맞춤인 곳이다. 해안 풍경이 화려하진 않지만 오롯이 나만의 바다에서 시간을 즐기기 좋다. 해가 질 때면 은은한 노을빛이 해안을 감싸 진한 여운을 남긴다. 평대해변 끝에는 밤에 어업 중인 배가 포구를 찾을 수 있게 불을 밝히며 작은 등대 역할을 하던 도댓불이 나온다. 조금 더 가면 평대리어촌공동작업장 옆으로 해녀들이 쉬던 불턱을 볼 수 있다. 불턱은 해녀들이 바람을 피하고 불을 지펴 몸을 따뜻하게 데우는 장소를 일컫는 제주 방언이다. 불턱에서 물질이 시작되고 끝났으니 해녀들의 애환을 오롯이 담고 있는 장소다. 운이 좋으면 물질하고 있는 해녀를 만날지도!

함께 가볼 만한 곳들을 소개합니다. 당신의 취향은 어느 곳인가요?

동네 책방
만춘서점

깔끔한 직사각형의 건물 뒤로 야자수가 곧게 솟은 모습이 '만춘(늦봄)'이라는 책방 이름과 어울린다. 편집 디자이너 출신의 주인장이 직접 고른 다양한 주제의 책과 더불어 개성 있는 뮤지션의 음반도 함께 판매한다. 책장 곳곳에는 주인장의 코멘트가 적힌 메모지가 걸려있다.

추천 문구를 보고 호기심에 이끌려 책을 한 권이라도 더 열어보게 된다. 작은 공간이지만 봄의 정원에 온 것처럼 따사로운 책방이다.

⊙ 주소 제주시 조천읍 함덕로 9 **⊙ 내비게이션** '만춘서점'으로 검색 **⊙ 문의** 064-784-6137 **⊙ 이용 시간** 11:00〜18:00 **⊙ 휴무** 비정기(인스타그램 확인) **⊙ 인스타그램** @manchun.b.s

🚗 Drive tip
도보로 8분 거리 함덕해수욕장 주차장 이용

아이와 함께
김녕미로공원

사계절 내내 푸르름을 유지하는 상록수인 랠란디(Leylandii) 나무로 미로를 만든 우리나라 최초의 미로형 공원. 미로의 외곽선은 제주도 해안선의 모습을 본떠서 디자인되었다. 출구를 쉽게 찾을 수 있을 것이라 자신하고 출발하지만, 막상 미로에 들어서면 사람 키보다 큰 나무가 빼곡하게 이어져 길 찾기가 쉽지 않다. 선택의 갈림길마다 모두 올바른 길을 택할 수 없을 게 분명하니 마음을 비우고 미로에서 잠시 길을 잃어보는 것도 좋다. 랠란디 나무가 뿜어내는 상쾌한 향은 사람의 정신을 맑게 해준다.

⊙ 주소 제주시 구좌읍 만장굴길 122 **⊙ 내비게이션** '김녕미로공원'으로 검색 **⊙ 주차장** 있음 **⊙ 문의** 064-782-9266 **⊙ 이용 시간** 09:00〜17:50(입장 마감 17:00 / 계절별 상이하므로 문의 필수) **⊙ 휴무** 연중무휴 **⊙ 이용 요금** 어른 6,600원, 청소년 5,500원, 어린이 4,400원

친구&연인과 함께
돌하르방미술관

곶자왈('곶=숲, 자왈=가시덤불'을 뜻하는 제주 방언)
내에 돌하르방을 테마로 만든 미술관. 지금까지 전해
지는 제주의 돌하르방 40여 기를 재현해 놓은 것을
시작으로 두 팔을 벌리고 선 돌하르방, 하트를 건네
는 돌하르방 등 현대적인 해석이 담긴 각양각색의 돌
하르방이 숲길을 따라 이어진다.

재미난 모습의 돌하르방은 하나하나가 모두 포토존이
된다. 숲속에는 동화책과 그림책을 읽을 수 있는 어린
이도서관도 있으니 아이와 함께 와도 좋은 곳이다.

○ 주소 제주시 조천읍 북촌서1길 70 **○ 내비게이션** '돌하르방미
술관'으로 검색 **○ 주차장** 있음(앞 공터에 주차) **○ 문의** 064-782-
0570 **○ 이용 시간** 09:00~18:00(11월~3월 09:00~17:00, 입장
마감 종료 30분 전) **○ 휴무** 연중무휴 **○ 이용 요금** 어른 7,000원,
청소년 및 어린이 5,000원

혼자라면
오저여

해맞이해안로를 타고 가다 보면 행원리의 행원육상
양식단지 앞에 바다를 향해 툭 튀어나온 지형이 있
다. 마을 주민들은 이곳을 예전부터 오저여, 오조여
등으로 불렀다. 오저여에 조성된 작은 공원에서는 아
득하게 펼쳐지는 월정리 일대의 풍경을 감상하기 좋
다. 대중적인 장소가 아니다 보니 찾아오는 이들이
적어 한적하게 바다를 즐길 수 있다는 것이 가장 큰
장점이다.

○ 주소 제주시 구좌읍 행원리 1-91 **○ 내비게이션** '오저여'로 검색
○ 주차장 있음

즐거웁게 미식
촌촌해녀촌

오래전부터 회국수로 명성을 날려온 식당. 국수 위에
활어회가 올라오고 이를 당근과 상추, 초고추장과 함
께 비벼 먹는 비빔국수가 메인 메뉴다. 제철에 따라
달라지는 활어회는 도톰하고 쫄깃하여 식감이 좋고
매콤달콤한 양념 맛은 중독성이 강해 면발을 쉬이 끊
어내지 못한다. 성게로 국물을 내고 그 위에 성게 알
을 듬뿍 얹어 따뜻하게 나오는 성게국수도 고소한 맛
이 일품이다.

⦿ 주소 제주시 구좌읍 동복로 35 **❶ 내비게이션** '촌촌해녀촌'
으로 검색 **ⓟ 주차장** 있음 **☎ 문의** 064-783-4242 **⦿ 이용 시
간** 09:00~19:00 **❷ 휴무** 둘째, 넷째 주 화요일 **🍴 메뉴** 회국수
10,000원, 성게국수 11,000원, 모둠물회 15,000원

즐거웁게 미식
팟타이만

월정리에는 다양한 세계 음식 전문점들이 있다. 그중
동남아를 택한다면 팟타이만이 으뜸이다. 이 식당은
태국 음식 전문점으로 태국 정통 쌀국수 볶음과 태국
식 볶음밥이 메인. 태국에 여행 온 듯한 느낌이 들 정
도로 쫀득한 면발과 새콤달콤한 향이 나는 태국의 맛
을 잘 구현했다. 태국의 길거리에서 흔히 볼 수 있는
음료들도 맛이 그만이다. 평소 태국 음식을 좋아하는
사람이라면 놓치지 말아야 할 맛집이다.

⦿ 주소 제주시 구좌읍 월정1길 61 **❶ 내비게이션** '팟타이만'으로
검색 **☎ 문의** 064-782-8428 **⦿ 이용 시간** 11:30~19:00 **❷ 휴무**
비정기(인스타그램 확인) **🍴 메뉴** 팟타이 13,500원, 카오팟 13,500
원, 팟씨유 13,500원 **◎ 인스타그램** @phad_thai_maan

🚗 Drive tip

월정리노인회관 앞에 주차 또는 중간중간 골목길에 있는 공용 주
차 공간 이용

☕ 여유롭게 카페
북촌에 가면

계절별로 다른 꽃이 피어나는 정원이 아름다운 카페.
늦봄부터 장미가 피기 시작해 여름엔 수국, 가을엔
핑크뮬리, 겨울엔 동백으로 꽃길이 이어진다. 1년 내
내 펼쳐지는 분홍빛 축제는 입보다 눈으로 마시는 카
페라 부를 수 있을 만큼 화려함을 자랑한다. 메뉴는
일반적인 커피와 차 종류로 구성되어 있다.

◉ **주소** 제주시 조천읍 북촌5길 6 ◑ **내비게이션** '북촌에가면'으
로 검색 ⓟ **주차장** 있음 ☎ **문의** 064-752-1507 ◎ **이용 시간**
10:00~18:30 ⊖ **휴무** 연중무휴 ⊖ **메뉴** 아메리카노 6,000원,
레몬귤차 7,000원, 청귤에이드 8,000원 ◎ **인스타그램** @mrs.
bookchon

☕ 여유롭게 카페
그초록

아보카도를 주재료로 하는 커피, 스무디, 샌드위치,
티라미수 등의 시그니처 메뉴를 판매한다. 아보카도
커피는 특제 시럽을 이용해 만든 아보카도스무디에
에스프레소 샷을 추가해 나온다. 커피가 아보카도와
섞인 비주얼이 오묘하다. 달콤한 라떼를 마시는 것
같으면서도 아보카도 특유의 풀 내음 맛이 혼합돼 비
주얼만큼 맛도 독특하다. 야외 테라스에서 보이는 행
원포구의 소박한 풍경은 덤!

◉ **주소** 제주시 구좌읍 행원로7길 23-16 ◑ **내비게이션** '그초록'으
로 검색 ⓟ **주차장** 있음 ☎ **문의** 0507-1323-4244 ◎ **이용 시간**
10:00~19:00 ⊖ **휴무** 목요일 ⊖ **메뉴** 아보카도 커피 7,500원, 아
보카도샌드위치 12,000원 ◎ **인스타그램** @the_green_cafe

03

제주 그모습 그대로
일주도로
세화~종달

'호오이, 호오이' 해녀들이 내는 숨비소리를 따라 한라산에서 가장 먼 동쪽 마을로 바닷길이 이어진다. 해안도로를 따라 한적한 바다와 정겨운 마을이 그 모습을 드러낸다. 빠르게 변화하는 제주 속에서 이곳은 여전히 옛 모습을 간직하고 있다. 누군가 제주는 꾸미기보다 있는 그대로의 모습이 가장 아름답다고 하지 않았던가. 과거의 순간순간이 모인 이곳, 바로 여기가 '찐 제주'다.

① **세화해변**
유리알처럼 반짝이는
바다 감상하기

300m

② **해녀박물관**
해녀의 삶 엿보고
숨비소리 들어보기

2.5km

③ **별방진**
성벽 위에 올라 풍경 감상하기

2.7km

④ **하도리해변 & 철새도래지**
한적한 해변에서 여유 즐기기

2.2km

⑤ **해맞이해안로 2구간**
(세화리~종달리)
수국 따라 드라이브하기

2km

⑥ **지미봉**
정상에 올라 우도와
성산일출봉 바라보기

드라이브 명소

종달리해안도로~종달리해변

6~7월이 되면 도로 옆으로 수국 꽃길이 펼쳐진다. 길 너머로는 우도와 성산일출봉이 이정표가 되어준다. 꽃 향기와 바다 내음이 어우러져 황홀한 드라이브 코스가 된다.

코스 지도

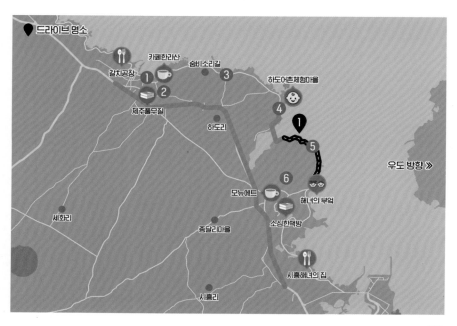

파란색 그러데이션이 펼쳐지는
세화해변

제주의 바다 중 어디가 가장 예쁘냐고 물어본다면, 많은 이들이 주저 없이 '세화해변'이라고 대답할 만큼 아름다운 곳. 백사장 앞부터 등대 너머까지 누군가 물감을 풀어 그러데이션한 것처럼 바다가 펼쳐진다. 에메랄드빛 해변을 시작으로 점점 진해지면서 먼 바다로 나갈수록 짙푸른 코발트색이 된다. 물이 어찌나 맑고 투명한지 유리알처럼 반짝인다. 환상 같은 풍경에 이끌려 해변에 발을 디디고 있는 것만으로도 행복감이 밀려올 정도. 해변 동쪽에는 용천수가 솟는 갯담('돛살을 만들기 위해 쌓은 담'이라는 뜻의 제주말)과 해녀와 어부들이 물질할 때 안전을 기원하던 갯것할망당이 있다. 바다에 젖어 든 제주인들 삶의 흔적을 엿보는 것도 세화해변의 또 다른 매력이다.

세화해변의 또 다른 볼거리는 세화오일장과 플리마켓 벨롱장이다. 세화오일장은 매달 5와 10이 들어가는 날짜에 세화포구 앞에서 열린다. 다른 오일장에 비해 규모는 작지만 옛 정취가 가득한 시장을 돌아보며 제주산 과일과 해산물을 싼값에 살 수 있다. 벨롱장은 토요일마다 열리는 플리마켓으로 11시부터 1시까지 단 2시간 동안만 운영된다. 제주 토박이들과 이주민들이 함께 어우러져 각자의 개성을 담아 내놓는 물건들을 구경하는 재미가 쏠쏠하다.

⊙ **주소** 제주시 구좌읍 해녀박물관길 27 ▶ **내비게이션** '세화해수욕장'으로 검색

갯것할망당

제주 여성의 상징

해녀박물관

제주의 여성을 생각하면 가장 먼저 떠오르는 이미지가 해녀다. 제주에서 여자로 태어나면 어린 시절부터 할머니와 어머니에게 물질을 배웠다. 해녀는 무더운 여름에도, 한겨울의 추위에도 거침없이 바다로 뛰어들어 해산물을 건져 올렸다. 제주인들은 각종 먹을거리를 제공하던 삶의 터전인 바다를 밭에 비유하여 '바당밭('바당'은 바다를 일컫는 제주 방언)'이라고 불렀다.

《삼국사기》에 제주에서 나라에 진주를 진상했다는 기록이 나오는 것을 미루어 볼 때, 물질은 아주 오래전부터 제주인의 삶이었다. 과거에는 '포작인'이라 불리던 남자들이 주로 물질을 했으나, 각종 요역(나라에서 남자에게 시키던 노동)에 시달리던 남자들은

수탈을 피해 육지로 도망갔다. 제주 여성들은 포작인들의 빈자리를 채우기 위해 본격적으로 물질을 책임졌다. 진상해야 할 전복이 얼마나 많았으면 '해녀는 아기를 낳고도 3일 후면 물질을 한다'라고 했을까.

이렇듯 강인한 정신력을 지닌 해녀들의 삶과 역사가 해녀박물관에 고스란히 담겨있다. 해녀와 관련된 기구를 만지고 놀면서 해녀를 배우는 체험형 전시관인 '어린이 해녀관'도 있으니 아이와 함께 가봐도 좋을 듯하다.

◉ 주소 제주시 구좌읍 해녀박물관길 26 **◎ 내비게이션** '해녀박물관'으로 검색 **ⓟ 주차장** 있음 **◉ 문의** 064-782-9898 **◎ 이용 시간** 09:00~17:00 **◉ 휴무** 월요일 **◉ 이용 요금** 어른 1,100원, 청소년 500원

해녀의 삶이 담긴 길을 걷다
숨비소리길

바닷속에 들어가 물질을 하던 해녀들은 숨이 목까지 차면 물 밖으로 올라와 참았던 숨을 한 번에 내뱉는데, 그 소리를 '숨비소리'라고 한다. 어찌나 숨을 오래 참았는지 내쉴 때 마치 휘파람을 부는 것처럼 '호오이, 호오이 ~'하는 소리가 난다. 해녀들은 물질만 하는 것이 아니라 밭일까지 맡아 생계를 책임졌다. 밭에서 일하다가 물 때가 되면 바다로 나가 물질을 한 것.

해녀들이 물질과 밭일을 번갈아 하기 위해 걸어 다녔던 옛길에 숨비소리길이 만들어졌다. 숨비소리길은 해녀 박물관을 시작으로 삼신당과 밭담길을 지나 별방진에 닿는다. 별방진부터는 해안을 따라 모진다리불턱, 갯것 할망당을 지나 해녀박물관으로 돌아오는 코스다. 총 길이는 4.4km로 약 1시간 30분 정도 걸린다. 마을의 정겨 운 밭담과 아름다운 바다가 이어지는 길을 걸으며 해녀의 숨결을 느껴보자.

🚏 **코스 정보** 해녀박물관 → 삼신당 → 밭담길 → 별방진 → 무두망개 → 모진다리불턱 → 해녀탈의장 → 갯것할망당 → 해녀박물관
🅿 **주차** 해녀박물관 주차장 이용

성벽에서 마주하는 아늑한 마을
별방진

세화해변에서 바닷길을 따라 달리다 보면 도로 오른편으로 갑자기 성벽이 나타난다. 왜군의 침입을 막기 위해 쌓은 성으로 하도리의 옛 지명인 별방에서 이름 따 '별방진'이라 부른다. 성의 총 길이는 약 1km, 가장 높은 곳은 3.5m에 이를 만큼 육중하고 단단하다. 별방진은 안쪽으로 마을을 감싸고 있고, 바다 쪽으로는 포구를 마주하고 있다.

성벽 위로 올라가면 마을 풍경이 한눈에 들어온다. 파란, 빨강, 초록 지붕들이 올망졸망 모인 모습이 영락 없는 동화 속 풍경이다. 성벽은 바다에서 불어오는 제주의 거친 바닷바람을 막고 있어 마을을 더 아늑하게 만들어준다. 마을 길을 따라 소박한 정취를 느끼며 걸어보자. 마을 주민들을 제외하고는 인적이 드물어 한껏 여유를 즐길 수 있다. 별방진은 화려하고 복잡한 제주의 핫플레이스를 잠시 벗어나 나만의 장소를 갖고 싶은 사람에게는 오아시스 같은 장소다.

📍 **주소** 제주시 구좌읍 하도리 3354 🔍 **내비게이션** '별방진'으로 검색 🅿 **주차장** 별방진 앞 공터

번민을 내려놓게 하는 한적한 공기

하도리해변 & 철새도래지

별방진을 지나 하도리를 달리면 한적한 길이 이어진다. 찾는 이가 많지 않은 해안도로는 조용하고 잔잔하다.

가장 먼저 바다 건너 토끼섬이 인사를 건넨다. 여름날 문주란 꽃이 하얗게 섬을 뒤덮는다. 꽃이 만발할 땐 향이 바다 너머 해안가까지 건너오기도 한다. 토끼섬을 지나 계속 달리다 보면 아치형 백사장이 길게 펼쳐진 하도리해변이 나온다. 여행객들에게 많이 알려지지는 않았지만, 백사장도 넓고 물도 맑아 제주인들이 조용히 피서를 즐기고 싶을 때 찾아오는 휴식처다. 파도도 거세지 않아 백사장을 따라 거닐며 호젓한 바다를 만끽하기 좋다. 하도리해변 맞은편으로는 갈대밭이 늘어선 호숫가인 하도리 철새도래지가 펼

쳐져있다. 여름철에는 푸릇푸릇한 호숫가가 싱그럽고, 겨울철에는 제주를 찾은 철새들이 노니는 모습을 감상할 수 있는 곳이다. 단, 조류독감이 유행하는 시기에는 접근을 통제하니 염두에 둘 것. 하도리는 어디를 찾아가더라도 한적하고 여유롭다. 투박하게 느껴질지도 모르지만, 그래서 오히려 더 정겹다.

◉ 주소 제주시 구좌읍 해맞이해안로 1973 **◐ 내비게이션** '하도리해수욕장'으로 검색 **◈ 코스 정보** 토끼섬이 보이는 포구(제주시 구좌읍 하도리 385-12) → 하도해수욕장 및 철새도래지로 이동

🚗 Drive tip

해변 앞 갓길이나 바로 앞 공영주차장에 주차

토끼섬

수국 따라 달리는 꽃길
해맞이해안로 2구간(세화리~종달리)

김녕성세기해변에서 시작되는 해맞이해안로는 해안 가를 따라 월정리, 평대리, 세화리를 지나 종달리와 성산까지 이어진다. 총 길이는 27.8km로 도로 대부분이 바다를 끼고 있어 제주 최고의 해안 드라이브코스로 손꼽힌다. 월정리부터 세화까지가 1구간이었다면, 세화부터 종달리까지는 2구간이라 할 수 있다. 특히 하도리해변을 지나 해안선 따라 종달항까지 이어지는 종달리수국길이 압권. 6~7월이 되면 구불구불 이어지는 길가에 수국이 만발한다. 창문 너머로 손을 뻗으면 수국이 손에 닿을 정도다. 차를 세우고 풍성한 수국 따라 꽃길을 걸어보는 것도 좋다. 바닥에 앉아 수국에 푹 안기듯 머리를 들이밀고 사진을 찍으면 SNS에서 인기를 끌고 있는 이른바 '수국펌' 사진이 된다.

해안 절벽 위로 난 데크를 따라 종달리전망대로 가면 눈앞에 우도가 떠 있고 멀리 우뚝 솟은 성산일출봉까지 제주의 동쪽 해안 풍경을 한눈에 넣을 수 있다. 운 좋은 날에는 바다를 헤엄치고 있는 돌고래를 만나기도! 해안도로는 종달리해변을 끼고 아치형으로 돌아나가 성산에 닿는다.

◉ 주소 제주시 구좌읍 종달리 451-5 **◐ 내비게이션** '종달리전망대' 또는 '엉불턱우도전망대'로 검색 **ⓟ 주차장** 내비게이션 주소에 주차

제주에 산다면 이곳에 살고 싶다

종달리마을

한라산에서 가장 멀리 떨어져 있는 동쪽 끝 작은 마을 종달리. 바로 앞 동네인 성산이 제주 최고의 관광지가 되면서 빠르게 변화했지만, 종달리만큼은 옛 정취를 그대로 간직하고 있다. 돌담 따라 이어진 소소한 골목, 옹기종기 모인 옛집, 골목을 지키는 커다란 폭낭('팽나무'의 제주 방언)이 어우러진 종달리마을은 어릴 적 할머니를 만나러 가던 시골처럼 정겨운 풍경이 가득하다.

종달리마을이 수국으로 유명해지면서 여행자들이 하나둘씩 찾아오기 시작했는데, 수국을 찾아온 여행자들은 종달리 특유의 잔잔한 마을 감성에 빠져들었다. 마을 곳곳에 카페와 식당 등이 하나둘씩 생겨났고, 이들은 화려함보다는 무심한 듯 꾸며져 원래의 종달리 분위기에 차분히 녹아들었다. 제주살이를 하려면 종달리를 터전으로 삼는 것도 좋은 선택일 듯.

◉ 주소 제주시 구좌읍 종달논길 63 **◐ 내비게이션** 앞의 '주소'로 검색

🚗 **Drive tip** 서동복지회관 앞 정자 근처 공터에 주차

제주 동쪽의 오름, 들, 바다를 한눈에

지미봉

지미봉은 제주 동쪽 끝 해안가에 자리한 오름. 제주의 오름 중에서 바다 근처에 솟은 오름은 많지 않다. 덕분에 지미봉 정상에 서면 동쪽의 바다와 들, 오름이 파노라마로 펼쳐진다. 지미봉 정상으로 향하는 등산로는 오르막 계단. 오름을 오르면 오를수록 제법 가팔라지는 코스라 숨이 점점 차오른다. 약 30분을 걸어 올라가야 하므로 오르는 길은 생각보다 수고스럽다. 하지만 정상에 도착하면 언제 그랬냐는 듯 황홀함에 빠져든다.

정상에서는 제주의 광활한 동쪽 바다가 한눈에 들어온다. 그동안 달려온 해안도로가 확 트여 펼쳐지고, 길게 누운 우도와 장쾌하게 솟은 성산 일출봉은 손에 잡힐 듯 가까이 다가선다. 지미봉 아래로는 넓은 들판 따라 밭과 담이 이어지고 그 옆으로 종달리마을이 보인다. 파랑, 빨강, 초록 지붕으로 이루어진 집들이 장난감처럼 아기자기하다. 바다 지나 내륙으로 고개를 돌리면 울퉁불퉁 솟아오른 동쪽 일대의 오름이 한라산 자락까지 끝없이 이어진다. 제주만의 멋을 고스란히 느낄 수 있는 지미봉의 그림 같은 전망은 이곳을 '제주 동쪽 최고의 전망대'라 칭할 만하다.

⊙ 주소 제주시 구좌읍 종달리 산 3-1 **⊙ 내비게이션** '지미봉'으로 검색 **ⓟ 주차장** 있음

지미봉 정상에서 바라본 성산일출봉

함께 가볼 만한 곳들을 소개합니다. 당신의 취향은 어느 곳인가요?

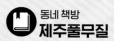

동네 책방
제주풀무질

1993년부터 성균관대학교 앞을 지키던 작은 공간의 책방이 몇 해 전 제주로 내려왔다. 주인장이 20년 넘는 책방 운영 경험을 통해 자기만의 철학으로 책방을 꾸몄다. 주인장 자신이 곱씹어 읽었던 책, 세상을 밝게 채우는 책과 더불어 최신 인문 서적까지 두루 갖추고 있다. 친절하게 말을 건네오는 주인장과 이야기를 나누며 책방을 둘러보고 있으면 책 향기에 사람 향기까지 더해져 깊은 여운이 남는다.

◉ 주소 세화합전2길 10-2 **◐ 내비게이션** '제주풀무질'으로 검색 **ⓟ 주차장** 있음(4대 주차 가능) **☎ 문의** 064-782-6917 **◉ 이용 시간** 11:00~18:00 **⊖ 휴무** 수요일 **◎ 인스타그램** @jejupulmujil Info

동네 책방
소심한책방

옛 수상한소금밭 게스트하우스를 책방과 숙박 모두 가능한 곳으로 변경하였다. 그리고 독서를 거들 수 있는 간단한 음료를 판매한다. 두 주인장의 '편애'를 받으며 진열된 책들은 각기 개성이 넘치니 책방 분위기는 소심한 듯 소심하지 않다. 직접 제작하는 독립 출판물, 엽서나 메모지 같은 문구류까지 알차게 진열되어 있다. 책장 넘기는 소리만 가득한 책방은 아늑한 다락방에 들어앉은 것처럼 편안하다.

◉ 주소 제주시 구좌읍 종달동길 36-10 **◐ 내비게이션** '소심한책방'으로 검색 **☎ 문의** 070-8147-0848 **◉ 이용 시간** 10:00~18:00 **⊖ 휴무** 비정기(인스타그램 확인) **◎ 인스타그램** @sosimbook

🚗 Drive tip
책방 앞에 주차

아이와 함께
하도어촌체험마을

'제주 최고의 어촌 체험 마을'이라고 해도 과언이 아닐 정도로 바다를 즐길 수 있는 다양한 프로그램을 운영한다. 제주에서 해녀가 가장 많이 사는 마을답게 해녀와 함께 바다에 들어가 해산물을 잡는 해녀 체험이 인기가 많다. 숨을 참고 바닷속에서 움직이는 것은 어렵지만, 해녀의 안내에 따라 움직이다 보면 어느새 적응하게 된다. 직접 바다에 들어가 잡은 해산물을 즉석에서 맛보는 순간은 다시 없는 소중한 추억이 된다.

◎ 주소 제주시 구좌읍 해맞이해안로 1897-27 **◎ 내비게이션** '하도어촌체험마을'로 검색 **◎ 주차장** 있음 **◎ 문의** 064-783-1996 **◎ 이용 시간** 4~10월 가능(하루 2회 11:00, 14:30 / 물때에 따라 시간 변동 있으니 예약 시 전화로 상담) **◎ 이용 요금** 해녀체험 1인 40,000원

친구&연인과 함께
해녀의 부엌

체험할 수 있는 프로그램은 2가지이다. 해녀가 직접 출연하여 토크쇼 형식으로 공연하는 '해녀이야기'와 해녀의 삶을 배우의 연기로 풀어내는 '부엌이야기'가 있다. 다이닝 메뉴는 톳밥과 함께 해녀가 채취한 해산물로 만든 반찬들이 나온다. 제주만의 해녀 문화를 특별한 방식으로 이해할 수 있다는 점에서 매력적인 다이닝 쇼다.

◎ 주소 제주시 구좌읍 해맞이해안로 2265 **◎ 내비게이션** '해녀의 부엌'으로 검색 **◎ 주차장** 있음 **◎ 문의** 0507-1385-1828 **◎ 이용 시간** 금~월요일 뷔페식 해녀이야기(12:00, 17:30), 목요일 한상 차림 부엌이야기(12:00, 17:00)/네이버예약을 통해 사전예약 필수 **◎ 이용 요금** 뷔페식 해녀이야기 59,000원, 한상차림 부엌이야기 49,000원 **◎ 인스타그램** @haenyeo_kitchen

즐거웁게 미식
갈치공장

제주에 은갈치 통구이 음식점이 많기는 하지만, 비싼 가격에 선뜻 맛 보기가 어렵다. 갈치공장은 가성비가 뛰어나 좋은 대안이 되는 식당. 소금으로만 간을 한 싱싱한 은갈치가 통으로 구워져 나온다. 짭조름하게 간이 밴 갈치살은 보들보들하여 입안에서 부드럽게 녹는다. 전복구이나 전복돌솥밥, 갈치조림도 깔끔하다. 서비스로 제공되는 광어튀김은 메인 메뉴라 해도 될 만큼 고소하고 맛이 좋다.

주소 제주시 구좌읍 해맞이해안로 1296 **내비게이션** '갈치공장'으로 검색 **주차장** 있음 **문의** 064-772-5577 **이용 시간** 09:00~16:30 **휴무** 목요일 **메뉴** 갈치구이 25,000원, 전복구이 30,000원, 전복뚝배기 15,000원 **인스타그램** @galchi_landmark

즐거웁게 미식
시흥해녀의 집

시흥리 해녀들이 공동 운영하는 음식점. 비주얼은 평범하지만 해녀들의 오랜 손맛이 깃든 죽은 그 어느 곳보다 고소하다. 주문을 받고 나서 죽을 쑤기 시작하므로 쌀이 채 풀어지지 않아 식감도 좋다. 뜨거운 김을 호호 불어가며 먹다 보면 담백한 맛에 빠져 어느새 한 그릇을 깨끗하게 비우게 된다. 해녀들이 바다에서 캐온 톳무침이나 미역무침 등의 밑반찬도 깔끔하여 죽과 잘 어우러진다.

주소 서귀포시 성산읍 시흥하동로 114 **내비게이션** '시흥해녀의 집'으로 검색 **주차장** 있음 **문의** 064-782-9230 **이용 시간** 07:00~20:00 **휴무** 연중무휴 **메뉴** 전복죽 11,000원, 오분작죽 15,000원, 소라 10,000원

여유롭게 카페
카페한라산

제주의 옛집을 개조해 만든 카페. 당근이 특산품인 구좌읍에 자리한 카페답게 수제 당근 케이크가 백미다. 케이크 위로 꾸덕꾸덕한 치즈가 두껍게 얹어져 부드럽게 부서지는 케이크를 잡아준다. 시트에 박힌 당근과 견과류는 씹는 재미가 있을 만큼 식감이 좋다. 새콤한 한라봉 차와 궁합도 일품. 창가에 놓인 TV형 액자는 카페 한라산만의 포토존이니 인증 사진을 꼭 남겨 볼 것.

◎ **주소** 제주시 구좌읍 면수1길 48 ◎ **내비게이션** '카페한라산'으로 검색 ◎ **문의** 064-783-1522 ◎ **이용 시간** 09:30~21:00 ◎ **휴무** 연중무휴 ◎ **메뉴** 당근케이크 6,500원, 한라봉온차 6,500원, 한라봉냉차 6,500원 ◎ **인스타그램** @cafe_hallasan

🚗 **Drive tip**
도보 1분 거리 세화해수욕장 주차장 이용

여유롭게 카페
모뉴에트

주인장의 아버지가 소장한 음향 기기와 음반을 소품으로 클래식 음악 감상소처럼 카페를 꾸몄다. 모뉴에트 라떼는 에스프레소를 까눌레 모양으로 얼린 큐브에 아몬드브리즈를 붓고 그래놀라를 넣어 섞어 마시는 음료이다. 에스프레소가 녹으면서 커피 맛이 진해지고 그래놀라가 섞이면서 고소함이 배가 된다. 시그니처 메뉴인 까눌레(달걀노른자를 이용해 만든 프랑스식 디저트)는 럼 대신 한라산 소주를 넣고 만들어 더 담백하고 촉촉한 맛을 내어 인기가 많다.

◎ **주소** 제주시 구좌읍 종달동길 23 ◎ **내비게이션** '모뉴에트'로 검색 P **주차장** 있음(주차장이 작으나 가게 앞길에 주차 가능) ◎ **문의** 010-5746-5316 ◎ **이용 시간** 12:00~19:00 ◎ **휴무** 비정기(인스타그램 확인) ◎ **메뉴** 모뉴에트 라떼 7,800원, 말차라떼 6,500원, 까눌레 3,000원 ◎ **인스타그램** @monuet__

04

익숙하고도 낯선 제주

일주도로
성산~신천

여행에 고전이 있다면 성산일출봉을 두고 하는 말일 것이다. 성산일출봉은 오래전부터 제주를 넘어 우리나라를 대표하는 여행지 중 하나였다. 제주를 처음 여행하는 사람에게는 신비스러운 곳이고, 제주를 자주 온 사람에게도 언제나 매력적인 곳이다. 바람 따라 햇살 따라 변화무쌍하게 바뀌는 풍경이 매번 새롭게 다가오기에 이 길은 식상하지 않다. 동쪽에 들어선 새로운 명소까지 더해져 익숙한 듯 낯선 풍경 속을 달려보자.

① **성산일출봉**
정상에 올라 제주 섬 안쪽의
아기자기한 모습 감상하기

3.3km

② **광치기해변**
초록색 해초가 깔린 해변 걷기

4.9km

③ **섭지코지**
그네에 앉아 성산일출봉 바라보기

7km

④ **빛의 벙커**
고전 명작을 빛과 음악으로
색다르게 마주하기

6.7km

⑤ **혼인지**
6월, 수국길 설레는 마음으로 걷기

10.8km

⑥ **김영갑갤러리**
김영갑 사진작가가 담아낸 제주 만나기

3.7km

⑦ **신풍신천바다목장**
해안 따라 목장 걷기

Drive Point
드라이브 명소

성산일출봉~섭지코지
성산일출봉에서 광치기해변을 지나 쭉 뻗은 길이 매력
적이다. 봄에는 도로 옆으로 유채꽃이 피어 파란 바다
위에 노란 바다처럼 출렁인다.

섭지코지~온평리
온평리에서 신산리까지 이어지는 환해장성로. 고려시
대 몽고에 대항하기 위해 쌓은 성벽이 바다 옆으로 이어
진다. 차를 세우고 바닷가에 서면 성벽 너머로 멀리 성
산일출봉이 보인다.

Drive Map
코스 지도

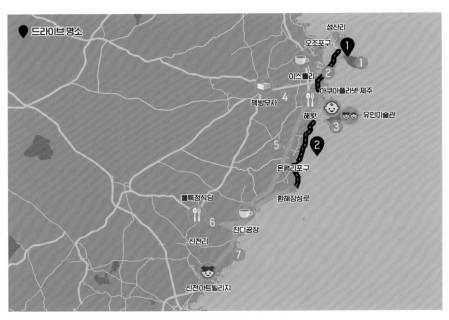

화산섬 제주의 상징

성산일출봉

성산일출봉은 바다에서 폭발한 마그마가 물과 만나 격렬하게 반응하며 솟구쳐 오른 화산체다. 생성 당시에는 제주와 떨어진 섬이었으나 수많은 세월 동안 해변을 따라 모래와 자갈이 쌓이면서 본섬과 연결되었다.

해발고도는 180m로 매표소에서 정상 분화구까지 20분 남짓이면 도착한다. 가파른 계단을 올라 정상에 이르면 광활한 분화구를 만난다. 분화구가 어찌나 넓은지 짙푸른 바다가 일출봉 안으로 다 담길 것만 같다. 하늘과 맞닿은 망망대해에 빠져 한참이나 넋을 놓고 바라보게 된다. 정상의 풍경이 가슴 벅차오르는 감동을 주었다면, 하산할 때 만나는 풍경은 제주 본섬을 한눈에 담을 수 있어 황홀하다. 하산로에 설치된 전망 포인트에 서면 발아래로는 성산읍과 우도가 늘어섰고, 고개 올려 한라산을 바라보면 제주 동쪽 중산간 지대의 오름들이 병풍처럼 펼쳐진다. 한라산 아래로 울퉁불퉁하게 솟은 오름이 일렬로 늘어선 모습은 마치 파도가 일렁이며 물결치는 것처럼 찬란하다.

ⓞ 주소 서귀포시 성산읍 성산리 1 **ⓝ 내비게이션** '성산일출봉'으로 검색 **ⓟ 주차장** 있음 **ⓒ 문의** 064-783-0959 **ⓞ 이용 시간** 07:00~20:00(10월~2월 07:30~19:00) **ⓞ 휴무** 첫째 주 월요일 **ⓞ 이용 요금** 어른 5,000원, 청소년 및 어린이 2,500원

동쪽의 오름군

제주 최고의 일출 포인트

광치기해변

광치기해변은 성산일출봉이 생성될 때 용암이 바닷물에 닿아 식으면서 만들어낸 독특한 화산 지층이다. 밀물일 때는 여느 해변과 차이가 없어 보이지만, 썰물이 되어 바닷물이 빠져나가면 그 속살을 드러낸다. 시루떡을 쌓아 놓은 것처럼 넓고 얇게 깔린 갯바위가 곳곳에 나타나고, 그 위를 초록색 해초들이 뒤덮고 있어 해변 풍경이 신비롭고 이색적이다. 해변 옆으로는 성산일출봉이 위풍당당하게 서 있다. 위용 넘치는 성산일출봉과 독특한 광치기해변이 어우러져 한 폭 그림 같은 풍경을 자아낸다. 갯바위 사이사이 빠져나가지 못한 바닷물이 고여 생긴 웅덩이도 이채롭다. 웅덩이에 담긴 하늘과 성산일출봉은 멋진 포토존이 된다.

많은 여행자는 일출을 보기 위해 아침 일찍 성산일출봉에 오르지만, 사실 광치기해변에서 바라보는 일출이 더 아름답다. 바다 위로 떠오르는 태양은 성산일출봉을 배경으로 한 채 하늘과 바다를 붉게 물들인다. 초록빛 갯바위들까지 붉은빛을 머금은 모습은 태초의 제주에 와 있는 듯한 착각이 들 정도로 황홀하다.

◎ 주소 서귀포시 성산읍 고성리 224-33 **◐ 내비게이션** '광치기해변'으로 검색 **◉ 주차장** 서귀포시 성산읍 고성리 224-1에 주차

다소곳한 바다를 만나는
오조포구

성산일출봉 맞은편에 있는 어촌 마을인 오조리에는 호수처럼 잔잔한 바다가 있다. 성산일출봉이 폭발할 때 터져 나온 크고 작은 암석 파편들이 이곳에 쌓여 둑을 형성하면서 담수를 만들었다. 주민들은 조금 과장을 보태 '태풍에도 물결 한번 흔들리지 않은 곳'이라고들 말한다. 그만큼 오조포구의 풍경은 다소곳하고 아늑하다. 포구에 앉아 성산일출봉이 드리워지는 물그림자를 들여다보며 차분하게 앉아있노라면 시간이 멈춘 듯하다.

마을 주민들이 돌담을 쌓아 만든 양어장 모습도 이색적이다. 겨울에는 저어새와 고니 등 여러 철새가 찾아와 보금자리로 삼는다. 조류독감이 유행할 때는 포구로 들어가는 길이 폐쇄되니 유의할 것! 시간이 된다면 오조리 마을을 걸어봐도 좋고 올레길을 따라 식산봉에 다녀와도 좋다. 주민들이 마을 보존을 위해 마을을 제한적으로 개발하고 가꾸면서 오조리만의 다소곳한 분위기를 지켜냈다.

◎ 주소 서귀포시 성산읍 오조로 80번길 ◎ 내비게이션 '오조포구'로 검색

🚗 **Drive tip** 오조로 80번길을 따라오다가 포구 진입 전 공터에 주차 후 도보로 5분 이동

바다 끝에서 만나는 비경

섭지코지

광치기해변에서 아치형 해안을 따라 달리다 보면 바다로 불쑥 튀어나온 지형인 섭지코지를 만난다. '섭지'는 좁은 땅, '코지'는 코끝처럼 튀어나온 땅을 뜻한다. 주차장에서 해안 산책로를 따라 걷다가 언덕을 넘으면 갑자기 너른 들판과 바다가 나타나는데 이곳이 섭지코지다. 들판에는 말이 한가롭게 풀을 뜯고, 바다 너머로는 성산일출봉이 중세 시대에 쌓은 요새처럼 압도적인 모습으로 우뚝 솟아 있다. 봄날이면 언덕에 유채꽃이 피어나 노란 물결을 만들어낸다. 초록빛 들판, 푸른 바다, 노란색 유채꽃이 어우러지는 섭지코지는 한없이 매혹적이다.

섭지코지 끝에는 세계적인 건축가 안도 타다오가 설계한 두 채의 건물이 있다. 하나는 땅 아래로 스며들 듯 자리한 '지니어스 로사이', 다른 하나는 땅 위로 바다를 향해 두 팔 벌리고 있는 듯한 '글라스 하우스'다. 지니어스 로사이는 유민미술관으로, 글라우스하우스는 레스토랑으로 사용 중이다. 자연의 일부처럼 느껴지는 두 건물과 바다 너머 성산일출봉이 어우러진 모습이 아름다움 자체. 최근 글라스 하우스 앞에는 '그랜드 스윙'이라는 대형 그네가 설치되어 사진 명소로 인기를 끌고 있다. 6m 높이의 원형 틀에 성산일출봉이 고스란히 담겨 그네에 앉으면 바다와 성산일출봉을 품에 안은 것 같은 인생 사진을 남길 수 있다.

◎ 주소 귀포시 성산읍 섭지코지로 107 **◎ 내비게이션** '섭지코지'로 검색 **ℙ 주차장** 있음 **☏ 문의** 064-782-2810 **◎ 이용 요금** 30분이내 1,000원, 15분 초과 시마다 500원, 당일 최대 요금 3,000원

새롭게 태어난 명화
빛의 벙커

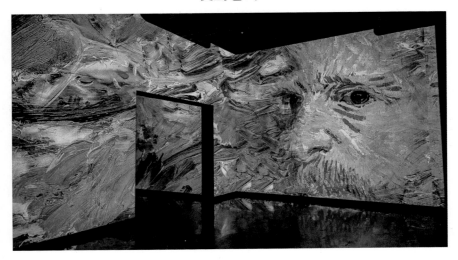

제주에서 가장 핫한 전시장 중 하나, '빛의 벙커'는 본래 국가에서 통신망을 운영하기 위해 해저 광케이블을 관리하던 비밀 장소였다. 900평에 달할 만큼 큰 규모임에도 벙커 위를 흙과 나무로 덮어 산처럼 위장하여 밖에선 이곳의 정체를 알지 못했다. 이렇게 쓰임이 다해 버려진 벙커에 몰입형 미디어아트 전시관인 빛의 벙커가 들어선 것.

어두컴컴한 전시관으로 들어서면 사방을 둘러싼 모든 벽에서 그림이 나타나 살아있는 것처럼 영상으로 움직인다. 바닥까지 비치는 화려한 색감과 웅장한 음악이 더해져 그림에 더 몰입하게 된다. 관객들은 전시실을 걷기도 하고, 바닥에 앉기도 하며 벽에서 나오는 명화를 마치 영화처럼 감상한다.

전시 주제는 1년마다 변경된다. 우리가 알던 고전 명작을 새로운 방식으로 마주하는 것이라 흥미롭다. 개관 당시에는 구스타프 클림트의 작품, 2020년에는 빈센트 반 고흐와 폴 고갱의 작품을 전시했다. 2021년 4월부터는 모네, 르누아르, 샤갈 등 지중해와 관련된 주제로 전시가 이어지고 있다.

📍 **주소** 서귀포시 성산읍 고성리 2039-22 🔍 **내비게이션** '빛의 벙커'로 검색 🅿 **주차장 있음** 📞 **문의** 1522-2653 🕙 **이용 시간** 10:00~19:00(10~3월 18:00까지, 입장 마감 1시간 전) ⛔ **휴무** 연중무휴 💰 **이용 요금** 어른 18,000원, 청소년 13,000원, 어린이 10,000원

빛의 벙커 옆 커피박물관 바움

TRAVEL SPOT
5
전설 위에 꽃 핀 수국
혼인지

삼성혈에서 솟아난 제주의 시조 삼신인 고을라, 양을
라, 부을라는 수렵을 하던 어느 날 온평리 앞바다로
떠내려오는 석함을 발견하였다. 석함에는 벽랑국 공
주 셋과 함께 곡식의 씨앗, 송아지와 망아지가 실려
있었다. 삼신인은 세 공주를 맞이하여 혼인지에서 목
욕을 하고 결혼식을 올렸다. 세 공주가 가져온 씨앗
과 가축으로 비로소 농경 생활이 시작되고 자손이 번
창하여 탐라국으로 발전했다.

제주의 창건 신화가 깃든 혼인지는 6월이 되면 돌담
위로 피어난 하늘색 수국으로 물든다. 혼인지 곳곳에
는 수국이 풍성하게 자라 수국 꽃길이 펼쳐진다. 제
주의 수국 명소 중 가장 규모도 크고 화려하다. 하늘
색 수국이 둥글게 꽃 핀 모습은 방긋 웃는 것처럼 해
맑고 청량하다. 돌담 따라 수국길을 걷고 있으면 콧
노래가 절로 나온다.

◎ 주소 서귀포시 성산읍 혼인지로 39-22 **◎ 내비게이션** '혼인지'
로 검색 **ⓟ 주차장** 있음

이른 아침에 자박자박 걸어보다
온평리포구

혼인지에서 나와 근처에 있는 온평리포구로 가면 벽랑국의 세 공주를 맞이했던 연혼포가 나온다. 세 공주가 해안에 도착했을 때 노을이 바다를 황금빛으로 물들였다 하여 마을 사람들은 '황루알'이라고 부른다. 포구에는 전설과 관련된 조형물이 설치되어 있고 그 옆으로는 환해장성이 길게 뻗어 있다. 조용한 마을의 평온함과 잔잔한 바람은 온평리 포구의 풍경을 다정다감하게 만든다.

⊙ 주소 서귀포시 성산읍 온평리 1001-4 ⊙ 내비게이션 '온평리포구'로 검색

사진으로 느끼는 오름과 바람
김영갑갤러리

제주를 여러 번 여행하며 오름에 관심을 두고 있는 사람이라면 한 번쯤 '김영갑'이라는 사진작가의 이름을 듣게 된다. 제주의 오름과 바람에 미쳐 육지 생활을 정리하고 제주에 정착한 그는 2005년 루게릭병으로 세상을 떠나기 전까지 열정을 불태워 제주의 오름을 카메라에 담았다.

김영갑 작가는 오름의 부드러운 곡선과 오름에 스치듯 지나간 바람을 사진으로 표현했다. 그가 찍은 제주의 오름을 바라보고 있으면 작품 하나하나에서 바람이 이는 듯한 느낌을 받는다. 아름다운 장면이 서글프게 느껴질 만큼 인상적으로 바람을 담았다. 그의 작품을 감상하며 무심코 지나쳐 미처 깨닫지 못했던 제주의 풍경을 가슴 속에 담게 된다. 갤러리를 둘러

보고 난 후 정취 가득한 정원을 한 바퀴 걸으며 호젓한 시간을 가져 보는 것도 좋다. 마음에 일어난 잔잔한 물결 따라 작가가 보았던 제주를 다시 한번 상기하는 것도 의미 있다.

◎ 주소 서귀포시 성산읍 삼달로 137 **◎ 내비게이션** '김영갑갤러리'로 검색 **ⓟ 주차장** 있음 **◎ 문의** 064-784-9907 **◎ 이용 시간** 09:30~18:00(11~2월 17:00까지, 입장 마감 30분 전) **◎ 휴무** 수요일 **◎ 이용 요금** 어른 4,500원, 청소년 3,000원, 어린이 1,500원

푸른 초원에서 만나는 바다
신풍신천바다목장

신풍신천바다목장은 제주에서 보기 드문 바닷가 목
장이다. 원래는 사유지 목장이어서 개방되지 않다가
올레길 3코스에 포함되면서 부분적으로 개방되었다.
돌담길로 이어진 진입로 오른편엔 소들이 풀을 뜯는
신천목장, 왼쪽으로는 말들이 노니는 신풍목장이 마
주하고 있다. 바다를 향해 뻗은 푸른 들판 위로 소와
말들이 여유롭게 풀을 뜯는 모습을 감상하며 산책을
즐길 수 있다. 초원부터 바다까지 어느 한 곳 막힘 없
이 탁 트인 풍경에 눈과 마음이 다 시원해진다. 아무
것도 하지 않고 그저 초원을 바라보는 것만으로도 마
음에 여유가 생길 만큼 풍경이 평화롭다. 바닷바람을
맞으며 산책을 해도 좋고, 승마 체험을 하며 목장을
즐겨봐도 좋다.
초록빛 들판도 예쁘지만, 겨울이 오면 목장에서 귤껍
질을 말리는 모습을 보기 위해 찾아오는 사람이 많
다. 귤껍질이 목장을 뒤덮어 만들어낸 주홍빛 들판이
바다 앞에 펼쳐지는 모습은 무척이나 색다르다. 푸른
바다와 주홍빛 들판이 경쟁하듯 서로의 색감을 뽐내
는 풍경이라니!

◐ 주소 서귀포시 성산읍 일주동로 5417 **◐ 내비게이션** '신천목장'
으로 검색 **◐ 문의** 064-762-2190

🚗 Drive tip

신천목장 입구에서 관광 차량 안내표지에 따라 좌측 길로 이동.
서귀포시 성산읍 신천리 1085-5 돌담 끝에 바짝 붙여서 주차

함께 가볼 만한 곳들을 소개합니다. 당신의 취향은 어느 곳인가요?

동네 책방
책방무사

가수 요조가 운영하는 독립 서점. 동네 슈퍼마켓이던 옛 돌집을 개조해 만든 책방으로 정겨운 분위기가 물씬 풍기는 곳이다. 작은 공간 곳곳에 주인장인 요조만의 감성이 묻어나는 책들이 배치되어 있다. 대중적으로 덜 알려졌지만 읽을 가치가 있는 책들을 골라 선보인다. 책방무사를 찾는 팬층이 두터워 지면서 안채까지 확장했다. 오늘 하루도 책과 무사히 보내길 바라는 마음으로 서점을 운영 중이라고 한다.

⊙ 주소 서귀포시 성산읍 수시로10번길 3 **◑ 내비게이션** '책방무사'로 검색 **◉ 문의** 010-6584-6571 **◉ 이용 시간** 12:00~18:00 **◉ 휴무** 수요일 **◎ 인스타그램** @musabooks

🚗 Drive tip

책방 앞 삼거리에 그려진 주차선에 주차

아이와 함께
아쿠아플라넷제주

투명 터널관을 쉴 새 없이 오가며 재미난 표정을 짓는 물범. 상어가 머리 위로 지나가는 수중 터널, 가로 23m 세로 8.3m에 달하는 대형 수족관까지 바닷속을 여행하는 듯한 느낌을 받는다. 특히 대형 수족관에서는 해녀들의 물질을 시연하는 공연도 열려 제주만의 특색을 유감 없이 보여준다. 오션아레나에서는 물개 체험과 수중 공연이 이어진다. 아이와 함께 제주 동쪽을 여행한다면 필수 코스.

⊙ 주소 서귀포시 성산읍 섭지코지로 95 **◑ 내비게이션** '아쿠아플라넷제주'로 검색 **ⓟ 주차장** 있음 **◉ 문의** 1833-7001 **◉ 이용 시간** 09:30~19:00(18:00 매표 마감) **◉ 휴무** 연중무휴 **◉ 이용 요금** 종합권 어른 40,700원, 청소년 38,900원, 어린이 36,900원(네이버 예매 이용시 할인)

친구&연인과 함께
유민미술관

안도 타다오가 건축한 '지니어스 로사이', '땅의 수호 신'이라는 건물 이름의 의미처럼 땅속으로 파고든 건축 자체가 하나의 작품처럼 느껴지는 미술관이다. 매표소를 지나면 만나는 정원, 벽에 뚫린 작은 창틀에서 보이는 성산일출봉, 지하 전시관으로 굽이굽이 이어지는 연결로까지 매력적인 공간이 줄지어 있다. 미술관 안으로 들어서면 자연에서 모티브를 얻어 유려한 곡선 무늬가 특징인 아르누보 낭시파 유리공예 작품이 전시되어 있다. 미술관은 어둡고 고요한 분위기로 조성되어 명상하듯 작품을 감상하게 된다.

○ 주소 서귀포시 성산읍 고성리 21 **○ 내비게이션** '섭지코지'로 검색 **ⓟ 주차장** 섭지코지 주차장 이용 **○ 문의** 064-731-7791 **◎ 이용 시간** 09:00~18:00(17:00 매표 마감) **○ 휴무** 화요일 **○ 이용 요금** 12,000원

혼자라면
신천아트빌리지

'바람이 머물다 가는 곳'이라 하여 '바람코지'라 불리는 신천리에 벽화가 그려졌다. 단편영화 촬영을 위해 그림을 그려 넣은 것이 시발이 되어 30여 명의 작가가 꾸민 벽화 100여 점이 들어섰다. 집마다 골목마다 드문드문 그려진 벽화는 애니메이션 주인공부터 해녀의 삶을 보여주는 그림까지 그 내용이 다양하다. 느긋하게 돌담 따라 마을을 걸으며 혼자만의 시간을 보내기에도 좋다. 신천리 복지회관 앞에 있는 벽화 지도를 참고할 것!

○ 주소 서귀포시 성산읍 신천리 476 **○ 내비게이션** '신천리 복지회관'으로 검색 **ⓟ 주차장** 신천리 복지회관 주차장 이용

즐거웁게 미식
불특정식당

제주여행을 와서 분위기 좋은 곳에서 와인을 곁들이며 기분을 내고 싶은 사람이라면 놓치지 말아야 할 식당이다. 예약제로만 운영되므로 '네이버 예약'을 통해 미리 날짜를 잡고 방문할 것! 샐러드를 시작으로 메인 음식과 디저트까지 런치에는 4~5개, 디너에는 7~8개로 구성된 코스 요리가 나온다. 수비드 방식으로 부드럽게 조리된 안심스테이크, 바삭하고 촉촉한 구운 닭 가슴살 등 독특하면서도 맛이 좋은 음식이 눈과 입을 사로잡는다.

⊙ 주소 서귀포시 성산읍 삼달로 239 **◐ 내비게이션** '불특정식당'으로 검색 **ⓟ 주차장** 있음 **◐ 문의** 010-4269-0886 **◐ 이용 시간** '네이버 예약'을 통해 사전 예약 필수. 런치 12:00, 13:30(중학생 이상 가능), 디너 19:00(추가로 보틀와인 주문 필수, 성인만) **◐ 메뉴** 런치 1인 35,000원, 디너 1인 60,000원 **◐ 휴무** 연중무휴 **◎ 인스타그램** @bltjsigdang

즐거웁게 미식
해왓

1982년부터 영업을 시작해 지금까지 이어오고 있는 제주 로컬푸드 음식점. 파란색 건물 외관이 눈에 확 들어와 찾기 쉽다. 직접 재배한 채소와 제주에서 난 재료로 음식을 만든다. 메인 메뉴인 갈치조림은 해왓만의 특별 레시피로 만든 양념에 오랫동안 졸여서 내온다. 두툼하고 보드라운 갈치살에 자극적이지 않은 양념이 잘 배어 고급스런 맛이다. 양념이 쏙쏙 밴 감자와 무까지도 맛이 좋아 밥도둑이 된다.

⊙ 주소 서귀포시 성산읍 신고로 30-1 **◐ 내비게이션** '해왓'으로 검색 **ⓟ 주차장** 있음 **◐ 문의** 064-782-5689 **◐ 이용 시간** 09:00~21:00(라스트오더 20:00) **◐ 휴무** 비정기(인스타그램 확인) **◐ 메뉴** 갈치조림 대 75,000원, 중 55,000원, 소 38,000원 **◎ 인스타그램** @haewat

☕ 여유롭게 카페
이스틀리

이곳은 조금 특별한 시그니처 메뉴를 맛보러 향하기 좋다. 쑥을 베이스로 인절미 크림을 곁들인 쑥크림라떼와 초콜릿 시럽과 각종 견과류 크림의 완벽한 조합인 넛츠크림모카가 바로 그것. 바삭한 페스츄리 식빵에 아이스크림과 브라운치즈를 곁들인 이스틀리 브라운도 디저트로 인기가 많다. 다양한 식물이 놓인 온실에서 초록이 주는 위로를 맘껏 받을 수 있다. 더욱이 여름철이면 카페 진입로부터 내부 정원까지 수국이 만발해 더없이 아름다운 곳이다.

⊙ **주소** 서귀포시 성산읍 산성효자로114번길 131-1 미래동 2층 ⊙ **내비게이션** '이스틀리'로 검색 🅿 **주차장** 있음 📞 **문의** 010-4447-4583 ⊙ **이용 시간** 10:30~18:30 ⊖ **메뉴** 쑥크림라떼 6,500원, 넛츠크림모카 6,500원, 이스틀리브라운 8,500원 ⊖ **휴무** 화요일 ⊙ **인스타그램** @easterly_jeju

☕ 여유롭게 카페
잔디공장

녹색을 좋아하는 주인장이 녹색으로 이루어진 메뉴를 연구하여 만든 이색적인 카페. 담쟁이넝쿨이 가득 둘러싼 건물 외관도 독특하고 내부를 장식한 다양한 식물들도 분위기를 더한다. 녹차와 초콜릿으로 만든 잔디우유, 바나나·망고·아몬드와 시금치가 들어간 잔디스무디 등 독특한 시그니처 음료들이 눈길을 끈다. 수제 녹차잼을 이용한 토스트도 별미이니 꼭 먹어볼 것.

⊙ **주소** 서귀포시 성산읍 일주동로5154번길 5 ⊙ **내비게이션** '잔디공장'으로 검색 🅿 **주차장** 있음 📞 **문의** 0507-1329-2553 ⊙ **이용 시간** 11:00~19:00 ⊖ **휴무** 수요일 ⊖ **메뉴** 잔디우유 6,500원, 잔디스무디 8,500원, 잔디토스트 4,500원 ⊙ **인스타그램** @jandi_visiting

05

바다 따라 호젓한 시간
일주도로
표선~남원

표선부터 남원에 이르는 길은 조금 한적하다. 제주를 한 바퀴 도는 일주도로를 놓고 봤을 때 다른 지역에 비해 눈에 확 띄는 곳이 많지 않다. 하지만 제주에 아름답지 않은 곳이 어디 있으랴. 도로를 따라 달리다 이따금 차를 세우고 호젓하게 걸어보자. 발걸음을 천천히 하고 깊이 들여다보면 구석구석 저마다 이야기와 풍경을 간직한 곳들이 우리에게 반갑게 인사하며 다가온다.

① **제주허브동산**
/ 계절별 형형색색 꽃 구경하기 \

2.9km

② **표선해비치해변 & 제주민속촌**
/ 고즈넉한 하루 보내기 \

16.9km

③ **남원큰엉해안경승지**
/ 한반도 지형을 배경으로 사진 찍기 \

5.4km

④ **제주동백수목원**
/ 겨울날, 붉은 동백꽃 속에서 온기 느끼기 \

8.7km

⑤ **쇠소깍**
/ 뗏목배 태우 타고 계곡 즐기기 \

3.3km

⑥ **보목포구**
/ 여름철, 제주의 전통 자리물회 맛보기 \

드라이브 명소

표선해비치해변~민속해안로

화려하지 않되 순수한 제주 바다가 모습을 드러낸다. 잔잔한 파도 위에 몸을 맡기듯 천천히 달려보자.

쇠소깍~보목포구

해안선을 따라 바다를 바로 곁에 두고 이어지는 비밀 같은 도로. 1차선으로 이루어진 좁은 도로라 운전에 자신 없는 사람이라면 진입 비추.

Drive Map

코스 지도

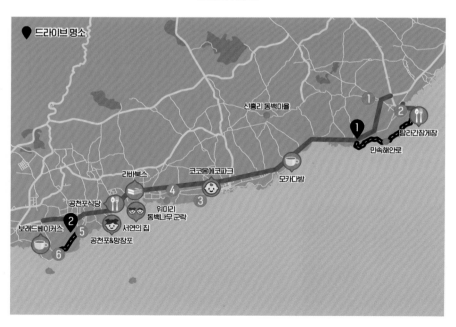

허브와 꽃이 어우러진
제주허브동산

제주허브동산에는 2만 6000평에 달하는 넓은 정원에 150종이 넘는 허브와 다양한 꽃이 자란다. 코끝을 맴도는 향기로운 허브향이 몸과 마음을 한결 가볍게 해줘 산책로를 따라 다양한 테마로 조성된 정원을 구경하는 재미가 쏠쏠하다. 특히 매년 10월에 열리는 핑크뮬리축제가 하이라이트! 하얀색 종탑 주변을 핑크뮬리가 감싸 안아 세상을 핑크빛으로 물들인다. 제주허브동산은 밤에 찾는 사람도 많다. 밤 시간에 비교적 할 거리가 적은 제주에서 손꼽히는 야경 명소인 것. 300만 개에 달하는 형형색색의 조명이 곳곳에 설치되어 화려한 풍경을 연출한다.

제주허브동산에서 운영하는 다양한 허브 체험 프로그램 중 가장 인기 많은 프로그램은 황금족욕. 페퍼민트와 로즈마리 에센스 오일을 활용한 족욕으로 지친 발에 활력을 불어 넣어준다. 또 아로마 소금으로 발의 노폐물을 제거하고 마사지 오일을 통해 발의 피로를 풀어주기도.

ⓞ 주소 서귀포시 표선면 돈오름로 170 **ⓞ 내비게이션** '제주허브동산'으로 검색 **ⓟ 주차장** 있음 **ⓒ 문의** 064-787-7362 **ⓞ 이용 시간** 09:00~22:00 **ⓞ 휴무** 연중무휴 **ⓞ 이용 요금** 어른 12,000원, 청소년 10,000원, 어린이 9,000원, 황금허브족욕체험 12,000원(입장료 별도, 체험 가능 시간 11:00~18:00)

광활한 백사장과 옛 제주를 만나다

표선해비치해변 & 제주민속촌

표선해변은 제주의 해변 중 가장 넓은 백사장을 가진 곳. 썰물 때가 되면 드넓은 백사장이 드러나 모래가 햇볕에 반짝이며 눈을 시리게 할 만큼 광활하다. 해비치는 '가장 먼저 해가 비치는 곳'이라는 순우리말로, 백사장 위로 쏟아지는 햇볕 가득한 표선해변의 풍경과 제법 잘 어울리는 이름이다. 밀물 때라 바닷물이 들어와도 무릎 정도의 깊이에다 파도가 잔잔하여 아이들과 함께 물놀이하기 좋다.

해변 건너편에는 1890년대를 기준으로 제주의 옛 문화와 역사를 되살려 놓은 제주민속촌이 있다. 오래된 돌담과 돌담을 감고 있는 넝쿨, 둥근 초가지붕 등이 이어지는 민속촌을 걸으면 마음이 차분해진다. 산촌과 어촌, 무속 신앙 관련 가옥 등 다양한 제주 전통

가옥이 보존되어 있는데, 가장 눈에 띄는 것은 제주의 전통 화장실인 통시. 현재 사용되지는 않지만 통시 아래 똥돼지가 누워 낮잠 자는 모습을 보고 있으면 슬며시 웃음이 난다.

표선해비치해변 ⊙ 주소 서귀포시 표선면 표선리 44-14 **◐ 내비게이션** '표선해수욕장'으로 검색 **ⓟ 주차장** 있음
제주민속촌 ⊙ 주소 서귀포시 표선면 민속해안로 631-34 **◐ 내비게이션** '제주민속촌'으로 검색 **ⓟ 주차장** 있음 **☎ 문의** 064-787-4501 **⊙ 이용 시간** 08:30~18:00(10월~2월 17:00까지, 3월 17:30까지) **⊖ 휴무** 연중무휴 **⊕ 이용 요금** 어른 11,000원, 청소년 8,000원, 어린이 7,000원

 Travel Tip

제주민속촌의 가옥들은 실제 사람이 살던 집을 그대로 옮겨놓은 것이라 옛 제주인들의 삶의 체취가 실감나게 느껴진다.

해안 절벽에서 만나는 한반도
남원 큰엉해안경승지

제주 말로 '엉'이란 언덕을 의미한다. '큰 엉'은 '규모
가 큰 바위로 이루어진 절벽'이라는 뜻. 큰엉해안경
승지는 용암이 흘러내리며 퇴적된 현무암 지층이 오
랜 시간 파도에 의해 지표면이 깎이면서 형성된 20m
높이의 기암절벽을 일컫는다. 올레길 5코스를 지나
는 도중에 있으며 해안 절벽을 따라 1.5km 길이로 이
어진 산책로를 따라 걸으며 볼 수 있다.

큰엉은 해안 절경이 멋진 곳이지만, 많은 여행자가
이곳을 찾는 이유는 따로 있다. 해안 절벽 위로 우거
진 숲의 끝부분이 한반도 모양을 이루고 있는 포토
포인트가 있기 때문. 한반도 모양의 숲을 배경으로
개성 있는 사진을 남기는 것이 SNS에서 인기를 끌며
유명해졌다. 주차장에서 숲을 따라 걸으면 보이지 않
고, 숲에서 다시 돌아 나올 때 숲 끝에 바다가 보이면
서 한반도 모양이 드러난다.

⊙ 주소 서귀포시 남원읍 태위로 522-17 **◑ 내비게이션** '큰엉해안
경승지'로 검색 **ⓟ 주차장** 있음

 Travel Tip

한반도포토존은 계절에 따라, 혹은 보는 각도에 따라서 모양이
조금씩 달라지므로 위치를 잘 맞춰 사진을 찍는 것이 포인트!

붉디붉은 매력에 빠져드는

제주동백수목원

위미리는 제주의 대표적인 동백 마을이다. 100여 년 전, 열일곱의 나이에 위미리로 시집온 현맹춘 할머니가 동백을 심어 기른 것이 그 시초. '버둑'이라 불리던 황무지에 농사를 짓던 할머니는 거센 바람 탓에 농사가 제대로 되지 않자 토종 동백 씨앗 한 섬을 따다 밭에 심었고, 시간이 흘러 동백나무가 거대한 숲을 이루면서 위미리를 동백 군락지로 만들었다. 그 뒤부터 사람들은 동백나무 숲을 '버둑할망돔박수월'이라고 불렀다고 전해진다.

동백을 제대로 즐기고 싶다면 위미리동백나무군락에서 약 800m 떨어진 제주동백수목원으로 가보자. 제주에서 동백이 가장 아름다운 곳으로 손에 꼽히는 동백수목원은 키가 5m가 넘는 동백나무가 잘 가꿔져 있어 솜사탕처럼 둥글게 꽃을 피운다. 정원을 가득 채운 동백나무에서 떨어진 동백꽃이 마치 붉은 카펫을 깔아놓은 것처럼 끝없이 이어진다. 쉴 틈 없이 펼쳐지는 동백꽃은 마치 동화 나라에 온 것처럼 몽환적인 풍경이다.

📍 **주소** 서귀포시 남원읍 위미리 927 🔍 **내비게이션** '제주동백수목원'으로 검색 🅿 **주차장** 있음 ☎ **문의** 064-787-4501 🕐 **이용시간** 09:30~17:00 ⊖ **휴무** 11월 말부터 2월 말까지만 운영 💰 **이용 요금** 어른 5,000원, 청소년 4,000원, 어린이 3,000원

위미리 동백나무 군락

위미리동백군락지와 너불어 '동백의 상내산백'이라 불리는 마을이 신흥2리에 있다. 300년 전 신흥2리에 마을이 처음 형성될 때 바람을 막는 방풍림으로 동백나무를 심은 것이 지금의 동백 숲이 된 것. 마을 중심에 놓인 동백 숲엔 데크가 깔려 있고 숲도 짧아 가볍게 걷기 좋다. 아름드리 동백나무를 비롯하여 팽나무와 귤나무 등이 한데 어우러져 한겨울에도 푸르름이 가득하다.

마을 주민들은 도로변에도, 돌담 안팎에도, 언덕에도 동백나무를 꾸준히 심으면서 신흥2리 어디에서도 쉽게 동백을 볼 수 있게 만들었다. 신흥리동백마을은 기온이 낮은 중산간에 있어 위미리에 비해 꽃이 늦게 피기 시작하여 2월에 절정을 맞는다.

◉ **주소** 서귀포시 남원읍 한신로 531번길 22-1 ▶ **내비게이션** 앞의 '주소'로 검색 ℗ **주차장** 동백마을 방문자센터에 주차 ☎ **문의** 064-764-8756

신흥리 '경흥농원' 동백길

푸른 연못에서 즐기는 비경
쇠소깍

쇠소깍은 한라산에서 시작된 효돈천이 중산간 지역을 지나 바다를 향해 나아가는 하류 끝에 있는 계곡이다. '쇠'는 소, '소'는 연못, '깍'은 끝이라는 제주어로 '소가 누워있는 모습을 한 웅덩이'라는 뜻. 용암이 흘러내리면서 굳어져 형성된 골짜기에 기암괴석과 숲이 조화를 이루고 있고, 민물과 바닷물이 만나며 푸른 연못처럼 잔잔한 물결을 띠고 있어 계곡 전체를 신비스럽게 만든다.

쇠소깍은 마을 주민들의 숨겨진 휴양지였으나 관광지로 개발되면서 현재는 많은 여행자가 찾아와 투명 카약이나 제주의 전통 뗏목인 테우를 타고 쇠소깍을 즐긴다. 배에 몸을 싣고 하류에서 상류까지 거슬러 올라가면 나무들이 계곡 위로 쏟아질 듯 가지를 뻗고 있어 더욱 신비롭다. 짙푸른 물결에 몸을 맡기고 신선처럼 배 위에서 유유자적하며 쇠소깍의 비경을 감상하다 보면 어느새 마음도 푸르게 물든다.

⊙ 주소 서귀포시 남원읍 쇠소깍로 104 **⊙ 내비게이션** '쇠소깍'으로 검색 **ⓟ 주차장** 있음 **ⓒ 문의** 064-732-1562 **⊙ 이용 시간(테우)** 09:00~18:00(동절기 17:00) **⊖ 휴무** 연중무휴 **⊖ 테우 이용 요금** 어른 8,000원, 어린이 5,000원, 카약 2인 20,000원

🧳 **Travel Tip**

아주 오래전 이곳은 가뭄을 해소하기 위해 기우제를 지내는 곳이라 하여 돌을 던지거나 물놀이를 하지 못하게 할 만큼 신성하게 여겨졌다. 안전수칙을 지키고 자연을 보호하며 시간을 즐겨보자.

제주의 토속 음식 자리물회를 아시나요?

보목포구

제주 하면 떠오르는 토속 음식 중 하나가 물회. 제주에서 물회는 아주 오래전부터 집밥이었다. 제주의 전통 물회는 된장을 베이스로 하여 국물이 누런 것이 특징. 제주는 고추 농사가 어려워 된장으로 음식 맛을 냈고, 물회 역시 예외가 아니었다. 그래서 초장으로 맛을 낸 육지의 매콤새콤한 물회에 비해 훨씬 담백하다. 소라나 전복, 한치 등 여러 물회가 있으나 제주 사람이라면 가장 먼저 떠올리는 것이 자리물회다. 여름철 제주 바다에서 주로 잡히는 자리돔은 고소하면서도 담백한 맛이다. 자리돔은 모슬포와 보목포구에서 많이 잡혔는데, 바다가 거친 모슬포에 비해 보목포구는 바다가 순해 자리돔의 뼈가 연해서 으뜸으로 뽑혔다. 포구는 작지만 자리물회로 이름을 알린 여러 횟집이 즐비하게 늘어섰다.

자리물회는 세꼬시(뼈째회)처럼 잔뼈를 통째로 씹어 먹어야 한다. 세꼬시를 좋아하지 않는 사람이라면 자리물회도 좋아하지 않을 확률이 높으니 참고하자.

◎ 주소 서귀포시 보목포로 46 **◎ 내비게이션** '보목포구'로 검색
◎ 주차장 포구에 주차

 Travel Tip

자리돔은 주로 5월부터 7월 사이에 잡히기 때문에 그 기간이 아니면 맛볼 수 없다. 여름날의 보목포구는 자리물회를 먹으러 모여든 사람들로 북적인다.

형형색색 찬란한 물속으로
스킨스쿠버의 성지

최근의 보목포구는 스쿠버다이빙을 즐기러 오는 젊은이들로 가득하다. 포구 곳곳에 세워진 수십 개의 산소통이 이곳이 스쿠버다이빙의 성지임을 알려준다. 다이버들은 보목포구에서 배를 타고 문섬이나 범섬 근처로 나가 다이빙을 즐긴다. '제주에서 스쿠버다이빙을 해봐야 얼마나 예쁘겠어?'라고 생각했다면 오산. 바다 밑으로 5m 이상만 내려가면 보라색, 분홍색 등의 산호초와 그 주변을 유유히 지나는 물고기 떼를 만날 수 있다. 보목포구 주변에 많은 스쿠버다이빙 업체가 있으니 자격증이 있는 사람은 프리다이빙을 즐기면 그만이고 자격증이 없는 사람은 가이드와 함께 신비로운 바닷속을 헤매보는 것도 제주 여행의 색다른 추억이 된다.

자격증이 있을 경우 포털 사이트에서 '보목포구 스쿠버다이빙'으로 검색 후 업체 선정 **자격증이 없을 경우** '볼레낭개 호핑투어' 통해 다이빙 체험 추천 ◉ **홈페이지** discover-jeju.com/scubadiving ◉ **문의** 0507-1485-3413 ◎ **체험 비용** 100,000원(시간 10:00, 14:00 2회 운영)

함께 가볼 만한 곳들을 소개합니다. 당신의 취향은 어느 곳인가요?

동네 책방
라바북스

주인장은 좋아하는 일을 하며 살고 싶다는 생각으로 10년간 일하던 무역회사를 그만두고 제주로 내려와 독립서점을 열었다. 주인장의 취향에 따라 자연스럽게 꾸며진 감성이 책방 구석구석에 묻어난다. 작은 공간에 제주스러움이 담긴 소품과 포스터들이 진열되어 있고, 곳곳에 소설, 에세이, 여행 등 다양한 서적들이 배치되어 있다. 책방에서 직접 출간하는 여행 사진집 《Labas》가 눈길을 끈다.

주소 서귀포시 남원읍 태위로 87 1층 **내비게이션** '라바북스'로 검색 **문의** 010-4416-0444 **이용 시간** 11:00~18:00 **휴무** 매주 수요일 **인스타그램** @labas.book

🚗 Drive tip
서귀포시 남원읍 위미리 4606 공영주차장에 주차

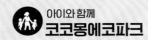

아이와 함께
코코몽에코파크

제주의 자연과 코코몽이라는 캐릭터를 활용하여 만들어진 키즈 테마파크. 프랑스의 조형미술가, 가구 디자이너, 아트 디렉터 등 각 분야의 전문가가 협의하여 조성했다. 아동용 타잔이나 그네, 미로 하우스 등 안전하게 뛰어놀 수 있는 실내형 놀이 시설과 곶자왈을 탐험하는 코코몽기차, 원목 트랙을 달리는 카레이싱 등 다양한 자연 친화적 실외 놀이터를 갖추고 있다.

주소 서귀포시 남원읍 태위로 536 **내비게이션** '코코몽에코파크 제주'로 검색 **주차장** 있음 **문의** 1661-4284 **이용 시간** 10:00~18:00(11~2월 17:30), **휴무** 화요일 **이용 요금** 어린이 25,000원, 어른(중학생 이상) 15,000원, 코코몽기차 3,000원, 카레이싱 3,000원

친구&연인과 함께
서연의 집

아련한 첫사랑에 대한 기억을 그린 영화 《건축학개론》에 나온 집이다. 주인공 승민이 첫사랑 서연을 위해 지은 집으로 애틋했던 첫사랑에 대한 기억을 다시금 떠올리는 매개체 역할을 했다. 현재는 카페로 운영되고 있으며 내부 곳곳에 영화 속 장면이 그려져 있다. 넓은 창으로 다가오는 바다를 바라보며 가슴속에 담아두었던 추억 하나를 꺼내보기 좋은 장소다.

◉ **주소** 서귀포시 남원읍 위미해안로 86 ▶ **내비게이션** '서연의 집'으로 검색 ☎ **문의** 064-764-7894 ◉ **이용 시간** 10:00~19:00 ▬ **휴무** 연중무휴 ▤ **메뉴** 서연의집케이크 7,500원, 카카오라떼 7,000원, 당근주스 7,000원

🚗 Drive tip
협소하지만 가게 앞 주차 공간 이용하거나 근처 길가에 주차

혼자라면
공천포 & 망장포

올레길 여행자 사이에서만 알려진 작은 포구. 공천포에는 작은 몽돌해변이 있어 파도 소리 들으며 여유로운 시간을 보내기 좋다. 관광지가 아니라서 찾는 이도 드물어 오롯이 나만의 시간을 즐기기에 좋다. 해질 때에는 은은한 노을빛이 포구를 감싼다. 제주에서 나만의 바다를 갖고 싶은 사람에게 추천하는 곳이다. 망장포에는 제주에 몇 개 남지 않은 전통 포구가 보존되어 있다. 돌담처럼 쌓아 올린 아늑한 포구가 인상적이다. 두 포구는 가까이 있으니 함께 가보는 것이 좋다.

공천포 ◉ **주소** 서귀포시 남원읍 신례리 58-1 ▶ **내비게이션** 앞의 주소로 검색 Ⓟ **주차장** 포구 앞 주차
망장포 ◉ **주소** 서귀포시 남원읍 하례리 64-11 ▶ **내비게이션** 앞의 주소로 검색 Ⓟ **주차장** 포구 앞 주차

🧳 Travel Tip
전통 포구는 바다를 바라보고 망장포구 왼쪽에 있음

즐거웁게 미식
탐라간장게장

표선에 있는 간장게장 전문점으로 주로 도민들이 찾는 맛집. 제주도와 남해안 근처에서 잡은 모살게로 게장을 만든다. 모살게는 수심이 깊은 모래 속에 사는 게로 꽃게와 다르게 껍질이 연하고 살이 많아 식감이 좋다. 과일과 한약재를 넣어 만든 특별 게장 소스는 게장 특유의 비린내를 잡아줘 깔끔하고 깊은 맛을 낸다. 게장 위에 올려진 파채와 함께 밥을 비벼 먹으면 '밥도둑'이라는 별명이 걸맞음을 알 수 있다.

 주소 서귀포시 표선면 표선당포로 10-4 **내비게이션** '탐라간장게장'으로 검색 **주차장** 있음 **문의** 064-787-8228 **이용시간** 10:00~20:00(브레이크타임 15:00~17:00) **휴무** 수요일 **메뉴** 간장게장 2인 35,000원, 3인 49,000원, 4인 60,000원

즐거웁게 미식
공천포식당

된장을 이용해 맛을 내는 제주식 물회 전문점. 된장국물의 구수한 뒷맛이 인상적이다. 새콤하고 매콤한 육지식 물회에 익숙한 사람이라면 처음엔 맛이 밍밍하다고 느끼겠지만, 계속 먹다 보면 입안에 은은하게 전해지는 된장의 맛에 빠져든다. 전복, 한치, 소라 등을 커다란 대접에 푸짐하게 넣고 얼음을 띄워 나온다. '오도독토도독' 씹히는 싱싱한 해산물이 감칠맛을 돋운다.

 주소 서귀포시 남원읍 공천포로 89 **내비게이션** '공천포식당'으로 검색 **주차장** 있음 **문의** 064-767-2425 **이용시간** 10:00~19:00 **휴무** 목요일 **메뉴** 한치물회 생물 15,000원, 냉동 12,000원, 전복물회 15,000원, 전복죽 10,000원

 Drive tip

주차 공간이 좁으면 서귀포시 남원읍 신례리 58-1에 주차 후 도보로 5분 이동

여유롭게 카페
모카다방

과거 맥심모카골드 광고에 등장했던 카페. 노란색과 하늘색으로 이어진 파스텔톤의 카페 외관이 눈길을 사로잡는다. 유기농 밀가루와 설탕으로 빵을 굽고 초콜릿을 만든다. 진한 커피 위에 초콜릿이 덩어리째 올려져 나오는 옛날모카가 시그니처 메뉴. 커피의 쌉싸름한 맛과 초콜릿의 달콤함이 조화를 이루어 독특한 맛을 낸다. 바다를 마주한 풍경과 빈티지한 소품이 어우러진 내부 분위기도 좋다.

● 주소 서귀포시 남원읍 태신해안로 125 ● 내비게이션 '모카다방'으로 검색 ● 문의 064-764-8885 ● 이용 시간 10:00~19:00(라스트오더 18:30) ● 휴무 비정기(인스타그램 공지) ● 메뉴 옛날모카 7,000원, 카푸라떼 6,500원, 청보리미숫가루 7,000원 ◎ 인스타그램 @mochadabang

🚗 Drive tip

가게 앞 갓길에 주차

여유롭게 카페
보래드베이커스

매일 오전에 굽는 수제 빵과 알록달록한 디저트, 직접 볶아낸 스페셜 커피가 어우러지는 베이커리 카페. 다양한 종류의 스콘과 크루아상, 브라우니와 티라미수까지 갖가지 베이커리가 눈을 즐겁게 한다. 어떤 빵을 골라도 겉은 바삭하고 속은 촉촉해 입맛을 사로잡는다. 통유리창을 통해 제주의 푸른 바다와 하늘을 바라보며 편안하게 즐길 수 있다.

● 주소 서귀포시 보목로64번길 178 1층 ● 내비게이션 '보래드베이커스'로 검색 ● 주차장 있음 ● 문의 064-735-1450 ● 이용 시간 08:00~22:00(모든 베이커리 메뉴는 당일 새벽부터 오전 11시까지 나옴) ● 휴무 연중무휴 ● 메뉴 플레인스콘 3200원, 플레인크루아상 4,200원, 볼라 6,500원, 보라멜라떼 6,500원 ◎ 인스타그램 @boraed_bakers

06

바다와 폭포의 절묘한 만남
일주도로
서귀포

서귀포를 둘러싼 해안 절벽이 칠십리해안 따라 병풍처럼 늘어섰다. 멀리서 불어온 바람이 절벽을 스치며 곁으로 다가와 머무른다. 바다를 향하는 폭포의 물줄기는 청량감을 더하고 앞바다에 뜬 문섬과 범섬이 오랜 친구처럼 어디서든 인사를 건네는 서귀포는 언제나 밝고 맑은 느낌이다. 아름다운 자연 풍경에 이중섭의 발자취가 감성을 돋우어 서귀포를 달리는 내내 감동에 젖게 만든다.

 ① 소라의 성 & 소정방폭포

바다를 감상하는
비밀 장소 발견하기

327m

 ② 정방폭포

폭포수 아래 기념사진 찍기

2.4km

 ③ 서귀포매일올레시장

취향껏 먹거리 골라
숙소로 포장해오기

1.1km

 ④ 이중섭미술관

이중섭 작가가 부인에게 보낸
편지 읽어보기

1.1km

 ⑤ 천지연폭포

폭포를 찾아 산책하기

2.2km

 ⑥ 외돌개

숨겨진 천연 수영장에서
물놀이하기

드라이브 명소

자구리해안~천지연폭포~새연교 언덕길
서귀포 앞바다가 보이는 자구리해안을 지나면 U자 형
으로 서귀포항을 끼고 돈다. 건물과 나무에 숨어 얼굴을
보여줄 듯 말 듯 항구는 새연교에 앞에 도착해야 그 모
습을 드러낸다.

코스 지도

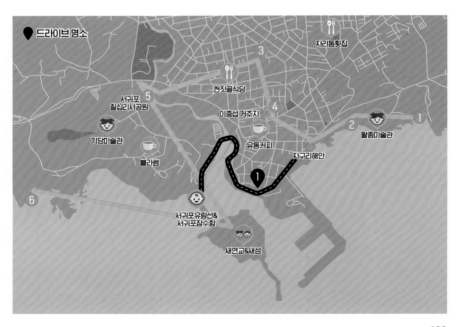

칠십리에 숨겨진 비밀의 공간
소라의 성 & 소정방폭포

정방폭포 주차장에서 동쪽으로 올레길 6코스를 따라 약 400m 걸어가면 소라의 성이 나온다. 이름처럼 소라 모양을 본떠 만든 건축물이다. 둥글게 이어지는 건물의 형태가 하나의 예술 작품인 것처럼 독특하다. 우리나라의 근대 건축가 김중업이 설계한 것으로 추정되고 있으며, 현재는 서귀포시에서 시민들이 쉬어 갈 수 있는 북카페로 운영 중. 2층으로 올라가면 창밖으로 바다가 끝없이 펼쳐진다. 마음에 드는 책 한 권 꺼내 한 구절 읽고, 고개 들어 바다 한 번 보고를 반복하게 되는 곳.

소라의 성을 나와 올레길을 따라 좀 더 가면 소정방폭포다. 정방폭포처럼 바다로 흐르는 작은 폭포여서 '소정방'이라는 이름이 붙었다. 정방폭포에 비하면 작지만 시원하게 떨어지는 물줄기와 폭포 앞으로 펼쳐진 맑은 바다. 해안 절벽 아래를 둘러싼 주상절리가 어우러져 멋진 풍경을 만들어낸다.

◎ **주소** 서귀포시 칠십리로214번길 17-17 ◎ **내비게이션** '정방폭포'로 검색 ⓟ **주차장** 정방폭포 주차장에 주차 후 올레길 따라 도보로 이동 ◎ **문의** 064-732-7128 ◎ **이용 시간** 09:00~18:00 ◎ **휴무** 월요일(소정방폭포는 연중무휴) ◎ **이용 요금** 무료

Travel Tip

특별히 무언가를 하려 하지 않아도 소라의 성에서 보는 잔잔한 풍경에 몸도 마음도 치유된다.

바다를 향해 쏟아지는 절경

정방폭포

정방폭포는 우리나라에서 유일하게 바다로 떨어지는 폭포로 천지연폭포, 천제연폭포와 더불어 제주의 3대 폭포로 손꼽힌다. 매표소를 지나 해안 절벽으로 난 계단을 따라 폭포에 가까이 다가가면 23m 높이에서 웅장하게 떨어지는 물줄기를 만난다. 압도적 규모를 자랑하며 떨어지는 폭포수는 귓가를 울릴 정도의 굉음을 낸다. 경쾌하게 쏟아지는 폭포 소리를 듣고 있으면 청량감마저 느껴진다. 폭포를 바라보고 있는 것만으로도 스트레스가 해소되는 기분이 들 정도.

햇살 좋은 날 아침 일찍 정방폭포에 찾아가면 폭포 아래에 무지개가 뜨는 것을 볼 수도 있다. 옛사람들은 한여름의 폭포수가 마치 하늘에서 하얀 비단을 드리우는 것 같다 하여 정방하폭(正房夏瀑)이라 부르며 영주(제주의 옛 이름) 10경의 하나로 꼽았다. 폭포 주변에 배를 띄워 풍류를 즐기는 그림이 남아 있을 만큼 오래전부터 사랑받는 제주의 명승지였다.

◉ 주소 서귀포시 동홍동 299-3 **◉ 내비게이션** '정방폭포'로 검색 **ⓟ 주차장** 있음 **◉ 문의** 064-733-1530 **◉ 이용 시간** 09:00 ~18:00(17시 20분까지 입장, 일몰 시간에 따라 변동) **◉ 휴무** 연중무휴 **◉ 이용 요금** 어른 2,000원, 청소년 및 어린이 1,000원

오감을 자극하는 먹자골목
서귀포매일올레시장

매일올레시장은 "제주시에 동문시장이 있다면, 서귀포시에는 매일올레시장이 있다"고 말할 정도로 서귀포 시내권을 돌아보는 여행자라면 꼭 한 번쯤 들르는 곳. 과거에 서귀포 도매상들이 부산의 국제시장에서 물건을 산 후 이곳에 내다 팔면서 시장이 형성되었다. 현재는 서귀포 지역을 대표하는 시장으로 식료품 및 해산물을 비롯하여 의류 및 잡화까지 다양한 점포 약 200여 개가 늘어서 있다.

시장을 걷다 보면 최신 트렌드에 걸맞는 다양한 먹거리가 눈을 사로잡고 발길을 붙든다. 횟집, 통닭, 분식, 떡, 생과일 주스 등 다양한 간식거리가 특히 인기. 수로와 벤치가 마련되어 있어 시장 음식을 즐기기 좋은 환경을 갖추고 있다.

◉ 주소 서귀포시 중앙로62번길 18 **◉ 내비게이션** '서귀포매일올레시장'으로 검색 **ⓟ 주차장** 있음 **◉ 문의** 064-762-1949 **◉ 이용시간** 07:00~21:00(동절기 ~20:00) **◉ 휴무** 연중무휴

🚗 Drive tip

이중섭미술관 주차장에 주차 후 도보로 시장까지 함께 둘러보기를 추천. 주차 공간이 없을 때는 주변 공영 주차장에 주차 후 이중섭미술관과 함께 둘러보는 것도 추천

1. 마농치킨(중앙통닭)

은 마늘(마농은 마늘의 제주 방언)을 주재료
념에 닭고기를 24시간 재운 뒤 튀김가루를 입
한 치킨. 흔히 먹는 바삭한 치킨과는 달리 촉
을 내는 것이 가장 큰 특징이다. 주문을 받고
을 튀기기 때문에 30분가량 소요되고, 성수기
간까지 걸리기도 하므로 시장에 가자마자 주
놓고 다른 곳을 돌아다니는 것이 좋다. 매장에
겨면 시장을 나와 약 5분 거리에 있는 2호점을
것.

서귀포시 중앙로48번길 14-1 📞 **문의** 064-733-3521 ●
07:00~21:00(16:00~17:30 브레이크타임) ● **휴무** 일요
마농치킨 16,000원

2. 고로케(흑돼지고로케)

매일올레시장에서 가장 인기 높은 먹거리 중 하나. 시
장에 가면 가장 먼저 이 가게를 찾는 사람들이 적지
않다. 기름에 튀겨지는 고로케를 보고 있는 것만으
도 입안에 군침이 돌기 일쑤. 바삭한 튀김옷과 알차게
들어간 고기가 환상적인 궁합이다. 고로케를 한입 베
어 물면 흐르는 육즙이 튀김옷과 어우러져 더욱 풍부
한 맛을 낸다. 치즈듬뿍고로케는 따뜻한 치즈가 길게
늘어져 먹는 재미를 더해준다.

📍 **주소** 서귀포시 중정로73번길 18-1 ● **메뉴** 치즈듬뿍고로케
3,500원, 오리지널고로케 3,000원

3. 모닥치기(새로나분식)

는 제주도 방언으로 '여러 사람이 함께한다'
. 그 의미처럼 떡볶이 국물을 기본 베이스로
위에 떡볶이와 함께 김밥, 만두, 김말이, 전,
튀김을 섞은 메뉴다. 매콤한 떡볶이 국물이 다
들과 조화를 이루어 보통 맛이 아니다. 분식을
는 사람이라면 놓치지 말아야 할 먹거리로 새
식은 20년 이상 올레시장에서 자리를 지켜온
다.

서귀포시 중앙로42번길 34 ● **메뉴** 모닥치기 소(2인)

4. 꽁치김밥 & 포장횟집(우정회센타)

커다란 꽁치 한 마리가 김밥 안에 들어가 누웠다. 다
른 김밥 재료는 없이 온전히 꽁치살만 들어간 김밥.
꽁치의 머리와 꼬리 부분이 김밥 좌우로 튀어나와 있
으니 겉모습은 다소 충격적이기는 하다. 하지만 먹어
보면 뼈가 발라져 있어 먹기에 불편하지는 않다. 비린
내도 별로 느껴지지 않고 짭조름하고 담백한 꽁치 맛
이 그대로 입안에 전해진다.

📍 **주소** 서귀포시 중앙로54번길 32 📞 **문의** 064-733-8522 ● 메
뉴 꽁치김밥 3,000원, 기타 회 메뉴 다양

높고 뚜렷하고 참된 예술인의 숨결
이중섭미술관

우리에게 《황소》, 《흰소》 등 소를 그린 작품으로 유명한 화가 이중섭은 한국전쟁의 1.4 후퇴 때 아내와 두 아들을 데리고 서귀포로 피난 와 약 11개월 남짓 머물렀다. 한 명이 쓰기에도 답답했던 단칸방을 빌려온 가족이 부대끼며 어렵게 생활한 것. 이중섭은 자녀들을 데리고 서귀포 앞바다로 나가 게를 잡곤 했는데, 가난하게 살았던 그 시절이 가족에게 미안해서 그림에 게를 많이 그렸다고 한다. 당시 살림이 녹록지 않았음에도 그림에서만큼은 소풍을 떠나듯 행복한 아이들의 모습과 아름다운 풍경을 그렸다.

이중섭미술관에는 작품 10여 점을 비롯하여 그가 부인에게 보냈던 편지가 전시되어 있다. 이중섭만의 독창적인 그림도 매력적이지만, 생활고로 아이들을 데리고 일본으로 돌아갔던 아내에게 보낸 편지 속에 담긴 가족에 대한 사랑과 그리움을 담은 사연이 인상 깊게 다가온다. 한국에 홀로 남겨져 쓸쓸했던 그의 삶 속에서 편지를 보내고 답장을 기다리는 것만이 그의 유일한 위안이었으리라 생각하니 마음이 아려온다.

◎ 주소 서귀포시 이중섭로 27-3 **◑ 내비게이션** '이중섭미술관'으로 검색 **◉ 주차장** 있음 **◐ 문의** 064-760-3567 **◉ 이용 시간** 09:00~17:30 **◯ 휴무** 월요일 **◉ 이용 요금** 어른 1,500원, 청소년 800원, 어린이 400원

🚗 Drive tip

주차 공간이 협소함. 주차 공간이 없다면 주변 공영주차장 이용 후 서귀포 매일올레시장과 함께 둘러보기를 추천

이중섭과 아이들의 추억의 장소
자구리해안

이중섭미술관 앞에는 이중섭거주지가 복원되어 있다. 누추한 초가집에서도 맨 끝에 있는 단칸방, 이곳에서 이중섭은 가족과 함께 살았다. 어스름한 단칸방에는 이중섭의 사진이 놓여 있고, 그가 쓴 〈소의 말〉이라는 시가 적혀 있다. '높고 뚜렷하고 참된 숨결'이라는 문구로 시작하는 시는 어려웠던 형편 속에도 그가 추구했던 정신이 아니었을까 추측된다. 이중섭거주지에서 매일올레시장으로 이어지는 이중섭거리에는 다양한 소품 가게가 있어 빈티지한 기념품을 구매할 수 있다. 주말이면 서귀포예술시장이라는 플리마켓이 열려 구경거리가 더 많아진다. 이중섭거주지에서 나와 작가의 산책길을 따라 해안가로 약 500~600m 걸어가면 자구리해안이 나온다. 이중섭이 아이들을 데리고 게를 잡으러 나오곤 했던 바다. 해안가에 만들어진 공원에는 현대미술 조각가들의 작품이 바다를 바라보고 설치되어 있다. 이중섭이 그림 그리는 모습을 형상화한 정미진 작가의 《게와 아이들》이 주요 볼거리. 해안을 따라 조성된 공원의 길이는 100m 남짓으로 짧지만, 찾는 이가 많지 않은 곳이라 소박한 풍경을 즐기기 좋다.

자구리해안 ◎ **주소** 서귀포시 서귀동 70-1 ◐ **내비게이션** '자구리문화예술공원'으로 검색 ℗ **주차장** 있음

하늘과 땅이 만나 이룬 절경
천지연폭포

정방폭포와 더불어 제주에서 가장 아름다운 폭포로 손꼽히는 천지연폭포는 한라산에서 흘러내린 물이 모여 바다로 가기 위해 몸을 던지며 물줄기를 쏟아낸다. '하늘과 땅이 만나서 만들어진 연못'이라 하여 '천지연'이라 이름 붙였다. 물은 22m의 높이에서 거침없이 떨어지며 연못 깊은 곳은 20m에 달할 정도로 큰 규모다.

천지연폭포 주변 숲은 '제주 천지연 난대림'이라는 이름의 천연기념물. 연못가 주변으로 조성된 산책로를 따라 걸으면 울창한 숲 사이로 다양한 희귀식물들을 만날 수 있다. 오로지 폭포만을 향해 바삐 걷지 말고 천천히 숲길을 걸으며 산책을 즐기는 것도 하나의 여행 포인트다. 또한, 이 연못은 또 하나의 천연기념물인 무태장어(뱀장어과에 속하는 민물고기)의 서식지로도 유명하다.

ⓞ 주소 서귀포시 천지동 667-7 **ⓝ 내비게이션** '천지연폭포'로 검색 **ⓟ 주차장** 있음 **ⓒ 문의** 064-733-1528 **ⓞ 이용 시간** 09:00~22:00(21:20 입장마감) **ⓞ 휴무** 연중무휴 **ⓞ 이용 요금** 어른 2,000원, 청소년 및 어린이 1,000원

🧳 Travel Tip

천지연폭포는 밤에도 아름다운 조명이 폭포를 비추고 있어 밤 산책 코스로도 인기가 많다.

바다 위로 불쑥 솟은 용암 기둥
외돌개

해안 절벽이 길게 이어지는 서귀포 해안에 홀로 떨어져 나온 바위기둥 하나가 있다. 주먹을 쥐고 검지를 쭉 편 것처럼 솟아 있는 이 기둥은 바닷속에서 화산이 폭발할 때 수면 위로 분출한 용암이 바닷물에 급격히 굳으면서 생겨난 것. 절벽 옆에 '홀로 외롭게 서 있다'고 하여 '외돌개'라는 이름이 붙었다. 바다에 나갔다 돌아오지 못한 할아방을 기다리던 할망이 바위가 되었다는 전설이 전해져 '할망바위'라고 부르기도 한다. 한 점 조각품 같던 바위에 전설을 짓들었음을 알고 나면 그 모습에서 고독감과 쓸쓸한 정취가 느껴진다. 수많은 세월 동안 외로이 자리를 지켜왔을 외돌개는 비경을 찾아오는 수많은 여행자가 한 번씩 안부 인사를 건넬 테니 이제는 외롭지 않을 듯.

주차장에서 올레길을 따라 외돌개로 가다 보면 절벽 밑으로 황우지해안으로 내려가는 계단이 보인다. 해안가로 내려오면 아무것도 없어 보였던 바닷가에 숨겨진 해수 풀장이 나타난다. 커다란 바위 암벽이 바닷물을 막으면서 물결이 잔잔한 천연 수영장이 된 것. 과거에는 제주도민들의 물놀이 명소였으나 몇 년 전부터 SNS을 통해 알려지면서 최근에는 많은 여행자가 찾아와 수영을 즐긴다.

⊙ 주소 서귀포시 서홍동 791 **ⓝ 내비게이션** '외돌개'로 검색 **ⓟ 주차장** 있음 **ⓒ 문의** 064-760-3192

Travel Tip
외돌개의 숨겨진 비경 황우지해안에서 수영을 즐겨보자.

함께 가볼 만한 곳들을 소개합니다. 당신의 취향은 어느 곳인가요?

아이와 함께
서귀포유람선 & 서귀포잠수함

유람선을 타고 바다에서 바라보는 서귀포 해안 절경은 색다르다. 한라산의 넓은 품 안에 안겨있는 제주의 전경이 새롭다. 서귀포 앞바다의 범섬까지 가 신비로운 해식쌍굴을 둘러보기도 한다. 잠수함은 우리가 영화에서 보는 것처럼 열대어 가득한 화려한 바닷속 풍경을 보여주는 것은 아니다. 하지만 문섬 바다 속으로 내려가 산호초와 물고기를 감상하고 난파선에 관한 이야기를 듣는 일은 이색적이다. 다소 비싼 금액이지만 아이에게 색다른 추억을 만들어주고 싶다면 추천! 홈페이지 구매 혹은 네이버 예약 시 이용요금의 10%를 할인받을 수 있다.

○ **주소** 서귀포시 남성중로 40(유람선과 잠수함 사무실이 같은 곳에 위치) ○ **내비게이션** '서귀포유람선'으로 검색 ℗ **주차장** 있음 ● **문의** 064-732-1717(유람선), 064-732-6060(잠수함) ◎ **이용 시간 유람선** 11:30분부터 하루 3~4회 운항. 예약 필수 **잠수함** 07:20분부터 약 40분 간격으로 운항하며 날씨에 따라 운휴되기도 하므로 전화 **문의** 후 예약 ⊖ **휴무** 연중무휴 ● **이용 요금 유람선** 어른 16,000원, 청소년 11,000원, 어린이 9,500원 **잠수함** 어른(만 14세 이상) 65,000원, 어린이(만3세~만14세 미만) 44,000원 **도립공원료 별도** 어른 1,000원, 청소년 800원, 어린이 500원

친구 & 연인과 함께
새연교 & 새섬

천지연폭포에서 항구 끝으로 가면 제주의 전통 고깃배인 테우를 형상화하여 만든 다리 새연교가 나타난다. 새연교는 서귀포항과 새섬을 잇고 있다. 다리를 건너 새섬의 산책로를 따라 섬을 한 바퀴 돌아보는 것도 좋다. 해가 저물어 어둠이 내리면 새연교에는 LED 조명이 오색 불을 밝히고 은은한 항구의 불빛이 어우러져 차분한 야경을 만든다. 천지연폭포와 함께 저녁 시간에 산책하기 좋은 코스다.

○ **주소** 서귀포시 서홍동 707-4 ○ **내비게이션** '새연교'로 검색 ℗ **주차장** 있음 ● **문의** 064-710-6372 ● **LED 조명 운영 시간** ~22:00

혼자라면
왈종미술관

이왈종 작가가 조선백자를 모티브를 도자기를 빚어 건물 모형을 만든 것을 바탕으로 설계된 미술관. 행복과 불행, 사랑과 외로움 등 다양한 감정을 꽃과 새, TV, 골프, 자동차 등으로 표현한 그의 다양한 작품이 생기 넘치고 강렬한 느낌을 준다. 전시실을 지나 옥상으로 올라가면 서귀포 앞바다가 훤히 눈에 들어온다. 정방폭포 주차장과 맞닿아 있어 함께 들르면 좋은 곳.

◎ 주소 서귀포시 칠십리로214번길 30 **◎ 내비게이션** '정방폭포'로 검색 **ⓟ 주차장** 정방폭포 주차장 이용 **◎ 문의** 064-763-3600 **◎ 이용 시간** 10:00~18:00 **◎ 휴무** 월요일 **◎ 이용 요금** 어른 5,000원, 청소년 및 어린이 3,000원

혼자라면
기당미술관

우리나라 최초의 시립미술관. 전시실 천장을 한옥 서까래 모양으로 만들고 자연 채광을 활용하여 밝고 포근한 분위기다. '황토빛 제주화'라는 독창적인 화풍으로 유명한 서귀포 출신 화가 변시지의 작품을 모아 전시하고 있는 게 특징이다. 그는 바람 부는 제주를 배경으로 다양한 제주의 모습을 그려냈다. '제주 화백이 그린 제주'를 만나고 싶다면 방문해볼 것! 더욱이 회화, 조각, 공예, 서예 등 국내외 작가들의 다양한 작품들을 연중 3~4차례 기획전으로 공개한다.

◎ 주소 서귀포시 남성중로153번길 15 **◎ 내비게이션** '기당미술관'으로 검색 **ⓟ 주차장** 있음 **◎ 문의** 064-733-1586 **◎ 이용 시간** 09:00~18:00(7~9월 ~20:00) **◎ 휴무** 월요일 **◎ 이용 요금** 어른 1,000원, 청소년 500원, 어린이 300원

즐거웁게 미식
천짓골식당

돔베는 도마를 뜻하는 제주 방언. 삶은 돼지고기를 도마 위에 얹어 내온다고 해서 '돔베고기'라는 이름이 붙었다. 천짓골식당은 솥에서 삶은 큼지막한 돼지고기 한 덩이를 도마에 올려 내온다. 소금이나 젓갈에 찍어 먹거나 잘 익은 김치에 마늘과 고기를 얹어 싸먹는 것이 이 집만의 돔베고기 맛의 비결. 고기를 입안에 넣으면 쫄깃하면서도 부드러운 식감이 어우러지면서 사르륵 녹아내린다. 과거엔 제주도민 맛집이었지만, 최근에는 손님이 늘면서 재료 소진으로 일찍 문을 닫으니 서둘러 가거나 예약하는 것이 안전하다.

◉ 주소 서귀포시 중앙로41번길 4 **◉ 내비게이션** '천짓골식당'으로 검색 **◉ 문의** 064-763-0399 **◉ 이용 시간** 17:30~22:00(21시 주문 마감 재료 소진 시 마감) **◉ 휴무** 일요일 **◉ 메뉴** 흑돼지오겹(600g) 60,000원, 백돼지오겹(600g) 48,000원

🚗 Drive tip
도보 5분 거리 아랑조을거리 주차장 이용

즐거웁게 미식
자리돔횟집

고등어는 부패하기 쉽고 자칫하면 비린 맛이 날 수 있어 회로 먹기 어려운 물고기. 자리돔횟집은 고등어회를 전문으로 하는 식당답게 싱싱하게 관리가 잘된 회를 내온다. 덕분에 고등어회 특유의 고소한 맛과와 쫄깃한 식감을 맛볼 수 있다. 깻잎과 김, 양파와 양념장을 더해 쌈을 싸 먹으면 느끼함은 잡고 고소함은 더한다. 여름에는 자리회, 겨울에는 방어회 등 제철 회를 함께 판매한다.

◉ 주소 서귀포시 동홍동로 7 **◉ 내비게이션** '자리돔횟집'으로 검색 **◉ 문의** 064-733-1239 **◉ 이용 시간** 11:00~21:30(브레이크타임 14:00~16:00) **◉ 휴무** 둘째, 넷째 주 일요일 **◉ 메뉴** 고등어회 소 60,000원, 고등어회 대 80,000원, 자리물회&한치물회 12,000원

🚗 Drive tip
가게 뒤 골목길로 들어서면 가게 옆으로 무료 주차장 있음

여유롭게 카페

유동커피

이중섭거리 근처에 있는 유동커피는 커피 맛이 좋기로 소문 난 곳. 벽에 걸린 주인장의 수상 경력과 자격증들이 그 실력을 입증한다. 매장에서 직접 로스팅한 원두를 기본으로 3가지 타입의 커피를 제공한다. 쌉싸름한 맛이 특징인 커피, 부드럽고 바디감이 좋은 커피, 단맛과 고소함이 어우러진 커피 중 본인의 취향에 따라 선택하면 된다. 커피 마니아라면 필수 코스인 카페.

⊙ 주소 서귀포시 태평로 406-1 **⊙ 내비게이션** '유동커피'로 검색 **☎ 문의** 064-733-6662 **⊙ 이용 시간** 08:00~22:30(라스트오더 22:00) **⊖ 휴무** 연중무휴 **⊖ 메뉴** 아메리카노 4,000원, 송산동커피 5,000원, 브루잉커피 7,000원, 싱하목장아이스크림라떼 5,500원 **⊚ 인스타그램** @youdongcoffee_company

🚗 **Drive tip**
도보 5분 거리 이중섭거리 주차장 이용

여유롭게 카페

블라썸

넓은 창과 루프톱에서 한라산을 눈에 담으며 여유롭게 시간을 보낼 수 있는 카페. 황우지해변을 닮아 바다색인 황우지라떼와 초코 쿠키를 듬뿍 얹은 제주화산송이 프라푸치노, 말차라떼와 녹차아이스크림이 어우러진 한라산라떼 등 이색 음료가 특징이다. 티라미수나 케이크 종류도 맛이 좋고 파스타나 샌드위치 등 다양한 브런치 메뉴도 인기가 많다.

⊙ 주소 서귀포시 남성로 136 **⊙ 내비게이션** '서귀포 블라썸'으로 검색 **Ⓟ 주차장** 있음 **☎ 문의** 064-732-4045 **⊙ 이용 시간** 08:00~18:00 **⊖ 휴무** 화요일 **⊖ 메뉴** 한라산라떼 8,000원, 제주화산송이프라프치노 7,000원, 제주망고프라페 8,500원, 티라미수 7,000원, 브런치 메뉴 다양 10,000~15,000원 **⊚ 인스타그램** @blossom_seogwipo

🚗 **Drive tip**
주차장이 매우 협소. 자리가 없을 경우 남성로 삼거리로 나와 편의점 건너편 무료 주차장에 주차

07

휴양지의 눈부신 절경
중문

끊임없이 밀려오는 파도, 하늘에서 쏟아
지는 햇볕은 우리나라 최고의 휴양지인
중문을 대표하는 이미지이다. 여기에 겨
울에도 춥지 않은 온화한 기후가 더해져
태평양 바다 한가운데 있는 섬에 온 듯한
느낌마저 드는 것. 해안에는 주상절리가
늘어서 절경을 이루고, 사철 푸른 난대림
에는 폭포수가 겹겹이 쏟아진다. 중문을
달릴 때만큼은 제주에 온 것을 잠시 잊는
다. 그래, 여긴 태평양의 어느 휴양지다.

코스 한눈에 보기

① **대포주상절리**
용암과 바닷물이 만든
돌기둥 절경 감상하기

3.2km

② **베릿네오름**
제주 도민이 사랑하는
숨은 오름 산책하기

1.0km

③ **천제연폭포**
난대림 속으로 들어가 폭포 만나기

3.5km

④ **여미지식물원**
온실 전망대 올라가 보기

880m

⑤ **중문색달해변**
햇빛 방향에 따라 모래색이
다른 해변에서 서핑 즐기기

6.9km

⑥ **갯깍주상절리**
주상절리가 감싼
해안절벽 바라보기

드라이브 명소

중문관광로

여미지식물원에서 중문색달해변으로 이어지는 도로. 중문 바다를 향해 S자 형태로 도로가 이어진다. 일렬로 선 야자나무와 바다를 바라보고 있는 건물들이 이국적인 느낌을 더한다.

여래해안로

갯깍주상절리에서 논짓물까지 이어지는 도로. 바닷가 바로 옆으로 해안도로가 이어진다. 바닷바람을 맞으며 논짓물을 지나 하예포구까지 가도 괜찮다. 길이 좁은 편이므로 안전에 유의할 것.

코스 지도

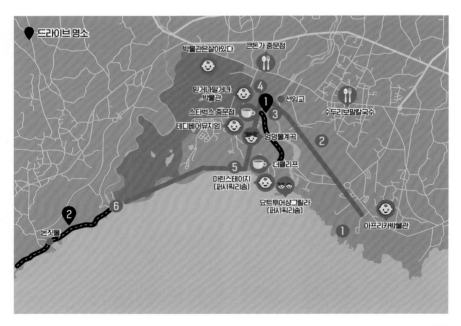

화산이 만든 놀라운 절경
대포주상절리

서귀포에서 중문관광단지로 들어서는 길에 자리한 해안에 대포주상절리가 있다. 주상절리란 화산 폭발로 솟은 용암이 차가운 바닷물과 만나 급격히 식으면서 부피가 수축한 곳에 틈이 생기며 만들어지는 돌기둥. 매표소를 지나 산책로를 통해 해안 절벽으로 다가갈수록 사람들의 탄성이 터져 나온다. 탄성이 들리는 곳을 향해 가면 에메랄드 바다 위에 겹겹이 층을 이루고 있는 돌기둥이 그 위용을 드러낸다. 사각형부터 오각형, 육각형 모양까지, 키 작은 것부터 큰 것까지 다양한 형태로 해안 절벽을 이루고 있는 모습은 마치 벌집을 바닷속에서 방금 건져 올린 듯하다. 파도가 주상절리 절벽에 부딪쳐 부서지며 만들어진 거품이 돌기둥을 감싸고 흩어질 때마다 더욱 신비롭고 이국적인 분위기가 풍긴다. 주상절리 뒤로는 서귀포의 칠십리해안 따라 이어진 망망대해가 파노라마처럼 펼쳐지니 감동적이지 않을 수 없다.

◎ **주소** 서귀포시 이어도로 36-30 ◎ **내비게이션** '대포주상절리'로 검색 ℗ **주차장** 있음 ☏ **문의** 064-738-1521 ◎ **이용 시간** 09:00~18:00(계절별 일몰시간에 따라 마감시간 변동) ◎ **휴무** 연중무휴 ◎ **이용 요금** 어른 2,000원, 청소년 및 어린이 1,000원

바다에서 바라본 대포주상절리

TRAVEL SPOT 2

휴양지에 숨은 명품 오름

베릿네오름

중문을 생각하면 가장 먼저 떠오르는 것은 넓은 바다와 그 위에 자리한 근사한 호텔과 리조트지만 중문에서도 제주만의 독특한 자연 풍경인 오름을 만날 수 있다. 그 주인공은 천제연의 깊은 골짜기 사이로 '은하수처럼 흐르는 냇물'이라 하여 '베릿네'라 이름 붙은 오름이다.

베릿네오름은 주민들의 산책로로 사랑받는 곳이지만 외지에서 온 여행자들은 많이 찾지 않는 숨은 오름. 데크를 따라 울창한 숲을 지나 오름 정상에 도착하면 생각지 못한 멋진 풍경을 만난다. 정상에 솟은 커다란 소나무 두 그루 뒤로 한라산 정상인 백록담의 외벽이 보이고, 바닷가 쪽으로는 중문의 푸른 바다와

리조트 건물이 눈에 들어온다.

오름 산책로가 올레길을 따라 이어져 있어 올레 표식을 따라 정상을 향해 걸으면 된다. 정상에서 왔던 길로 다시 돌아오거나 올레길을 따라 반대편 길로 내려오다 중문관광단지로 가지 말고 데크를 따라 오름을 한 바퀴 돌면 광명사 주차장으로 원점 회귀가 가능하다.

◎ 주소 서귀포시 중문동 2314-2 **● 내비게이션** '제주 광명사'로 검색 **● 문의** 064-760-4831

🚗 Drive tip

광명사 주차장에 주차 후 오르막길로 이어진 올레길 8코스를 따라가면 오른쪽으로 숲길이 나타난다.

10~11월 제주에서 볼 수 있는 야생화, 털머위

겨울에도 푸르름이 가득한

천제연폭포

천제연은 글자 그대로 '하늘 황제의 연못'이라는 의미. 옥황상제를 모시는 선녀들이 밤에 몰래 내려와 목욕하는 연못이라는 전설에서 붙여진 이름이다. 천제연폭포는 상, 중, 하로 나뉘어 총 3개의 폭포가 이어져 있다. 주상절리 절벽에서 천제연으로 떨어지는 것이 제1폭포이고, 천제연에 쌓인 물이 계곡 아래로 흐르면서 제2폭포와 제3폭포를 만들어낸다. 제1폭포는 높이 22m를 자랑하지만, 건기에는 물이 없어 비가 온 직후에만 폭포를 볼 수 있다. 제2폭포와 제3폭포는 제1폭포 연못에 쌓인 물 덕분에 항상 거센 물줄기를 쏟아낸다.

관개수로

제1폭포 앞에 서면 폭포수가 떨어지지 않아 다소 심심하게 느껴질 수도 있다. 하지만 주상절리 절벽이 솟구쳐 있고, 에메랄드빛으로 이루어진 거울 같은 연못이 아름다운 풍경을 만들어내 감탄을 자아낸다. 제1폭포를 지나 나무 계단을 걸어 내려가서 만나는 제2폭포는 한 폭의 동양화처럼 근사하다.

⊙ **주소** 서귀포시 천제연로 132 ➲ **내비게이션** '천제연폭포'로 검색 ℗ **주차장** 있음 ☎ **문의** 064-760-6331 ⊙ **이용 시간** 09:00~18:00 ⊖ **휴무** 연중무휴 ⊖ **이용 요금** 어른 2,500원, 청소년 및 어린이 1,350원

선임교에서 바라보는
난대림 계곡

제3폭포의 경우 제2폭포에서 산책로를 따라 약 500m 걸어가 숲 끝자락까지 간 후 다시 계단을 따라 아래로 내려가야만 만날 수 있다. 제3폭포에서 다시 매표소로 돌아가려면 약 1km를 걸어가야 하기에 노약자가 있다면 꼭 제3폭포까지 들르지 않아도 된다. 만약 제3폭포까지 간다면 산책로 옆으로 설치된 관개수로를 눈여겨보자. 논농사에 부적합한 제주도의 환경을 극복하고자 천제연폭포의 낙수가 흐르도록 관개수로를 만들어 농사에 활용한 제주 사람들의 지혜를 엿볼 수 있다.

제2폭포에서 제3폭포로 가는 길에 놓인 선임교도 또 하나의 볼거리. 길이 약 128m, 높이 78m의 아치형 교량으로 숲을 가로지르는 다리다. 아치형이면서 경사져있기까지 하니 다리 위를 걸으면 마치 하늘로 오르는 듯한 기분이 든다. 다리 중간 지점에 서면 발밑으로 울창한 천제연의 난대림 숲이 펼쳐지고, 멀리로는 한라산의 넓은 품을 감상할 수 있다.

세상 식물 다 모아놓은
여미지식물원

여미지식물원은 중문관광단지를 대표하는 관광지다. 식물원이라면 육지에서도 쉽게 만날 수 있는 시설이라 식상하다고 생각할 수도 있겠지만, 여미지식물원은 의외로 볼거리가 쏠쏠한 곳이다. 매표소를 지나 온실에 들어서면 먼저 하늘을 감싼 거대한 돔 천장이 눈길을 사로잡는다. 유리 천장에서 쏟아지는 햇살은 따사롭게 온실 안을 비춘다. 주변에는 형형색색의 꽃이 화사함을 더하고 중앙 엘리베이터 기둥에 그려진 천제연폭포의 모습을 이미지화한 작품(강익중 작가, 《바람으로 섞이고 땅으로 이어지고》)은 멋스러운 온실에 방점을 찍는다.

엘리베이터를 타고 38m의 전망대에 오르면 한라산부터 중문관광단지와 푸른 바다 풍경까지 한눈에 펼쳐진다. 온실에 조성된 선인장 정원, 꽃의 정원, 열대 과수원 등을 둘러보다 보면 잠깐이나마 동남아나 아프리카로 여행 온 기분이 든다. 옥외로 나가면 일본, 프랑스, 이탈리아 등 나라별 정원의 특색을 살린 공원이 조성되어 있어 느긋하게 산책할 수 있다.

◉ 주소 서귀포시 중문관광로 93 ◉ 내비게이션 '여미지식물원'으로 검색 ◉ 주차장 있음 ◉ 문의 064-735-1100 ◉ 이용 시간 09:00~18:00 ◉ 휴무 연중무휴 ◉ 이용 요금 어른 10,000원, 청소년 7,000원, 어린이 6,000원

Travel Tip

규모가 커서 걷다가 힘이 들 때는 장난감처럼 생긴 관람 열차를 타고 휙 둘러보는 것도 좋다.

눈부신 태양과 오색 빛깔 바다

중문색달해변

길게 펼쳐진 백사장과 반짝이는 파도가 함께하는 중문색달해변은 언제나 눈부시다. 중문관광단지에서 아래로 펼쳐진 해변을 바라보고 있는 것만으로도 가슴이 뻥 뚫릴 만큼 광활하다. 백사장에는 흑색, 회색, 적색, 백색 4가지의 모래가 섞여서 해가 비추는 방향에 따라 백사장의 빛깔이 달라 보이기도 한다. 중문은 여름철에는 역동적인 해양 스포츠를 즐기러 오는 사람들로 활기를 띤다. 다른 해수욕장보다 파도가 잦고 높은 편이라 서핑 조건이 좋아 최근에 서퍼들이 부쩍 늘었다.

매년 겨울에는 이색 축제인 펭귄수영대회가 열린다. 축제에 참여한 사람들은 영하의 추위에도 주저 없이 겨울 바다에 뛰어들어 환호성을 지른다. 해수욕장에서 나무 계단을 따라 오르면 롯데호텔과 신라호텔의 정원으로 이어진다. 잘 꾸며진 호텔 정원을 걷거나, 영화 《쉬리》의 마지막 장면 촬영 장소인 '쉬리의 언덕'에서 바다를 바라보며 쉬는 것도 좋다.

📍 **주소** 서귀포시 색달동 3039 ▶ **내비게이션** '퍼시픽리솜'으로 검색 🅿 **주차장** 퍼시픽리솜 주차장 이용 📞 **문의** 064-760-4993

 Travel Tip

색달해변은 '진모살'이라고 불리기도 했는데, 이는 '긴 모래 해변'이라는 뜻이다.

해안을 감싸 안고 늘어선 돌기둥
갯깍주상절리

40m 높이로 솟은 거대한 주상절리가 중문색달해변 끝부터 시작해 갯갓다리 앞에 있는 작은 몽돌 해변까지 약 1km가량 이어진다. 돌기둥을 **빽빽이** 세워놓은 듯한 모습이 장관을 이루어 몇 해 전까지만 해도 제주도 최고의 비경으로 손꼽히는 곳 중 하나였다.

주상절리 사이에 큰 동굴이 하나 있는데, 안에 들어가 인증 사진을 남기는 일이 SNS에서 인기를 끌기도 했다. 하지만 낙석 위험도가 높아지면서 지금은 접근이 금지되었다. 가끔 몽돌 해변을 지나 주상절리 가까이 다가가는 여행자들을 볼 수 있는데, 엄연히 접근을 통제하고 있으므로 안전에 유의해야 한다.

주차장 앞으로 나 있는 해안가에서 바라보는 주상절리의 모습도 멋스럽다. 주상절리 위로 무성하게 자란 나무들이 초록빛 숲을 이루고 있는데, 마치 파마를 한 사람처럼 보이기도 한다. 현무암 바위 위에 걸터앉아 주상절리가 늘어선 바다를 바라보며 가까이 접근하지 못하는 아쉬움을 달래보자.

◐ 주소 서귀포시 색달동 2101 **◑ 내비게이션** '갯깍주상절리대주차장'으로 검색 **ⓟ 주차장** 있음

용천수가 만들어낸 천연 풀장
논짓물

갯깍주상절리에서 여래해안로를 따라 약 1km 정도 달리다 보면 바닷가에 자리한 풀장인 논짓물이 모습을 드러낸다. 제주는 비가 내리면 빠르게 지표면으로 스며들었다가 바다 근처에서 솟아나는 용천수가 많다. 논짓물은 용천수가 바다로 흘러나가며 민물과 바닷물이 만나 만들어진 천연 풀장이다. 용천수가 바다와 너무 가까운 곳에서 솟아나 농업용수나 식수로 사용할 수 없어 '물이 그냥 논다'는 의미로 '논짓물'이라 불렸다.

이곳에 둑을 막고 풀장과 샤워장을 만들면서 오래전부터 제주도민들의 여름철 물놀이 명소로 사랑받았다. 썰물 때는 담수 풀장이 되고, 밀물 때는 바닷물이 섞이는 독특한 풀장이다. 잔잔하게 물결치는 풀장 너머로 짙푸른 푸른 바다가 펼쳐지니 특급 오션뷰를 자랑하는 풀빌라에 온 듯한 착각에 빠지기 쉽다.

⊙ **주소** 서귀포시 예래해안로 253 ◉ **내비게이션** '논짓물'로 검색 ⓟ **주차장** 있음 ⊖ **이용 요금** 없음. 단, 그늘 벤치 이용료 30,000원, 텐트 설치 이용시 20,000원

함께 가볼 만한 곳들을 소개합니다. 당신의 취향은 어느 곳인가요?

 아이와 함께
대왕수천예래생태공원

제주에 수많은 벚꽃 명소 중에 최고라 말할 수
있는 곳이다. 과거에는 도민들만 아는 벚꽃놀
이 장소였다. 몇 해 전부터 SNS를 통해 입소문
이 나면서 현재는 제주 최고의 벚꽃 명소로 거
듭났다. 벚꽃길은 용천수가 흐르는 개울을 따라
이어져 있다. 분홍색 꽃을 피우는 벚꽃 아래에
는 노란 유채꽃이 늘어서서 눈부신 봄날을 만끽
할 수 있다. 3월 기온에 따라 개화 시기에 차이
가 있지만, 평균적으로 3월 중순에서 3월 말경
에 만개한 벚꽃을 만날 수 있다.

◎ 주소 서귀포시 상예동 5002-26 **◉ 내비게이션** '대왕수천예래
생태공원'으로 검색 **◉ 주차장** 있음

 Travel Tip

주차 후 올레길 8코스를 따라가면 된다.

 아이와 함께
중문의 다양한 박물관

중문관광단지 권역 내에는 박물관이 많고도 다양하
다. 테디베어를 테마로 한 여러 박물관 중에서도 원조
인 '테디베어뮤지엄', 서아프리카 말리의 젠네 대사원
본 따 지은 '아프리카박물관', 착시를 이용한 작품 앞
에서 재미난 인증 사진을 남길 수 있는 '박물관이 살
아있다' 등이 대표적. 아이의 취향에 맞는 곳을 선택
하여 몇몇 박물관을 둘러볼 것을 추천한다.

◎ 주소 서귀포시 중문관광단지 내 박물관 **◎ 이용 시간** 09:00~
18:00 **◎ 휴무** 연중무휴 **◎ 이용 요금** 어른 10,000~12,000원, 청
소년 9,000~11,000원, 어린이 8,000~10,000원(박물관에 따라
다양)

친구&연인과 함께
퍼시픽 마리나 요트투어

하얀 요트를 타고 푸른 바다를 가르는 낭만은 누구나 한 번쯤 상상해봤을 것이다. 요트 투어를 통해 바다 위에서 감상하는 제주의 해안 풍경은 특별한 추억을 만들어준다. 요트투어샹그릴라는 중문에서 출발해 대포주상절리에 가까이 접근하여 절경을 감상하고 바다로 나가 낚시 체험을 하는 코스다. 요트 위에는 간식거리와 음료가 준비되어 있어 바닷바람을 맞으며 아름다운 제주 바다를 즐기기 좋다. 해가 뜨고 지는 시간에 맞춘 선셋 및 선라이즈 투어도 운영 중.

⊙ **주소** 서귀포시 중문관광로 154-17 ▶ **내비게이션** '퍼시픽리솜'으로 검색 ⓟ **주차장** 있음 ☎ **문의** 1544-2988 ⊙ **이용 시간** 네이버 예매를 통해 사전 예약 필수(이용시간 선택) ⊖ **휴무** 연중무휴 ⊜ **이용 요금** 퍼블릭 요트투어 38,000원, 선셋 요트투어 43,000원

혼자라면
엉덩물계곡

중문관광단지에 자리한 계곡으로 큰 바위가 많고 지형이 험준하여 '물을 찾아온 동물들이 엉덩이를 들이밀고 볼일만 보고 돌아갔다'고 해서 '엉덩물계곡'이라 이름 붙었다고 전해지는 곳. 평소에는 큰 볼거리가 없는 작은 계곡이지만, 3월 말에서 4월 초 사이에는 유채꽃이 가득 피어나 계곡 전체를 노랗게 물들인다. 꽉 들어찬 유채꽃밭 사이로 작게 난 산책로를 따라 꽃길이 이어진다. 꽃밭에 파묻혀 근사한 인증 사진을 남겨보자.

⊙ **주소** 서귀포시 색달동 3384-4 ▶ **내비게이션** '엉덩물계곡'으로 검색 ⓟ **주차장** 있음. 또는 퍼시픽리솜 주차장 이용

즐거웁게 미식
수두리보말칼국수

보말은 '고둥'의 제주 방언. 제주도에서는 국이나 죽을 끓일 때 많이 넣는 식재료다. 제주의 보말은 종류도 다양한데 그중에서도 수두리 보말이 가장 크고 깊은 맛이 나 '보말의 여왕'이라 불린다. 수두리 보말의 내장으로 우려낸 육수는 그 맛이 시원하고, 톳을 넣어 직접 반죽한 면은 고소하면서도 담백하다. 면을 다 먹고 난 후 나오는 보리밥을 국물에 말아 먹으면 든든한 한 끼가 된다.

ⓞ **주소** 서귀포시 천제연로 192 1층 ⓞ **내비게이션** '수두리보말칼국수'로 검색 ☎ **문의** 064-739-1070 ⓞ **이용 시간** 08:00~17:00 ⓞ **휴무** 첫째, 셋째 주 화요일 ⓞ **메뉴** 수두리보말칼국수 10,000원, 톳성게칼국수 14,000원

🚗 Drive tip
가게 앞 사거리에서 가게를 등지고 좌회전하면 도로에 그어진 주차선이 있다.

즐거웁게 미식
큰돈가 중문점

제주의 흑돼지 고깃집은 보통 근고기를 판매한다. '근고기'란 한 근으로 썰어 덩어리째 내오는 제주식 돼지고기. 주인장 이강일 고기장이 직접 질 좋은 고기를 골라와 손질하기 때문에 항상 알맞은 신선도를 유지하는 것이 특징. 송악산 앞에 있는 본점이 맛있기로 입소문이 나면서 중문에도 2호점을 냈다. 두껍게 썰어 나오는 근고기를 점원이 직접 노릇노릇하게 구워준다. 두툼한 고기가 입안으로 들어가면 육즙과 함께 부드럽게 녹아내린다. 유채를 활용한 후식 메뉴도 별미이니 꼭 맛볼 것!

ⓞ **주소** 서귀포시 서귀포시 천제연로 89 ⓞ **내비게이션** '큰돈가중문점'으로 검색 ⓟ **주차장** 있음 ☎ **문의** 064-739-0722 ⓞ **이용 시간** 12:00~22:00(15:00~17:00 브레이크타임) ⓞ **휴무** 첫째, 셋째 주 수요일 ⓞ **메뉴** 흑돼지근고기 300g 30,000원, 흑돼지근고기 600g 60,000원, 유채꽃비빔국수 6,000원, 동치미유채환상국수 6,000원

☕ 여유롭게 카페
스타벅스 중문점

제주도에 있는 스타벅스 매장에는 제주도에서만 맛볼 수 있는 한정 메뉴가 있다. 비자림콜드브루나 쑥떡크림프라푸치노 등의 음료와 한라봉케이크, 백년초콜릿케이크 등의 디저트 메뉴가 대표적. 제주의 여러 지점 중에서도 중문점을 추천하는 이유는 과거 '믿거나말거나박물관'으로 사용되던 독특한 건물 외관 1층에 자리한 스타벅스 매장의 모습이 마치 애니메이션 영화 《하울의 움직이는 성》 분위기가 나기 때문이다. 계단 앞에 서서 스타벅스를 배경으로 인증 사진을 남기는 것이 SNS에서 인기를 끈다.

⦿ 주소 서귀포시 중문관광로110번길 32 **⦿ 내비게이션** '스타벅스 제주중문점'으로 검색 **⦿ 주차장** 있음(1시간 무료) **⦿ 문의** 1522-3232 **⦿ 이용 시간** 09:00~19:00 **⦿ 휴무** 연중무휴 **⦿ 메뉴** 비자림콜드브루 6,800원, 쑥떡크림프라푸치노 7,500원, 백년초콜릿크런치케이크 7,200원, 새코롬돌코롬한라봉케이크 6,500원

☕ 여유롭게 카페
더클리프

중문색달해변을 내려다보고 있는 곳에 있는 감성 카페. 노을 질 때 붉게 타오르는 석양에 감미로운 음악이 더해져 태평양 한가운데 휴양지의 라운지 바에 온 듯한 착각이 들게 하는 풍광을 자랑한다. 낭만적인 풍경 덕에 제주에서 가장 유명한 카페 중 하나로 꼽힌다. 낮에는 카페로 운영되고 저녁에는 근사한 펍으로 변신한다. 다양한 시그니처 칵테일이 갖춰져 칵테일과 함께 로맨틱한 분위기까지 마실 수 있다.

⦿ 주소 서귀포시 중문관광로 154-17 **⦿ 내비게이션** '퍼시픽리솜'으로 검색 **⦿ 주차장** 퍼시픽리솜 주차장 이용 **⦿ 문의** 064-738-8866 **⦿ 이용 시간** 10:00~01:00 **⦿ 휴무** 연중무휴 **⦿ 메뉴** 음료 8,000~10,000원, 칵테일 10,000~13,000원, 스낵류 8,000~18,000원 **⦿ 인스타그램** @thecliffjeju

08

바람 한 숨 파도 한 모금

일주도로
모슬포~산방산

어딜 가나 바람이 끊이질 않는 제주에서도 '바람의 고향'이라 불릴 만큼 거친 바람이 부는 지역이 있다. 모슬포부터 송악산, 산방산으로 이어지는 사계리의 해안 일대가 바로 그곳. "동쪽에 성산일출봉이 있다면, 서남쪽엔 송악산과 산방산이 있다"고 할 정도로 과거부터 제주를 대표하는 여행 명소로 사랑받는 지역이다. 바람 따라 해안도로를 힘차게 달리노라면 변화무쌍한 역동적 풍경에 감탄이 절로 터져 나온다.

코스 한눈에 보기

① **모슬포항일대**
현무암으로 지은
강병대교회 찾아가기

3.1km

② **알뜨르비행장 & 섯알오름**
제주의 아픔을
잠시나마 꺼내보기

3.2km

③ **송악산**
해안절벽 따라
가파도, 마라도, 수국 감상하기

2.8km

④ **형제해안도로 & 사계해안**
산방산과 바다를
한 컷에 담으며 여유 즐기기

2.1km

⑤ **산방산 & 산방굴사**
봄날, 유채꽃밭에서 사진 남기기

608m

⑥ **용머리해안**
독특한 해안 절경 아래서
자연의 신비 느끼기

Drive Point
드라이브 명소

형제해안도로

송악산부터 사계항까지 이어지는 해안도로. 형제섬이 있는 사계리의 바다를 바로 옆에 끼고 달리는 길이다. 창문을 열고 바닷바람을 한껏 들이키며 반짝이는 해안을 만끽해보자.

산방산 앞을 지나는 도로

산방산을 지나 안덕면으로 향하는 내리막 도로. 구간은 짧지만 산방산의 깎아지른 절벽과 마주하여 달리며, 반대쪽으로는 바닷가가 보이는 이국적인 풍경이 펼쳐진다.

Drive Map
코스 지도

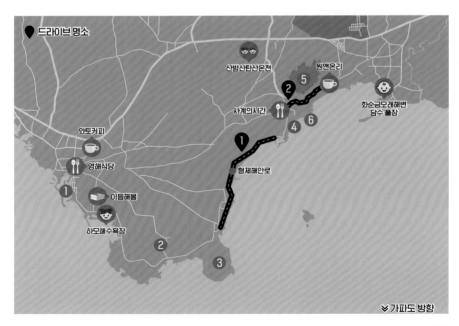

드라이브 명소

산방산탄산온천
원앤온리
2
5
사계의시간
화순금모래해변 담수 풀장
4
6
와토커피
1
영해식당
이듬해봄
형제해안로
하모해수욕장
2
3
❯❯ 가파도 방향

TRAVEL SPOT
1
항구 마을의 정취
모슬포항 일대

대정읍은 조선시대에는 대정현청이 있던 중심지였고, 일제 강점기 이후 면 소재지가 되면서 지금까지 제주 서남부의 중심이 되어 온 마을이다. 서남부 최대의 항구인 모슬포항이 바로 이 곳에 있다. 모슬포라는 지명은 "사람이 살기 힘들 정도로 몹쓸 바람이 부는 곳이라 '못살포'라 불린 것에서 비롯되었다"는 재미난 이야기가 전해진다. 하지만 모슬포의 정확한 뜻은 '모살(모래의 제주 방언)이 많은 바닷가 마을'이다.

항구를 뒤로하고 읍내 중심지를 지나면 대정현역사자료전시관을 찾아갈 수 있다. 전시관은 1955년에 제주 특산인 현무암을 일정한 규격으로 가공해 쌓은 관공서 건물. 반듯하게 다듬어진 현무암 건축물이 투박하면서도 단정한 느낌을 준다. 전시관 안에는 '대정, 기억의 늪'이라는 주제로 대정읍의 옛 모습이 담긴 사진이 진열되어 있다.

강병대교회는 한국전쟁 당시 대구에 있던 육군훈련소를 모슬포로 이전하면서 '강병대'라 명명했고, 그 안에 국군 공병대가 제주 현무암을 이용해 지은 곳이다. '강병대'라는 이름은 '강인한 군인을 길러낸다'는 뜻이며, 훈련소 안에 교회를 지어 전쟁에 참여하는 군인들을 격려하고 위로한 것. 길게 뻗은 교회 건물은 현무암 고유의 거뭇한 색감이 특징이다. 벽면 가까이 가보면 구멍 난 현무암이 그대로 드러나 있어 이채롭다. 돌을 어루만지며 하루빨리 전쟁이 끝나길 기도했을 병사들과 지금의 평화가 있기까지 희생한 분들에게 감사의 마음을 전해보자.

대정현역사자료전시관 ◉ 주소 서귀포시 대정읍 상모대서로 17 **강병대교회 ◉ 주소** 서귀포시 대정읍 상모대서로 43-3 **◉ 내비게이션** '대정현역사자료전시관'으로 검색 **ⓟ 주차장** 있음 **◉ 문의** 064-794-0228 **◉ 이용 시간** 09:00~17:00 **◉ 휴무** 월요일 **◉ 이용 요금** 무료

🚗 Drive tip

강병대교회 방문은 대정현역사자료전시관에 주차하고 걸어서 다녀오기를 추천!

겨울이 오면
모슬포의 방어

겨울철에 대정읍 일대를 여행한다면 '모슬포 대방어'는 놓칠 수 없는 메뉴. 모슬포는 제주에서 방어잡이로 이름난 곳으로 다른 지역에서 잡히는 방어보다 살이 단단하고 기름기가 풍부해 '맛방어'로 알려져 있다. 방어는 주로 11월부터 2월 사이에 잡히며, 매년 11월 말에서 12월 초에는 모슬포항 일대에서 방어 축제가 열린다.

모슬포 대방어회

모슬포 방어 축제
현장 모습

평화로운 모슬포항 풍경

아픈 역사를 뒤로하고 들녘은 평화로이 춤을 추네

알뜨르비행장 & 섯알오름

알뜨르비행장과 섯알오름이 있는 알뜨르('아래 있는 들판'이라는 제주 방언) 들녘은 지극히 평화롭다. 제주에서 보기 드물게 넓게 펼쳐진 들판 뒤로 산방산이 우뚝 서 있고, 더 멀리에는 한라산이 그 넓은 품을 벌리고 알뜨르를 내려다보고 있다. 여행자들이 많이 찾지 않는 곳이라 소음조차 드물다.

알뜨르에는 가슴 아픈 현대사를 간직한 흔적이 많다. 일제강점기에 일본은 대정읍 일대를 태평양전쟁의 전략 기지로 삼아 알뜨르 들녘에 비행장을 만들었다. 지금도 들판 곳곳에 당시 일제가 만든 비행기 격납고가 남아있다. 일제는 야트막한 섯알오름의 내부를 파내어 탄약고로 사용했다. 일제가 패망하면서 탄약고는 미군에 의해 폭파되었고, 이때 오름의 절반이 함몰되면서 큰 구덩이가 만들어졌다.

한국전쟁이 발발한 1950년에는 제주도에서는 불순분자 예비검속이 벌어졌다. 당시 모슬포 경찰서 관내에서 검속되어 체포된 이들 중 200명이 넘는 사람들이 섯알오름으로 끌려와 학살 후 암매장당했다. 오름 안에 깊게 파인 두 개의 구덩이가 암매장의 흔적. 이들을 추모하기 위해 세워진 위령비 앞의 검정 고무신은 희생자들이 끌려온 길을 가족에게 알리기 위해 자신

의 신발을 벗어 놓은 것이라고 전해진다. 두려움에 떨었을 그들을 떠올리면 가슴이 울컥해질 수밖에 없다.

⊙ **주소** 서귀포시 대정읍 상모리 1670 ◑ **내비게이션** '알뜨르비행장'으로 검색. 섯알오름과 알뜨르비행장 유적은 올레길을 따라 찾아가면 된다. ⓟ **주차장** 있음 ☎ **문의** 064-760-4012

넓은 바다를 향해 뻗어 나간
송악산

벼랑 위로 닦여진 산책로를 따라 송악산을 걸으며 바라보는 전망은 '제주도 최고의 절경 중 하나'라고 해도 과언이 아니다. 사계리 마을 앞에 놓인 푸른 바다를 시작으로 형제섬과 산방산이 보이고, 날씨가 좋으면 한라산까지 광대한 전망이 한눈에 들어온다. 고개를 돌려 바다로 시선을 향하면 가파도와 마라도가 손에 잡힐 듯 가깝다. 태평양을 향해 뻗어나가는 넓은 바다를 바라보고 있노라면 가슴이 시원스럽게 뚫리는 기분이 드는 것은 인지상정. 송악산에 서서 제주의 풍경을 바라보고 있는 것만으로도 감동이 밀려온다. 해안 절벽 위로 난 둘레길을 걷는 동안 파도는 끊임없이 발 아래 절벽을 두드리며 아우성친다. '파도가 부

딪히며 내는 소리가 물결이 우는 것 같다' 하여 송악산을 '절울이오름'이라고 부르기도 한다. 송악산은 약 20분이면 분화구가 있는 정상까지 오를 수도 있고, 절벽을 따라 난 2.8km의 둘레길을 따라 바다를 보며 한 바퀴 돌 수도 있다.

◎ **주소** 서귀포시 대정읍 상모리 산 2 ◐ **내비게이션** '송악산'으로 검색 ◉ **주차장** 있음 ◐ **문의** 064-760-2655

 Travel Tip

6월 말에서 7월 초순 사이에는 야자나무 밑에 가득 핀 수국을 감상할 수 있는 포인트가 있으니 놓치지 말 것!

송악산에 남아있는
일제진지동굴

송악산 주차장에서 해안 쪽으로 가면 절벽 아래에 있는 여러 개의 동굴이 보인다. 이 동굴들은 제2차 세계대전 당시 일제가 해상으로 들어오는 연합군 함대를 향해 공격하기 위해 구축한 군사 시설. 제주도 주민을 강제로 동원하여 해안에 절벽을 뚫어 만든 역사적 아픔의 흔적이다.

하염없이 달리다가 하염없이 쉬다가
형제해안도로 & 사계해안

송악산 주차장에서 차를 빼 바다로 난 도로를 따라 나가면 멋진 드라이브 코스가 눈앞에 펼쳐진다. 송악산부터 사계포구까지 이어지는 약 3km의 해안도로다. 해안도로 옆으로 보이는 형제섬의 이름을 따 '형제해안도로'라는 이름이 붙었다. 길지 않은 구간이지만 제주도 최고의 드라이브 코스 중 하나일 만큼 경치가 아름답다. 도로를 달리는 내내 정면에서는 종 모양으로 우뚝 선 산방산이 인사를 건네고 오른쪽으로는 바다에 뜬 형제섬이 친구처럼 곁을 지킨다. 시선을 어디에 두어도 한 폭의 그림 같은 풍광이 펼쳐진다. 자동차로 도로를 이처럼 빠르게 지나치는 것이 아쉬울 정도다.

아쉬움을 달랠 겸 잠시 사계해수욕장 주변에 주차한 후 차에서 내려 해안가로 가보자. 고운 모래가 펼쳐진 백사장을 따라 해안을 걸으며 파도를 만끽해도 좋다. 사계해안에는 약 1만 5천 년 전의 것으로 추정되는 구석기시대의 사람 발자국 화석과 사슴, 코끼리 등의 동물 화석이 남아있어 태고의 신비를 느낄 수도 있다.

● 주소 서귀포시 안덕면 사계리 송악산~사계항 구간 **● 내비게이션** '형제해안도로'로 검색 **● 주차장** 화순파출소 사계출장소 버스 정류장 옆, 주차 후 해변 산책 가능

사계해안에서 바라본 산방산

우뚝 솟은 화산에서 내려다보는 넓은 바다

산방산 & 산방굴사

화산 폭발로 솟아오른 산방산과 그 아래로 이어진 용머리해안은 제주만의 독특한 지형과 풍경을 웅변하는 대표적 여행지다. 제주의 서남쪽 지역을 여행하는 동안에는 어디서든 보이는 산방산의 위용은 볼 때마다 여행자의 가슴을 두근거리게 한다. 산방산은 멀리서 볼 때도 멋있지만 가까이 다가갈수록 가파르게 솟은 모습이 한층 거대하게 느껴진다.

산방산의 생성과 관련해서는 재미난 전설이 전해진다. 제주를 만든 설문대할망은 한라산 정상에 앉아서 쉬곤 했는데, 어느 날 한라산 꼭대기가 너무 높은 것이 불편하게 느껴져 한라산 정상의 흙을 한 줌 떠내 바다에 던져 놓았다. 던진 흙은 산방산이 되었고, 흙을 떠낸 자리는 지금의 백록담이 되었다는 것이다. 실제 백록담의 둘레와 산방산의 밑 둘레가 일치한다니 더욱 그럴듯하게 느껴지는 이야기다.

도로에서 고개를 들어 산방산을 자세히 살피면 중간 지점에 커다란 동굴이 뚫린 것을 발견할 수 있다. 자연 석굴인 이 동굴 안에 불상을 모셔 치성을 드리고 있으니 여기가 바로 산방굴사다. 산방산 자락에 있는 사찰인 산방사 뒤로 난 길을 따라 올라가면 이곳으로 이어진다. 올라가는 길에는 사랑을 기원하는 소나무

가 있으니 연인과 함께라면 이곳에서 잠시 영원한 사랑을 기도해보자.

◎ 주소 서귀포시 안덕면 사계리 163-1 **◎ 내비게이션** '산방산공영주차장'으로 검색 **◎ 주차장** 있음. 주차 후 길을 건너면 산방사가 나오고 산방사 뒤쪽 길로 산방굴사로 연결

🧳 Travel Tip

봄철에는 산방산 주변으로 노란색 유채꽃밭이 곳곳에 펼쳐진다. 유채꽃과 함께 산방산을 배경으로 '인생샷' 한 컷 남겨 볼 것!

산방굴사

경외감이 느껴지는 바위 절경

용머리해안

용머리해안은 층층이 색을 달리하는 울퉁불퉁한 바위가 장대한 해안 절벽을 이루는 곳이다. 화산이 바다 깊은 땅속에서 폭발하면서 마그마가 물과 격렬하게 반응하여 바위가 만들어진 것. 수면 위로 돌출된 이후 오랜 세월 동안 바위 위로 사암이 쌓였고, 바람과 파도가 수없이 바위를 깎아 독특한 해안 절벽이 되었다. 절벽이 살아서 꿈틀거리는 듯한 해안의 풍경은 마치 영화 〈인터스텔라〉에 등장하는 미지의 행성처럼 느껴질 정도로 이국적이다.

산방산에서 바라볼 때 '용이 머리를 들고 바닷속으로 들어가는 모습'이라 하여 붙은 이름이다. 만리장성을 쌓은 중국의 진시황이 '이곳에서 왕이 나타나 천하를 통일할 것이라'는 소문이 돌자 혈맥을 끊으려 사람을 보내 용의 꼬리와 등 부분을 칼로 베어냈다고 전해진다. 이때 용은 붉은 피를 뿜어내며 괴로운 울음소리를 내었으며 중국으로 돌아가던 일행은 그 노여움으로 태풍 속에 목숨을 잃었다고 한다.

해안 뒤로 우뚝 솟아 있는 산방산이 지난 세월 동안 용의 아픔을 정성껏 위로해 주었나 싶다. 오늘날 해안가는 평화로운 모습이다.

◎ 주소 서귀포시 안덕면 사계리 112-3 **◎ 내비게이션** '용머리해안'으로 검색 **② 주차장** 있음 **◎ 문의** 064-760-6321 **◎ 이용 시간** 09:00~17:00(단, 간조 시간에만 입장 가능) **◎ 휴무** 연중무휴 **◎ 이용 요금** 어른 2,000원, 청소년 및 어린이 1,000원

🧳 Travel Tip

용머리해안은 조수 간만의 차로 인해 밀물 때는 탐방로가 바닷물에 잠긴다. 만조와 간조는 하루 2회씩 약 6시간 간격으로 매일 바뀌므로 미리 전화로 입장 가능 시간을 확인하는 것이 좋다.

하늘에서 본 용머리 해안

함께 가볼 만한 곳들을 소개합니다. 당신의 취향은 어느 곳인가요?

 아이와 함께
화순금모래해변 담수 풀장

모래가 금처럼 반짝일 정도로 곱다 하여 '금모래'라는
이름이 붙은 해변이다. 해변 한쪽에는 바닷가에서 샘
솟는 용천수를 이용한 담수 풀장을 운영 중이다. 담수
풀장은 워터슬라이드 시설과 어린이용 풀장을 갖추
고 있어 도민들에게 여름철 가족 피서지로 꾸준히 사
랑받고 있다. 아이와 함께 여름날에 제주를 찾은 가족
이라면 풀장에서 시간을 보내며 무더위를 피해 보는
것은 어떨까.

◉ **주소** 서귀포시 안덕면 화순해안로 69 ▶ **내비게이션** '화순금모
래해변'으로 검색 ℗ **주차장** 있음 ☎ **문의** 064-760-4991 ◉ **이용
시간** 09:00~18:00, 7~8월 성수기에만 운영(시작과 끝 날짜는 해
마다 조금씩 다름) ◉ **이용 요금** 무료(단, 평상, 파라솔, 돌 탁자 등
은 유료 20,000~50,000원 사이)

친구&연인과 함께
산방산탄산온천

산방산탄산온천은 지하 600m 깊이에서 끌어올리는 온천수로 국내의 다른 온천에 비해 높은 비율의 탄산가스를 함유한 것이 특징이다. 온천탕에 들어가면 금세 피부가 따끔거리며 붉어지기 시작한다. 이는 탄산가스가 피부로 흡수되어 모세혈관이 확장되는 현상. 혈관이 넓어지고 피가 원활하게 흐를 수 있도록 도와서 혈압에 효과가 좋다. 노천탕에서는 산방산의 풍경을 바라보며 온천을 즐길 수 있어 이국적인 분위기도 느낄 수 있다.

◎ **주소** 서귀포시 안덕면 사계북로41번길 192 ◎ **내비게이션** '산방산탄산온천'으로 검색 ℗ **주차장** 있음 ℃ **문의** 064-792-8300 ◎ **이용 시간** 06:00~22:00(야외 노천탕은 혼탕이므로 수영 또는 반팔 & 반바지 필수) ◎ **휴무** 연중무휴 ◎ **이용 요금** 어른 13,000원, 어린이 6,000원

혼자라면
하모해수욕장

하모해수욕장은 모슬포항 끝자락에 있는 작은 해변에 있다. 제주의 다른 해변에 비해 알려지지 않아 찾아오는 이가 드물다. 올레 10코스의 종착지라 오가는 올레꾼만 가끔 보일 뿐이다. 제주의 한적한 바다에서 바닷가를 따라 걸으며 혼자만의 시간을 즐기고 싶은 사람에게 추천하는 숨은 명소. 현재 모래 유실이 심해 해수욕은 금지되어 있으니 수영하며 물놀이를 하고 싶은 사람에게는 추천하지 않는다.

◎ **주소** 서귀포시 대정읍 하모리 276 ◎ **내비게이션** '하모해수욕장'으로 검색 ℗ **주차장** 있음

즐거웁게 미식
사계의시간

장어덮밥과 장어탕을 파는 식당. 비싸지 않은 가격에 장어를 든든할 정도로 맛볼 수 있다. 부드러운 장어에 촉촉하게 스며든 양념의 조화가 좋다. 장어 위에 얹어진 양파는 느끼함을 잡아주면서 매콤한 식감을 더한다. 주인장이 혼자 운영하는 식당이라 손님이 몰리는 시간에는 음식이 나올 때까지 다소 시간이 걸릴 수 있다. 하루 50인분의 재료만 준비하고 재료가 떨어지면 마감하니 오후에 방문하려면 전화로 확인해 볼 것!

주소 서귀포시 안덕면 사계남로 214 **내비게이션** '사계의 시간'으로 검색 **문의** 010-4758-2480, **이용 시간** 09:00부터 재료 소진 시까지 **휴무** 월요일 **메뉴** 장어탕 7,000원, 장어덮밥 9,000원, 장어덮밥(특) 14,000원 **인스타그램** @the_hour_0f_the_four_seasons

🚗 Drive tip
길가나 골목에 주차하거나, 서귀포시 안덕면 사계남로 198 주소에 있는 공영주차장 이용, 주차장에서 도보 약 3분

즐거웁게 미식
영해식당

1954년부터 50년이 넘는 세월 동안 장사를 해온 도민 맛집. 밀면이 주메뉴지만, 몸국이나 고사리육개장 같은 제주 전통 음식도 있다.

몸국은 돼지고기를 삶은 육수에 불린 모자반과 메밀가루를 넣어 만드는 국으로 제주에서는 오래전부터 집안 행사가 있을 때 빠지지 않던 음식이다. 돼지와 해조류가 만나 구수하고 진득하면서도 미끌미끌한 독특한 식감 때문에 호불호가 갈린다. 이 식당의 몸국은 맛의 균형이 좋아 한 번도 먹어보지 않은 사람도 처음 도전해볼 만하다.

주소 서귀포시 대정읍 하모상가로 34-2 **내비게이션** '영해식당'으로 검색 **문의** 064-794-2262 **이용 시간** 11:00~19:00 **휴무** 비정기 **메뉴** 밀냉면 8,000원, 몸국 8,000원, 고사리육개장 8,000원

🚗 Drive tip
도보 5분 거리 서귀포시 대정읍 하모리 964-2 주소에 있는 공영주차장 이용

여유롭게 카페
와토커피

생두를 직접 로스팅하여 신선한 커피 맛을 서비스하는 카페. 가장 인기 좋은 메뉴는 에스프레소 위에 크림을 듬뿍 올린 '와토알프스'라는 비엔나커피. 커피의 거품 위로 몽글몽글 솟아오른 크림이 알프스산을 떠올리게 한다. 보기에 좋은 게 먹기에도 좋은 법! 크림을 섞지 말고 그대로 잔에 입을 대고 마신다. 에스프레소의 쌉쌀한 맛과 부드럽고 달콤한 크림이 조화를 이룬다.

◎ **주소** 서귀포시 대정읍 동일하모로 238 ◎ **내비게이션** '와토커피'로 검색 ◎ **문의** 010-8324-1455, ◎ **이용 시간** 08:00~18:30 ◎ **휴무** 일요일 ◎ **메뉴** 와토알프스 5,500원, 우드라떼 5,500원, 플랫오름 5,500원 ◎ **인스타그램** @watocoffee

🚗 **Drive tip**

서귀포시 대정읍 하모리 964-2 주소에 있는 공영 주차장 이용. 주차장에서 도보 약 10분, 또는 카페 근처 골목에 주차

여유롭게 카페
원앤온리

산방산 바로 아래의 바닷가에 자리한 카페. 한적한 해변에 유일한 건물이라 바다를 통째로 빌린 것 같고 등 뒤로는 산방산의 멋진 산세가 펼쳐지니 제주 최고의 뷰 맛집이라고 해도 과언이 아니다. 음료를 한 잔 시켜놓고 풍경을 바라보고 있으면 해외 휴양지에 온 듯한 기분이 들 정도다. 다양한 브런치 메뉴도 인기. 다만, 그만큼 손님이 많아 복잡하고 다른 카페에 비해 가격이 다소 비싼 편이다.

◎ **주소** 서귀포시 안덕면 산방로 141 ◎ **내비게이션** '원앤온리'로 검색 ◎ **주차장** 있음 ◎ **문의** 0507-1323-6186 ◎ **이용 시간** 09:00~20:00 ◎ **휴무** 연중무휴 ◎ **메뉴** 아메리카노 7,000원, 바닐라라떼 9,000원, 시나몬모카 10,000원, 원앤온리브런치 18,000원, 에그인헬 20,000원 ◎ **인스타그램** @jejuoneandonly

09

쪽빛 바다와 불빛 석양
일주도로
협재~고산

햇빛에 비쳐 반짝이는 쪽빛 바다를 따라 달린다. 때로는 황홀하게, 때로는 경쾌하게, 때로는 소박하게 스치는 풍경 따라 제주의 서쪽 끝까지 간다. 서쪽으로 가면 갈수록 도로를 달리는 차들도 눈에 띄게 줄어 한적하고 평화롭다. 해가 뉘엿뉘엿 넘어가면서 푸르던 하늘도 어느덧 붉게 물든다. 길이 끝날 무렵 세상을 감싼 황금빛 노을이 가슴을 뜨겁게 적신다.

코스 한눈에 보기

 협재해수욕장 & 금능해수욕장
언제나 푸르른 바다를 배경으로
인생 사진 찍기

250m

 한림공원
한발 먼저 봄이 찾아오는
정원 방문하기

4.2km

 월령선인장군락지
여름과 가을, 반전매력이 있는
월령 선인장 구경하기

6.9km

 신창풍차해안도로
뜨겁게 내려앉는 석양 보며
드라이브하기

4.5km

 용수포구
우리나라 최초 천주교 신부의
흔적찾기

4km

 자구내포구
차귀도 능선을 물들이는
노을 감상하기

2km

 수월봉 & 엉알해안
해안절벽 옆 산책길 걸으며
그날의 여행 정리하기

Drive Point
드라이브 명소

월령선인장군락지~판포포구
도로 옆으로 바다가 어깨동무한 것 마냥 가까이서 찰랑거린다. 창문을 열고 바닷바람을 맞으며 달려보자.

한경해안로
신창풍차해안로~용수포구까지 구간. 풍차가 늘어선 해안도로는 이국적이다. 풍차를 지나고 나면 어느덧 눈 앞에 차귀도가 나타난다.

Drive Map
코스 지도

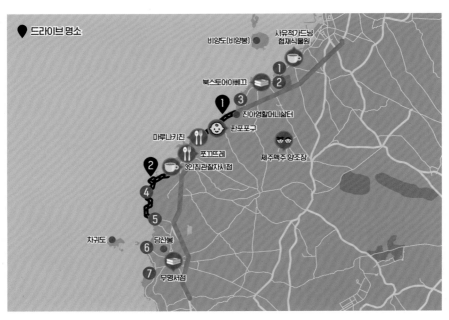

제.젤.예. 에메랄드빛 바다
협재해수욕장 & 금능해수욕장

'제주도 특유의 푸른 바다'를 생각하면 가장 먼저 떠오르는 곳이 협재해변과 금능해변. 흐린 날에도 하얀 백사장과 에메랄드빛 바다가 펼쳐지는 이국적 풍경에 오래전부터 제주의 서쪽을 대표하는 해수욕장으로 사랑받았다. 바다 앞에는 비양도가 손에 닿을 듯 떠 있어 자칫 밋밋할 수도 있는 여백에 화려한 점 하나를 찍은 듯 해변의 랜드마크 역할을 톡톡히 하고 있다.

두 해변은 바다로 살짝 튀어나온 지형을 사이에 두고 이웃해있다. 협재해변에선 서쪽으로, 금능해변에선 동쪽으로 백사장을 지나 해안가로 난 산책로를 10분 남짓 걸어가면 두 해수욕장이 연결된다. 해변가에 자리를 잡고 앉아 물끄러미 바다를 바라보는 시간을 가져보자. 육지로 돌아가 다시금 바쁜 삶에 치일 때면, 이곳에서의 기억을 꺼내보는 것만으로도 위안이 될 정도로 좋다. 태양이 저물면서 비양도와 하늘을 붉게 물들이고, 바다는 황금빛으로 반짝여 황홀하고 낭만적인 풍경을 자아낸다.

◉ 주소 제주시 한림읍 한림로 329-10 **◐ 내비게이션** '협재해수욕장' 또는 '금능해수욕장'으로 검색 **ⓟ 주차장** 있음 **◐ 문의** 064-728-3981

Travel Tip
협재와 금능은 노을 맛집으로 명성이 자자하다.

야자수 숲 아래 식물 테마파크
한림공원

1971년에 불모지였던 한림 일대의 모래밭 위에 야자수와 관상수를 심으면서 한림공원이 탄생했다. 이 공원은 제주 서쪽의 대표적인 녹색 공원. 아열대 식물원을 시작으로 오솔길을 따라 피어나는 야생화, 천연기념물인 용암 동굴, 앵무새가 노니는 조류원 등 다양한 테마로 꾸며져 어린아이부터 할아버지까지 3대가 함께 가도 즐겁게 시간을 보낼 수 있는 곳이다. 50만 송이에 달하는 수선화가 긴 겨울을 이겨내고 1월부터 꽃송이를 피우고, 2월에는 20년 이상 된 매화가 꽃봉오리를 터뜨리니 아직 오지 않은 봄이 그리울 때 한림공원을 찾으면 남들보다 한발 먼저 봄을 만날 수 있다. 본격적으로 봄이 시작되는 3~4월에는 튤립과 야생화, 6~7월엔 수국과 연꽃, 10~11월엔 핑크뮬리와 국화, 12월에는 동백까지 1년 내내 꽃이 끊이질 않는다.

숲 사이에 비밀의 문처럼 용암동굴인 협재굴과 쌍용굴이 자리하고 있다. 안으로 들어가면 내부 천장과 벽면으로 스며드는 석회수로 인하여 석순과 종유석이 자라고 있는 모습을 볼 수 있다.

◎ 주소 제주시 한림읍 한림로 300 **◎ 내비게이션** '한림공원'으로 검색 **℗ 주차장** 있음 **◉ 문의** 064-796-0001 **◎ 이용 시**간 09:00~19:30(매표 마감 17:50) **⊖ 휴무** 연중무휴 **⊜ 이용 요금** 어른 12,000원, 청소년 8,000원, 어린이 7,000원

한림공원 속 천연동굴

해류 타고 흘러와 제주에 집을 지은

월령선인장군락지

'선인장'이라는 이름과 함께 연상되는 키워드는 '사막'이다. 한국에서는 사막을 구경조차 할 수 없는데 어떻게 월령리는 우리나라에서 유일한 선인장 자생 군락지가 되었을까? 대만 해역에서 시작하여 우리나라와 일본을 지나는 쿠로시오 해류는 북태평양을 타고 미국과 멕시코를 지나 돌아오는데, 멕시코 선인장 씨앗이 해류를 타고 제주 바다까지 밀려와 월령리 마을에 정착한 것으로 추정하고 있다. 선인장이 멀고 먼 여행을 끝내고, 해안 바위틈에 새롭게 둥지를 틀고 살게 된 것이다. 열대지방에서 자라는 선인장이 제주까지 온 배경을 알고 나면 마치 동화 속에 나올법한 이야기라 신비로움을 더한다.

손바닥 모양처럼 생겼다고 하여 '손바닥선인장'이라 불리는 월령 선인장은 여름이면 샛노란 꽃을 피우고, 가을이면 보랏빛 열매를 맺는다. 이 열매가 바로 제주 특산물 중 하나인 백년초다. 해안 데크를 따라 선인장 군락지로 산책을 나서면 가까이서 선인장이 꽃을 피우고 열매를 맺는 모습을 볼 수 있다. 왕복하는 데 고작 20분도 걸리지 않으니 서두르지 말고 천천히 걸어볼 것!

🔴 **주소** 제주시 한림읍 월령리 359-4 🔴 **내비게이션** '월령포구'로 검색 🅿 **주차장** 월령포구에 주차 후 도보로 5분

기억해야 할 4.3사건의 아픔
진아영할머니삶터

월령선인장군락지를 찾는 사람들은 대부분 해안 산책로만 둘러보고 돌아간다. 하지만 해안 바로 뒤에 뜻깊은 곳이 하나 있으니 바로 4.3사건의 피해자였던 진아영할머니삶터이다. 해안 산책로에서 올레길 14코스를 따라 마을 안쪽으로 5분만 들어가면 진아영 할머니가 살던 집이 나온다.

진아영 할머니는 수많은 무고한 희생자를 냈던 제주 4.3건을 대표하는 피해자다. 당시 30대였던 할머니는 집 안 울담에서 토벌 나온 경찰이 발사한 총에 맞아 아래턱이 부서졌다. 목숨은 건졌으나 제대로 치료를 받지 못한 채 턱을 가리기 위해 평생을 하얀 무명천을 두르고 살았다. 그래서 할머니는 이름보다 '무명천 할머니'라는 기구한 별칭을 얻었다. 할머니가 돌아가신 후 몇 년간 집이 방치되어 있다가 4.3사건을 기억하고 추모하기 위해 2008년에 집을 정비하여 삶터를 조성했다. 문을 열고 들어가면 할머니가 실제 사용했던 물건들이 보존되어 있고, 한쪽에는 할머니의 사진이 세워져 있는 추모공간이 있다. 삶터에 온기가 더는 남아 있지 않지만, 할머니를 기억하는 사람들의 마음은 가득하다.

📍 **주소** 제주시 한림읍 월령1길 22 🧭 **내비게이션** 차량 이동 없이 선인장 군락지와 함께 둘러보는 코스 📞 **문의** 064-722-2701

풍차를 바라보며 달리는
신창풍차해안도로

바람이 많이 부는 제주에는 풍력발전기가 많다. 월정리나 가시리에서도 쉽게 풍차를 볼 수 있지만, 풍차가 어우러진 풍경이 단연 돋보이는 곳은 신창리의 풍력발전단지다. 구불구불하게 이어진 해안도로를 따라 풍력발전기 10여 기가 줄지어 모습을 드러내 역동적인 풍경을 만든다. 풍차가 늘어선 해안도로의 정식 명칭은 한경해안로로 신창 해안에서 시작해 용수포구까지 약 4.5km 길이로 이어진다. 풍차 구간을 지나 용수포구에 가까워지면 커다란 고래가 누워 있는 듯한 차귀도가 모습을 드러내니 차를 멈추지 말고 바람에 몸을 맡기듯 달려볼 것.

풍차를 가까이서 보고 싶다면 싱계물공원에 주차하고 산책로를 따라 바다를 향해 걸어보자. 풍차를 바로 앞에서 마주하면 그 크기와 바람 소리에 압도된다. 그 모습은 제주 바다를 늠름하게 지키고 있는 장군 같다. 신창풍차해안도로는 노을 질 때 가장 아름답다. 풍차의 날개 옆으로 은은하게 떨어지는 노을이 하늘을 붉게 물들인다

🅞 **주소** 제주시 한경면 신창리 1322-1 🅞 **내비게이션** '신창풍차해안도로' 또는 '싱계물공원'으로 검색 🅟 **주차장** 싱계물공원에 주차

한국 최초의 사제 김대건 신부를 만나는
용수포구

작은 어촌 마을의 포구라 화려하지 않지만, 여행자들의 발길이 뜸한 곳이라 오히려 한적함을 즐기러 온 사람에게는 더 없이 매력적인 곳. 바다 앞에는 제주도에 딸린 무인도 중 가장 큰 섬인 차귀도가 보인다. 깊은 바다에서 놀다가 잠시 숨을 쉬러 물 밖으로 나온 고래가 바다 위에 떠 있는 듯한 모습이다.

포구가 훤히 내려다보이는 자리에는 이국적인 형태로 지어진 신창성당 용수 교구가 있고 그 옆에 성김대건신부표착기념관이 자리하고 있다. 1845년 김대건 신부는 중국 상하이에서 한국인 최초로 로마 가톨릭교회의 사제 서품을 받았다. 이후 라파엘호를 타고 한국으로 들어오던 중 풍랑을 만나 표류하였고, 우

여곡절 끝에 제주도 용수포구에 도착했다. 2~3일간 용수포구에 머물며 배를 정비하고 미사를 드렸다. 이에 따라 용수포구는 우리나라에서 한국인 신부가 미사를 드린 최초의 장소가 되었고 이를 기리기 위해 기념관이 지어졌다. 기념관에는 김대건 신부의 이야기와 천주교가 조선에 들어와 자리를 잡기까지 험난했던 과정을 알게 해주는 전시물이 있다.

⊙ **주소** 제주시 한경면 용수리 4274-1 ⊙ **내비게이션** '용수리포구'로 검색 ☎ **문의** 064-772-1252 ⊙ **이용 시간** 09:00~18:00 ⊖ **휴무** 연중무휴 ⊜ **이용 요금** 무료

🚗 Drive tip

포구에 주차 후 도보로 약 5분 가면 성김대건신부표착기념관

제주도 최고의 노을 포인트

자구내포구

용수포구를 지나 드넓은 마늘밭을 시원하게 달리다 다시 해안도로로 접어들면 자구내포구에 다다른다. 자구내포구는 가급적 해가 질 무렵에 찾는 것이 좋다. 다른 볼거리는 없지만, 노을 하나만큼은 제주에서 가장 멋진 곳이다. 포구 앞에는 섬 전체가 천연기념물로 지정된 차귀도가 있다. 굴곡진 차귀도의 능선을 따라 시선을 왼쪽 끝으로 옮기면 절벽의 중간 부분이 마치 매의 부리처럼 툭 튀어나와 있다. 이 절벽 바로 옆으로 둥근 해가 바다 너머 수평선으로 떨어진다.

석양이 지는 모습은 푸른 하늘에 누군가 붉은색 물감을 풀어놓은 듯 인상적이다. 해가 바다 너머로 떨어지기 직전, 붉은빛은 용광로처럼 눈부시게 달아오른다. 태양이 모습을 감추고 나서도 한동안 그 기운은 지워지지 않아 하늘을 보랏빛으로 물들인다. 아름다운 노을에 마음도 같이 젖어 들게 된다. 끝나지 않을 듯했던 빛이 어둠에 밀려 점점 희미해지면 아쉬움을 뒤로 하고 숙소로 돌아갈 시간이다.

⊙ 주소 제주시 한경면 노을해안로 1161 **⊙ 내비게이션** '자구내포구'로 검색

🚗 Drive tip

포구 앞이나 고산출장소 앞에 주차

당산봉은 자구내포구 뒤에 솟아 있는 오름으로 마그마가 지하에서 상승하다 물과 만나면서 강력하게 폭발하여 만들어진 화산체다. 당산봉은 오래전부터 당오름이라고도 불렸는데, 여기서 당은 신당을 뜻하는 말로 옛날에 뱀을 신으로 모시는 신당이 있었다는 사실에서 유래된 이름이다.

당산봉 입구에서 탐방로를 따라가면 두 갈래 길이 나오는데, 왼쪽으로 가면 해안 절벽 위를 걷는 생이기정길로 연결되고, 오른쪽으로 가면 드넓게 펼쳐진 고산 평야를 감상할 수 있는 전망대로 이어진다. 생이기정길의 풍경도 좋지만, 전망대 방향으로 길을 잡아보자. 오르막길을 조금만 오르면 시야가 탁 트이고 광활한 평야 지대가 펼쳐진다. 제주는 화산활동으로 지표면이 대부분 검은 용암으로 이루어져 있는데, 고산 평야는 당산봉, 수월봉, 차귀도에서 분출한 화산재가 용암대지를 덮으면서 평야를 이룬 것이다. 제주에서 이토록 탁 트인 지평선을 본 적이 있을까 싶을 정도로 푸릇푸릇한 들판을 바라보는 것만으로도 가슴이 시원해진다.

◉ **주소** 제주시 한경면 고산리 산 15 ◑ **내비게이션** '섬풍경펜션'으로 검색 ℗ **주차장** 펜션 앞 주차장에 주차 후 올레길을 따라 이동

제주도 서쪽 끝에서 만나는 해안 절경

수월봉 & 엉알해안

동쪽의 성산일출봉에서 떠오른 해는 서쪽 끝에 있는 수월봉에 이르러 바다로 떨어지니 이곳 역시 노을 명소다. 수월봉 정상에 서면 지금까지 지나온 자구내포구와 차귀도가 모두 내려다보인다.

병풍처럼 이어진 해안 절벽인 엉알해안도 또 다른 볼거리. 제주말로 '엉'은 벼랑과 절벽을, '알'은 아래쪽을 뜻한다. 화산활동으로 인해 차곡차곡 쌓여온 지층이 시루떡 같은 모습을 하고 있다. 절벽 곳곳에 울퉁불퉁하게 박혀 있는 화산암들은 독특한 모습이다. 산책로는 수월봉에서 시작하여 자구내포구까지 절벽 아래로 이어진다. 이 길을 걷다 보면 절벽에서 흘러나오는 물인 녹고물을 만난다. 옛날에 녹고와 수월이라는 남매가 있었는데, 남매는 병든 어머니를 위해 이곳에서 약초를 캐던 중 수월이가 절벽 아래로 추락했고 녹고는 누이를 잃은 슬픔에 한없이 눈물을 흘리다 죽고 말았다는 이야기가 전해진다. 녹고의 눈물은 오늘도 절벽을 따라 뚝뚝 떨어진다. 녹고물은 해안 절벽으로 스며든 빗물이 절벽 아래 지층을 통과하지 못하고 밖으로 흘러나오는 것이다.

🚗 **Drive tip**

수월봉 앞 공터에 주차. 엉알해안을 가려면 수월봉에서 내려와 입구 부근이나 갓길에 주차

⚬ **주소** 한경면 노을해안로 1013-70 ⚬ **내비게이션** '수월봉'으로 검색

신창성당 용수 교구의 창문에 그려진 김대건 신부

함께 가볼 만한 곳들을 소개합니다. 당신의 취향은 어느 곳인가요?

동네 책방
북스토어아베끄

금능해변 근처 작은 마을에 숨바꼭질하듯 숨겨져 있는 서점. 미닫이문을 열고 들어가면 서점이라기보다 작은 사랑방 같은 분위기이다. 사랑, 연애, 힐링을 주제로 한 책들을 주로 소개한다. 공간은 협소하지만, 빼곡히 들어찬 책들과 아기자기한 소품들로 알찬 공간 구성을 하고 있다. 책방에서는 '북스테이오사랑'이라는 숙소도 운영 중이다. 책과 하룻밤을 보내는 것도 낭만적인 여행이 될 듯.

◉ **주소** 제주시 한림읍 금능9길 1-1 ◉ **내비게이션** '북스토어아베끄'로 검색 ◉ **문의** 010-3299-1609 ◉ **이용 시간** 12:00~18:00(동절기), 13:00~19:00(하절기) ◉ **휴무** 수요일 ◉ **인스타그램** @bookstay_avec

🚗 Drive tip
금능해수욕장에 주차 후 도보로 이동

동네 책방
무명서점

붉은벽돌 건물 제과점 2층에 자리한 서점. 주인장은 한적한 고산리 분위기에 걸맞게 바람 흐르듯 자연스럽게 동네와 어우러지고 싶다는 의미로 '무명서점'이라 이름 지었단다. 시, 사랑, 정치, 자연이라는 주제로 책을 선정한다. 연애소설이라도 정치적 소재를 다루면 정치 카테고리로 소개하는 것이 무명서점만의 특색. 그렇게 모인 책들이 서점에서 새 주인을 찾아 여행을 떠난다.

◉ **주소** 한경면 고산로 26 유명제과 2층 ◉ **내비게이션** '무명서점'으로 검색 ◉ **문의** 010-6390-3136 ◉ **이용 시간** 13:00~18:00 ◉ **휴무** 일~화요일 ◉ **인스타그램** @untitledbookshop

🚗 Drive tip
가게 앞 도로의 주차선이 표시된 곳에 주차. 주차 공간 많음

아이와함께
판포포구

판포포구는 요즘 제주에서 가장 핫한 여름철 물놀이 명소다. 방파제가 포구 안쪽으로 치는 거센 파도를 막아줘 물결이 잔잔하다. 물때에 따라 수심이 변하지만, 포구 초입은 비교적 수심이 낮아 아이를 동반한 가족이 물놀이를 즐기기에도 괜찮다. 다만, 조금만 들어가도 물이 깊어지니 항상 안전에 유의할 것! 에메랄드 빛깔의 맑은 바다에 뛰어들어 수영하노라면 시간 가는 줄 모를 정도로 좋다. 성수기에는 판포리 청년회에서 스노클링 장비와 튜브, 구명동의 등을 대여해준다.

◉ 주소 제주시 한경면 판포리 2877-1 **◐ 내비게이션** '판포포구'로 검색 **⊖ 장비 대여** 구명동의 5,000원, 스노클 장비 5,000원, 튜브 5,000원, 패들보드 2시간 30,000원

🚗 Drive tip
포구 맞은편 공영 주차장(제주시 한경면 판포리 2863) 이용

친구&연인과 함께
제주맥주 양조장

제주의 맑은 물에 귤껍질을 더해 감귤 향이 나는 제주맥주는 편의점에서도 쉽게 발견할 수 있을 만큼 인기가 많아졌다. 한림읍에 있는 제주맥주 양조장에서는 투어 프로그램도 운영한다. 투어는 제주맥주의 탄생 스토리부터 양조 과정까지 약 40분 동안 진행된다. 투어 후에는 시음권을 들고 펍으로 가 갓 생산된 신선한 맥주를 맛볼 수 있다. 나만의 전용잔 만들기 체험 프로그램도 운영 중이다.

◉ 주소 제주시 한림읍 금능농공길 62-11 **◐ 내비게이션** '제주맥주 양조장'으로 검색 **Ⓟ 주차장** 있음 **☎ 문의** 064-798-9872 **◎ 이용 시간** 12:30~19:30(양조장투어 13:00~18:00 사이 7회 진행, 홈페이지를 통해 사전 예약 필수) **⊖ 휴무** 연중무휴 **◉ 이용 요금** 양조장투어+맥주샘플(4잔) 22,000원, 양조장투어+음료 19,000원

즐거웁게 미식
마루나키친

시그니처 메뉴인 딱새우장정식을 메인으로 하는 음식점이다. 할머니에게 배운 비법 간장으로 딱새우장을 만든다. 달콤한 장맛에 매콤함이 곁들여져 맛 궁합이 좋다. 딱새우 껍질을 벗겨 속살을 입안에 넣자마자 사르륵 녹아내린다. 함께 나오는 알밥에 남은 딱새우 살을 발라 넣고 양념장을 부어 비며 먹으면 알밥 특유의 식감에 딱새우장이 더해져 감칠맛이 극대화된다.

◎ **주소** 제주시 한경면 금등4길 11 ◐ **내비게이션** '마루나키친'으로 검색 ⓟ **주차장** 있음 ◑ **문의** 0507-1372-0488 ◎ **이용 시간** 11:00~20:00(브레이크 타임 15:00~17:00) ◒ **휴무** 목요일 ◎ **메뉴** 해물모둠장 15,000원, 황게크림파스타 15,000원 ◎ **인스타그램** @maruna_jeju

즐거웁게 미식
쪼끄뜨레

제주의 수많은 돈가스 맛집 가운데 한 곳을 추천하라면 단연 쪼끄뜨레를 손꼽는 사람이 많을 정도로 인기다. 주문을 받은 후 돈가스를 튀기기 때문에 음식이 나올 때까지 다소 시간이 걸린다. 바삭한 튀김옷과 두껍고 부드러운 고기는 맛이 일품이다. 히말라야 소금에 돈가스를 찍어 먹는 것도 색다른 경험! 돈가스는 무료로 리필되는데, 튀기는 시간이 걸리므로 미리 요청하는 것이 좋다.

◎ **주소** 제주시 한경면 두신로 85 ◐ **내비게이션** '쪼끄뜨레'로 검색 ⓟ **주차장** 있음 ◑ **문의** 0507-1376-1025 ◎ **이용 시간** 11:00~18:00 ◒ **휴무** 월요일 ◎ **메뉴** 수제돈가스 15,000원, 카레돈가스 18,000원, 새우튀김 13,000원 ◎ **인스타그램** @chochtre

여유롭게 카페
잔물결

핸드드립 커피로 명성을 얻고 있는 카페. 밀크초콜릿과 볶은 곡물로 고소함과 은은함, 단맛까지 균형을 맞추는 '잔물결 블렌드 커피'와 제주의 오름을 본떠 커피 위에 풍성하게 크림을 얹은 '산:오름', 댕유자와 민트를 넣어 만든 시즈널 에이드로 제주의 바람처럼 청량감이 넘치는 '바람:보름'까지 잔물결만의 독특함을 담고 있는 시그니처 메뉴가 돋보인다. 아늑함이 느껴지도록 꾸며진 공간도 커피의 맛과 향을 더한다.

● **주소** 제주시 한림읍 금능길 58-1 1층 ● **내비게이션** '잔물결'로 검색 ● **주차장** 카페 옆 2대 주차 가능, 만차 시 금능해장국 맞은편 공영주차장 ● **문의** 0507-1342-5564 ● **이용 시간** 11:00~18:00 ● **휴무** 연중무휴 ● **메뉴** 잔물결블렌드커피 6,500원, 산:오름 6,500원, 바람:보름 6,500원, 오늘의구움과자 3,200원

여유롭게 카페
3인칭관찰자시점

다른 사람의 시선에서 벗어나 조용한 공간에서 각자가 바라보는 것을 존중한다는 의미를 담아 카페 이름을 지었다. 공간이 크지 않지만, 본채와 별채로 나뉘어 각각 다른 스타일로 꾸며져 있다. 특히 별채는 큰 창문 너머로 풍차가 늘어선 해안을 볼 수 있어 매력적이다. 달콤한 라떼를 마시면서 커다란 창밖으로 펼쳐진 바다를 바라보고 있노라면 바람도 파도도 한점 없는 잔잔한 바다 위에 떠 있는 듯하다. 노키즈존으로 운영된다.

● **주소** 제주시 한경면 신창7길 24 ● **내비게이션** '신창리포구'로 검색 ● **문의** 0507-1360-1142 ● **이용 시간** 09:30~18:30 ● **휴무** 월~수요일 ● **메뉴** 아메리카노 5,500원, 바닐라라떼 6,000원, 한라봉에이드 7,000원 ◎ **인스타그램** @3rdperson.jeju

🚗 Drive tip
신창리포구 앞에 주차 후 도보로 3분 이동

10

끝없이 펼쳐지는 행복

일주도로
애월~이호

굽이치는 해안도로를 따라 끝없이 이어
지는 하늘과 바다는 경계선이 없는 듯 온
통 파랗다. 애월해안도로를 달리며 만나
는 찰나의 풍경들도 그렇다. 여기도 파
랑, 저기도 파랑뿐이니 이곳에서는 바람
마저도 파란색인 듯 싶다. 바다와 어깨동
무를 하듯 도로를 달리고 있노라면, 땅이
아닌 하늘을 두둥실 떠다니며 여행하고
있는 것 같은 기분이다.

① 귀덕궤물동산(영등할망공원)
/ 영등할망 이야기 들어보기 \

2.3km

② 곽지해수욕장
/ 용천수 노천탕에
몸을 담그고 힐링하기 \

3.8km

③ 금산공원(납읍난대림)
/ 신비의 숲을 배경으로 사진 찍기 \

7.4km

④ 애월해안로 & 신엄도대불
/ 구불구불 해안도로 드라이브하기 \

1.7km

⑤ 구엄돌염전
/ 돌소금을 생산하던
옛 풍경 상상해보기 \

7.7km

⑥ 알작지
/ 몽돌이 들려주는 파도소리 듣기 \

1.6km

⑦ 이호테우해변
/ 조랑말 등대를 배경으로 노을 감상하기 \

Drive Point
드라이브 명소

애월해안로

하귀초등학교에서 애월항까지 이어지는 해안도로 전체
가 전망대나 다름없다. 마음에 드는 풍경이 있으면 주차
할 공간을 찾아 잠시 차를 세워보자. 어디에 시선을 두
든 푸른 바다가 펼쳐질 것이니!

Drive Map
코스 지도

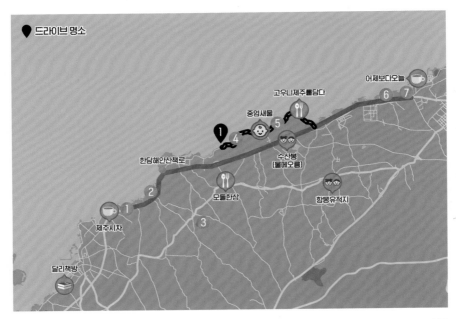

제주에 봄을 선물하는 할망
귀덕궤물동산(영등할망공원)

제주의 바람은 음력 2월 1일부터 15일 사이에 그 어느 때보다 거칠게 몰아친다. 이 시기에 추위가 찾아오면 육지에서는 꽃샘추위가 기승을 부린다고 말하는데, 제주에서는 '영등할망이 머물다 가는 시기'라고 말한다. 영등할망은 바람의 신이자 농사의 신으로 들에는 오곡의 씨앗과 꽃가루를, 갯가에는 소라나 전복 등의 씨를 뿌려준다. 할망이 제주를 떠나고 나면 들녘과 해안을 몰아쳤던 바람은 잔잔해지고 따스한 볕이 들어 꽃이 피며 본격적인 봄이 시작된다.

제주 사람들은 영등할망을 마중하고 배웅하기 위해 이 시기에 정성을 들여 제사를 지낸다. 무형문화재로 지정된 '제주 칠머리당 영등굿'이 대표적인 예다. 전설에 따르면 영등할망은 항상 귀덕리의 포구를 통해 제주로 들어온다고 전해진다. 신화 속 이야기에 따라 귀덕포구에 미소 짓고 있는 영등할망 석상을 세웠다. 옆으로는 영등하르방과 영등대왕 동상이 함께 서 있다. 영등하르방은 바람의 씨를 만드는 신으로 영등할망의 바람 주머니에 오곡의 씨앗과 꽃씨를 담아주는 신이다. 포구를 따라 걸으며 제주만이 지니고 있는 재미난 이야기를 되새겨 보면 제주 바다의 또 다른 표정을 만날 수 있을 것이다.

◉ 주소 제주시 한림읍 귀덕리 1030-8 **◈ 내비게이션** '제주시 한림읍 귀덕리 3020-4'로 검색 **ⓟ 주차장** 있음. 주차 후 올레길 15-B 코스를 따라 영등할망공원으로 도보로 이동

용천수와 바다가 함께 어우러진
곽지해수욕장

제주에는 한라산에서 흘러내린 물이 땅속으로 스며들었다가 해안 근처에서 불쑥 솟아오르는 용천수가 많다. 용천수는 식수로 사용될 만큼 물이 맑아 과거부터 용천수가 나오는 해안을 중심으로 자연스럽게 마을이 형성되었다. 수도 시설이 제대로 갖춰지지 않았던 옛날에는 용천수가 마을의 중요한 수자원이었다. 마을 사람들은 곽지해변 근처에서 솟아난 용천수를 '과물'이라고 불렀고, 이런 까닭에 해변 이름을 '곽지과물해변'이라 부르기도 한다. 현재는 담을 둘러 용천수를 받아 노천탕으로 활용 중이다. 해수욕 후에 노천탕에서 몸을 씻어도 될 만큼 여전히 맑고 시원하다.

이색적인 노천탕도 노천탕이지만 곽지해변은 물놀이하기 좋은 해변으로 인기가 많다. 갯바위가 방파제처럼 둘러싼 해변 한쪽에서는 잔잔한 해수욕을, 갯바위 바깥쪽은 거침없이 밀려드는 파도를 온몸으로 만끽할 수 있다. 수심이 낮아 카약이나 서핑을 즐기기에 안성맞춤이다.

◉ **주소** 제주시 애월읍 곽지리 1565 ◐ **내비게이션** '곽지해수욕장'으로 검색 ℗ **주차장** 있음 ◑ **문의** 064-728-3985

용천수(과물) 노천탕

해안 따라 호젓하게 걷다
한담해안산책로

애월카페거리부터 곽지해수욕장까지 이어지는 해안 산책로. 해안선을 타고 구불구불하게 난 산책로를 따라 바다를 가까이 마주하며 걷는다. 코너를 돌 때마다 푸른 바다와 검은 바위들이 어우러져 아름다운 풍경이 펼쳐진다. 애월 한담해변 거리에 카페들이 하나씩 생겨나고 유명해지면서 카페 거리를 찾아오는 이들이 부쩍 많아졌고 한담해안산책로도 덩달아 인기가 높아졌다. 카페 거리는 항상 붐비고 복잡해 주차하기도 쉽지 않다. 곽지해수욕장 끝에 주차하고 산책로를 따라 파도 소리를 들으며 천천히 걸은 후 카페 거리에서 차를 마시며 잠시 쉬었다가 다시 돌아오기를 추천한다.

◐ **주소** 제주시 애월읍 곽지리 1359 ◑ **내비게이션** '애월읍 곽지리 1565-40'으로 검색 ℗ **주차장** 있음

🚗 **Drive tip** 복잡한 애월카페거리를 피해 곽지해수욕장 방향(**내비게이션** 주소)에 주차

숨겨진 보석 같은 숲
금산공원(납읍난대림)

이곳은 천연기념물로 지정된 납읍난대림을 산책할 수 있도록 꾸며진 공원이다. 숲에는 겨울에도 푸른 빛을 유지하는 상록수가 빽빽하니 들어서 햇빛조차 들어올 틈이 없을 정도로 우거져있다. 아름드리 나무와 넝쿨이 가지를 타고 올라 얽힌 모습은 원시림에 온 것 같은 착각이 들게 한다. 20~30분이면 돌아볼 수 있는 짧은 산책 코스에 이토록 울창하고 멋진 숲이 있다니 믿기지 않을 정도다.

숲 가운데는 논밭에 병충해가 심할 때 피해를 물리치기 위해 제를 지내던 포제단이 있다. 제사를 준비하는 건물 바로 앞에는 커다란 소나무 두 그루가 하늘 높이 곧게 뻗어 있어 신의 영역을 지키고 있는 장승 같다.

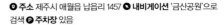

◎ 주소 제주시 애월읍 납읍리 1457 **◎ 내비게이션** '금산공원'으로 검색 **ⓟ 주차장** 있음

🧳 Travel Tip

제주를 찾는 여행자가 애월을 떠올리면 가장 먼저 푸른 바다를 생각한다. 하지만 애월에도 보석처럼 아름다운 숲이 있으니 잠시 해안을 벗어나 금산공원으로 가보자.

환상적인 드라이브 코스

애월해안로 & 신엄도대불

신엄도대불

애월해안로는 하귀초등학교에서 시작해 구엄포구, 신엄포구, 고내포구를 지나 애월항에 닿는 도로다. 길이가 10km 남짓한 해안도로는 쪽빛 바다를 곁에 두고 있어 황홀한 풍경을 자랑한다. 해안선을 따라 구불구불 도로가 이어지고 경사진 구간도 많아 내리막과 오르막이 끊임없이 나타나 운전하는 재미도 있다. 길마다 서정적인 마을과 해안 절벽이 어우러져 풍경이 역동적이고 환상적이다. 도로는 왕복 2차선이므로 과속은 절대 하지 말 것.

도로를 타고 가다 신엄도대불이 있는 갓길에 주차하고 차에서 내려보자. 애월해안로는 오래전부터 인기가 높아 찾는 사람이 많았지만, 신엄도대불의 존재를 아는 사람은 적다. 도대불이란 어부가 밤중에 고기잡이를 나갔을 때 불을 띄워 어둠을 밝혀주던 제주의 전통 등대를 말한다. 현대식 등대가 건설되면서 도대불은 방치되고 훼손되어 많이 사라졌다. 도대불 뒤로는 신엄포구가 발아래 내려다보이고 눈앞으로는 광활한 바다가 끝없이 펼쳐져 전망이 좋다.

◉ **주소** 제주시 애월읍 신엄리 2841-9 ◉ **내비게이션** 애월해안로는 '하귀초등학교'나 '애월항'에서 시작 ◉ **주차장** 있음

신엄도대불에서 본 신엄포구

바닷가에 자리한 신비한 염전

구엄돌염전

구엄 마을은 한때 질 좋은 돌소금을 생산하는 곳으로 유명했던 곳이다. 제주도는 갯벌이 없어 바닷가의 너른 현무암 갯바위에서 소금 농사를 지었다. 구엄리 주민들은 찰흙을 가져와 바위틈을 메우고 턱을 만들어 길어 온 바닷물이 고일 수 있게 했다. 돌염전에서 어렵사리 생산된 천일염은 맛이 뛰어나 인기가 높았다. 돌소금 생산은 주로 태양이 암반 지대를 뜨겁게 달구는 4월에서 6월 사이에 많이 이루어졌다. 구엄돌염전은 제주도의 23개 염전 중에 4위에 해당할 정도로 생산량이 많았다고 한다. 하지만 아쉽게도 현재는 명맥이 끊기어 돌소금을 맛보기는 어렵다. 갯바위 일부에 돌염전을 복원해 놓아 당시의 모습을 짐작할 수 있을 뿐이다. 거북이 등처럼 갈라진 돌염전을 따라 갯바위를 걸어보자. 척박한 환경에서도 포기하지 않고 기어코 소금 농사를 지어낸 제주인들의 지혜에 경외감이 든다.

◉ **주소** 제주시 애월읍 애월해안로 713 ◉ **내비게이션** '구엄리 돌염전'으로 검색 ◉ **주차장** 있음

몽돌이 들려주는 노래
알작지

알작지는 제주에서 보기 드문 몽돌해변이다. 알작지
의 '작지'는 자갈의 제주 방언으로, 알작지는 '동그란
알 모양을 한 자갈'을 뜻한다. 길이 300m, 폭은 20m
밖에 되지 않아 해안도로를 달리다 보면 무심코 지나
칠 수 있다. 한라산 계곡에 있던 돌들이 오랜 세월 동
안 무수천과 월대천을 따라 작게 쪼개지며 운반되어
해안가에 쌓였다. 파도에 의해 무수히 부딪혀 다듬어
지는 과정을 겪으며 현무암마저 동글동글한 모양으
로 바뀌었다. 송송 구멍 뚫린 현무암마저 몽돌이 되
었다니, 그야말로 제주스럽다. 파도가 밀려왔다 나갈
때마다 자갈들 사이로 바닷물이 들고 나면서 차르륵
차르르륵 소리를 낸다. 해변에 자리 잡고 앉아 몽돌
이 들려주는 소리에 귀 기울여보자. 바다를 연주하는
교향악이 있다면 이런 소리를 내지 않았을까? 마치
훌륭한 오케스트라의 합주를 듣고 있는 것 같다. 자
연이 들려주는 하모니는 무뎌졌던 마음에 새로운 울
림을 준다.

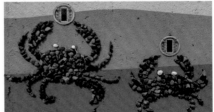

❾ 주소 제주시 태우해안로 60 **❿ 내비게이션** '알작지'로 검색

🚗 **Drive tip**
도로변 주차선이 그려진 곳에 주차

조랑말 등대 위로 아스라한 노을

이호테우해변

이호테우해변은 제주 도심에서 가장 가까운 곳에 자리한 해수욕장. 해수욕장에 들어서면 오른쪽 멀리로 제주의 상징인 조랑말을 형상화한 등대 2개가 서 있다. 하나는 붉은색이고 다른 하나는 흰색이다. 서쪽을 향하고 있는 해변답게 해가 지면서 등대 위로 하늘이 노랗게 물드는 것이 뷰 포인트. 등대 너머로 아스라이 떨어지는 노을을 감상하며 여행 일정을 마무리하자. 해가 말등에 걸리는 순간을 포착해 등대를 배경으로 사진을 찍으면 노을빛이 만들어낸 아름다운 색감에 '인생 사진'을 한 컷 건질 수 있다.

시내와 가깝다 보니 해수욕장 주변으로 많은 음식점이 들어섰다. 성수기에는 백사장에 불을 밝히고 테이블을 설치해 음식을 판매하니 많은 사람이 찾아와 육지의 유명 해수욕장 못지않은 화려한 야경을 자랑한다. 솔숲에 캠핑 시설을 갖추고 있어 캠핑객에게도 사랑받는 해변이다. 매해 8월에는 이호테우축제가 열린다. 제주의 원시적 고깃배인 테우를 바다에 띄워 승선 체험을 하거나 원담에 갇힌 물고기를 잡는 체험 등 다양한 행사가 열려 볼거리, 먹거리, 즐길 거리가 가득한 해변이 된다.

⊙ 주소 제주시 이호일동 1665-13 **◑ 내비게이션** '이호테우해수욕장'으로 검색 **ⓟ 주차장** 있음

🚗 Drive tip

등대로 바로 가고 싶다면 이호항으로 검색

함께 가볼 만한 곳들을 소개합니다. 당신의 취향은 어느 곳인가요?

동네 책방
달리책방

'달리'란 '달빛 아래 책 읽는 소리'를 뜻한다. 책을 읽으며 내면의 소리에 집중하고자 하는 마음을 담았다. 제주 관련 도서를 비롯해 소설, 예술, 고전, 그림책 등 다양한 분야의 책 2천 여권을 판매하는 서점이자, 음료를 주문한 뒤 견본용 책을 꺼내 읽어볼 수 있는 북카페이기도 하다. 소규모 독립서점이 많은 제주에서는 비교적 큰 규모의 책방이다. 카페지기들이 직접 인상 깊게 읽은 책을 매주 한 권씩 추천하는 것이 특징.

◉ **주소** 제주시 한림읍 월계로 18 ◐ **내비게이션** '달리책방'으로 검색 ℗ **주차장** 있음 ☎ **문의** 0507-1416-6075 ◎ **이용 시간** 13:00~19:00 ⊖ **휴무** 월·화요일 ▭ **메뉴** 아메리카노 5,000원, 카페모카 5,500원, 감귤에이드 6,500원 ◎ **인스타그램** @dalli_bookcafe

아이와 함께
중엄새물

애월해안도로에 있는 비밀의 샘터. 해안도로를 굽어 돌다 보면 바다를 빙 두른 방파제가 눈에 띈다. 도로에서는 잘 보이지 않지만 절벽 아래로 난 계단을 따라 내려가면 맑은 물이 찰랑거리는 샘터가 나타난다. 바닷물이 용천수와 섞이지 않도록 방파제를 만든 것이 특징. 신발을 벗고 가볍게 물장구를 치며 놀 수 있으니 해안도로에서 찾은 오아시스 같다.

◉ **주소** 제주시 애월읍 신엄리 961 ◐ **내비게이션** 앞의 주소로 검색 ℗ **주차장** 있음

친구&연인과 함께
항몽유적지

고려를 침공해온 몽골군의 침략에 맞서 삼별초군이 최후까지 저항했던 곳. 진도에서 제주로 건너온 삼별초는 이곳에 흙으로 성을 쌓아 몽골군에 맞섰다. 역사적 의미도 있는 곳이지만 봄이면 유채꽃, 여름에는 해바라기와 양귀비, 가을에는 코스모스가 피어나니 꽃구경을 오는 사람들로 언제나 붐빈다. 토성 위로 우뚝 선 나홀로 나무를 배경으로 사진을 찍으면 막 뽑아낸 엽서 속 풍경처럼 아름답다.

◎ 주소 제주시 애월읍 향파두리로 50 **◎ 내비게이션** '항몽유적지'로 검색 **◎ 주차장** 있음 **◎ 문의** 064-710-6721 **◎ 이용 시간** 전시관 10:00~17:00 **◎ 이용 요금** 무료

친구&연인과 함께
수산봉

올레 16코스가 지나는 오름으로 정상까지 10분이면 충분히 오른다. 올레꾼을 제외하고는 찾는 이가 많지 않던 곳이지만, 그네 사진이 SNS에서 선풍적인 인기를 끌면서 인증샷을 찍기 위해 많은 사람이 찾아오게 되었다. 사진을 찍으려면 한라산과 수산저수지를 바라보고 그네에 앉는다. 힘차게 발을 굴려 그네에 몸을 맡기면 된다. 그네를 타고 있는 사람보다 사진을 찍는 사람의 센스가 필요!

◎ 주소 제주시 애월읍 수산리 산 1-1 **◎ 내비게이션** '수산저수지'로 검색 **◎ 주차장** 있음

즐거웁게 미식
고우니제주를담다

말고기는 고려 시대부터 국영 목마장에서 말을 사육해온 제주의 전통 음식이다. 고우니제주를담다에서는 코스 요리로 다양한 말고기 음식을 맛볼 수 있으니 말고기를 처음 경험하는 사람에게는 최고의 선택이다. 말고기로 만든 엑기스를 시작으로 사시미, 육회, 갈비찜, 수육, 구이, 탕이 순서대로 나온다. 코스 요리의 하이라이트는 구이! 말고기는 소고기처럼 부드러우면서 기름은 적게 나와 고소한 맛이다.

◎ **주소** 제주시 애월읍 애월해안로 857 ◎ **내비게이션** '고우니제주를담다'로 검색 ◎ **주차장** 있음 ◎ **문의** 0507-1427-5789 ◎ **이용 시간** 08:00~21:00 ◎ **휴무** 연중무휴 ◎ **메뉴** 말한마리코스 1인 32,000원(2인 이상 주문 가능), 말생구이 200g 23,000원

🚗 **Drive tip**
가게 앞 주차 공간 협소. 자리가 없으면 근처 갓길에 주차

즐거웁게 미식
모들한상

제주도에서 난 식재료를 써서 음식을 만든다. 고사리보말파스타는 제주산 고사리와 보말을 넣어 만든다. 이탈리안 파스타에 로컬 식재료가 곁들어진 퓨전 요리인 셈인데, 다양한 재료들이 잘 섞여 느끼하지 않고 담백하니 맛이 좋다. 모들가지커리는 매콤한 커리를 베이스로 튀긴 가지가 함께 나온다. 겉은 바삭하고 속은 촉촉하게 튀긴 가지가 별미다.

◎ **주소** 제주시 애월읍 하가로 180 ◎ **내비게이션** '모들한상'으로 검색 ◎ **주차장** 있음 ◎ **문의** 070-7576-3503 ◎ **이용 시간** 11:00~19:00 ◎ **휴무** 수요일(매월 마지막 주는 화·수요일 휴무) ◎ **메뉴** 고사리보말파스타 15,000원, 모들돈가스 13,500원, 모들해물가지커리 12,000원 ◎ **인스타그램** @modle_hansan

☕ 여유롭게 카페
제주시차

옛집 형태를 그대로 살린 나무 바닥과 벽면에 복고풍 소품들이 배치되어 시골 할머니 댁에 놀러 온 듯한 분위기가 느껴지는 카페. 제주 특색을 살린 귤라떼, 동백자몽차, 풋귤소다 같은 음료 메뉴가 눈에 띈다. 동백, 귤, 밤 모양으로 정성을 들여 만든 화과자는 먹기에 아까울 정도로 예쁜 제주시차만의 이색 디저트다.

◉ 주소 제주시 한림읍 귀덕5길 20-14 **◎ 내비게이션** '제주시차'로 검색 **☎ 문의** 064-456-0294 **◎ 이용 시간** 12:00~17:00(재료 소진 시 마감) **◉ 휴무** 비정기(인스타그램에 공지) **◎ 메뉴** 꿀밤라떼 6,500원, 귤라떼 6,000원, 풋귤소다 7,000원, 화과자 1개 3,800원 **◎ 인스타그램** @jeju_sicha

🚗 Drive tip
골목길로 들어오지 말고 마을쉼터 앞 공터에 주차(제주시 한림읍 귀덕리 3218)

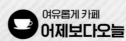

☕ 여유롭게 카페
어제보다오늘

이호테우해변의 조랑말 등대가 보이는 곳에 자리한 카페. 귀엽게 디자인된 시그니처 디저트인 이글루티라미수와 복숭아무스가 먹기가 아까울 정도로 예쁘게 진열되어 있어 눈을 사로잡는다. 보기 좋은 떡이 먹기에도 좋다고, 달콤하고 부드럽게 입안을 감싸고 들어오는 디저트는 기대 이상으로 맛이 좋다.

◉ 주소 제주시 서해안로 68 **◎ 내비게이션** '어제보다오늘'로 검색 **☎ 문의** 064-805-1116 **◎ 이용 시간** 11:00~21:00 **◉ 휴무** 월요일 **◎ 메뉴** 아메리카노 4,000원, 카페라떼 4,500원, 이글루티라미수 6,000원, 복숭아무스 6,500원 **◎ 인스타그램** @today_than_yesterday_cafe

🚗 Drive tip
도로에 주차선이 그려진 곳에 주차

11

아무튼 설레는 제주
일주도로
제주 시내권

여행에서 가장 설레는 순간이 언제일까. 가만 떠올려보면 출발 비행기를 탈 때가 아닐까 싶다. 비행기 좌석에 몸을 맡기고 날다가 창밖으로 목적지가 보이기 시작하면 설렘은 극에 달한다. 우리나라 어디에서든 직항으로 1시간 안에 도착하는 제주일지라도, 도착할 때가 되면 아이처럼 가슴 설레기는 마찬가지다. 우뚝 솟은 한라산과 그 아래로 웅장하게 펼쳐진 제주의 자연은 언제봐도 새롭고, 보고 또 봐도 아름답다.

코스 한눈에 보기

① **도두봉**
/ 키세스 존에서 인증 사진 찍기 \

⋮ **1km**

② **서해안로(용담해안도로)**
/ 제주 공항에 착륙하는 \
비행기 보며 드라이브하기 \

⋮ **4.8km**

③ **용두암 & 용연**
/ 용의 머리 모양을 닮은 \
바위 찾아보기 \

⋮ **1.6km**

④ **관덕정 & 제주목관아**
/ 제주시민의 휴식처에 앉아 \
잠시 쉬어가기 \

⋮ **1km**

⑤ **아라리오뮤지엄**
/ 오래된 영화관에서 \
예술 작품 감상하기 \

⋮ **1.6km**

⑥ **동문시장**
/ 생기 넘치는 \
야시장 분위기 즐기기 \

드라이브 명소

서해안로

제주에 도착하자마자 해안도로를 따라 드라이브를 즐길 수 있다니, 이보다 더 로맨틱할 수는 없다. 도로는 해안선을 따라 바다를 마주한 채 이어진다. 머리 위로는 제주공항에 착륙하는 비행기들이 그림처럼 지나며 이색적인 풍경을 빚어낸다.

코스 지도

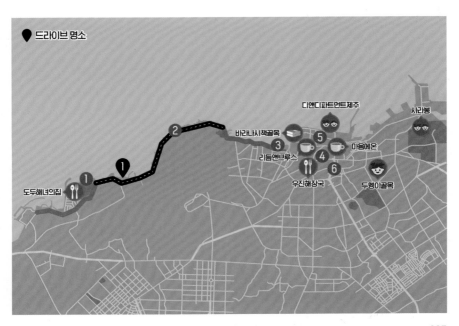

제주의 시작과 끝이 교차하는

도두봉

도두봉은 제주공항 북쪽에 자리한 오름. 해안가 근처에 있어 능선이 바다와 맞닿은 것이 특징이다. 소박한 항구 마을의 풍경을 간직한 도두항을 뒤로하고 산책로를 따라 10분 남짓 걸으면 정상에 닿는다. 너른 언덕이 펼쳐진 정상에 오르면 사방이 탁 트여 광활한 바다부터 제주 시내를 거쳐 한라산 자락까지의 풍경이 파노라마로 펼쳐진다. 가까이 제주공항의 활주로가 내려다보이는 것도 도두봉만의 특징. 5~10분 간격으로 이착륙하는 비행기들을 보고 있으면 우리나라 사람들이 얼마나 제주를 사랑하는지 알게 된다. 제주로 들어오는 사람은 설렘으로 가득할 것이고, 설렘을 행복으로 바꿔 육지로 돌아가는 사람들은 다음을 기약하고 있을 테니 제주 여행의 시작과 끝이 때로는 엇갈리고 때로는 겹치는, 그야말로 핫플이 아닐 수 없다.

최근 도두봉에는 일명 '키세스존'이라 불리는 사진 포인트가 SNS에서 인기를 끌고 있다. 정상 부근 산자락에 있는 동백나무 군락 끝에 L브랜드의 초콜릿 제품인 키세스(kisses) 모양으로 나뭇가지가 뻗어 있는 것. 나무 사이로 하늘과 바다가 겹치면서 날씨 좋은 날에는 푸른 하늘이, 해가 질 때는 붉게 물든 노을이 배경색으로 깔려 감성 가득한 실루엣 사진이 찍힌다.

⊙ 주소 제주시 도두일동 산1 **◐ 내비게이션** '도두항'으로 검색
ⓟ 주차장 도두항 주차장 이용

무지개가 뜬 바다를 향해
서해안로(용담해안도로)

서해안로는 제주공항 북쪽에 있는 해안도로로 도두항에서 시작하여 용두암까지 이어지는 구간이다. 해안을 따라 바다 전망을 자랑하는 카페들이 줄지어 늘어선 게 특징. 공항을 바로 곁에 두고 있어 렌트카를 반납하기 전 마지막으로 짬을 내 들리거나, 제주에 도착하자마자 바다를 보며 드라이브 하고 싶은 사람에게 제격인 장소다. 도로를 달리노라면 공항에 착륙하는 비행기가 아찔하게 머리 위로 지나치는 모습을 볼 수 있다는 것도 이색적이다.

도두봉 근처 도로 약 500m 구간은 최근 여행자들 사이에서 '무지개 해안도로'라고 불린다. 해안도로에 세워져 있던 경계석이 무지개색으로 알록달록하게 칠해지면서 인생 사진 명소로 거듭난 것. 탁 트인 바다를 배경으로 삼아 색색의 경계석 위에 올라서서 재밌는 포즈를 취하며 추억을 남기는 사람이 많다.

⊙ 주소 제주시 서해안로(무지개해안도로:제주시 도두일동 1741–3) **◑ 내비게이션** '용담해안도로'로 검색

🚗 Drive tip

무지개해안도로 부근 제주시 도두일동 1727–1에 주차(시작 지점). 또는 제주시 도두이동 1657–26(끝 지점) 도로변에 주차하거나 도로 중간 지점인 어영소공원 이용

제주의 바다를 지키는 용

용두암 & 용연

용두암은 화산 폭발로 흘러나온 용암이 바다와 만나면서 급격하게 솟구쳐 올라 굳은 암석이다. 오랜 세월 동안 파도에 부딪히면서 용의 머리 모양으로 깎였다. 전설에 따르면 바닷속에 살던 용이 승천하면서 한라산 신령의 옥구슬을 훔쳤는데, 화가 난 신령이 쏜 화살에 맞아 용의 몸통은 바다에 잠기고 머리만 물 밖으로 나와서 울부짖는 모습이라고 한다. 용두암은 제주가 신혼여행지로 인기가 많던 90년대까지만 해도 제주의 필수 여행 코스였다. 그 뒤로 제주에 수많은 관광지가 개발되면서 과거에 비해 인기가 시들해지기는 했지만, 용은 여전히 역동적인 모습으로 제주의 바다를 지키고 있다.

용두암을 지나 동쪽으로 조금만 가면 용이 놀았다는 계곡인 용연이 나타난다. 기암괴석이 늘어선 계곡의 풍경이 무릉도원을 닮았다 하여 제주에 부임한 관리들이 배를 띄워 풍류를 즐기던 곳이었다. 용연 위에 놓인 구름다리에 서면 한쪽에는 계곡이 바다와 만나고, 다른 한쪽에는 기암절벽이 둘러싸고 있는 계곡이 펼쳐진다. 푸른 물빛 위로 굽이진 절벽이 산수화처럼 아름다운 풍경이다.

⊙ 주소 제주시 용두암길 15 **ⓞ 내비게이션** '용두암 공영 주차장' 으로 검색 **ⓟ 주차장** 있음

Travel Tip

용연은 용두암 주차장에서 도보 5분 거리

옛 제주의 중심지

관덕정 & 제주목관아

제주 구도심을 지나다 보면 도로 옆으로 기와지붕이 얹어진 근사한 건물 하나가 눈에 띈다. 조선 세종 시절에 군사들을 훈련시키기 위해 지은 관덕정이다. 제주에 남은 건물 중 가장 오래된 것으로서의 상징성이 있다. 오래 전부터 사람들은 큰 행사가 있을 때마다 관덕정 앞으로 모였다. 지금은 시민들의 휴식처로 사랑받고 있다. 근처를 지나던 사람들이 관덕정 앞에 잠시 걸터앉아 시원한 바람을 쐬며 담소를 나누는 모습은 흔한 풍경이다.

관덕정 옆의 건물은 제주에 부임한 관리들이 업무를 보던 제주목 관아다. 탐라국 때부터 조선시대에 이르기까지 제주 정치와 행정의 중심 역할을 했다. 일제강점기 때 관덕정만 남고 훼손되었다가 2000년대에 들어오면서 복원됐다. 관아 안에 조성된 작은 귤밭이 눈에 띄는 포인트. 제주성에 올라 귤이 익어가는 모습을 바라보던 것을 '귤림추색(橘林秋色)'이라 하여 영주10경(瀛州十景)으로 꼽을 만큼 예로부터 제주는 귤로 유명했다. 기록에 의하면 11세기부터 제주에서 귤을 진상했으며, 조선시대에는 귤을 재배하는 과수원이 제주에만 36개나 되었다고 한다. 겨울철 빼놓을 수 없는 별미 중 하나인 귤이 제주에 뿌리내린 역사가 꽤 깊은 셈이다.

⊙ 주소 제주시 관덕로 19 **⊙ 내비게이션** '제주목관아 주차장'으로 검색 **ⓟ 주차장** 있음 **ⓒ 문의** 064-710-6711 **◎ 이용 시간** 09:00~18:00 **⊖ 휴무** 연중무휴 **⊖ 이용 요금** 어른 1,500원, 청소년 800원, 어린이 400원

예술로 재탄생 된 영화관과 모텔
아라리오뮤지엄

아라리오뮤지엄이 특별한 이유는 옛 건물의 흔적을 살렸다는 데 있다. 바로 제주시 구도심에 있던 영화관과 모텔을 리모델링하여 만든 미술관. 외관은 빨간색이 돋보이는 유니크한 디자인으로 새롭게 단장했으나, 내부는 예전에 사용되던 구조물을 대부분 남겨 전시장을 만들었다. 이런 독특한 공간은 세계적인 컬렉터로 손꼽히는 김창일 관장이 수집한 거장들의 작품과 어우러져 하나의 거대한 설치 예술이 된다.

아라리오뮤지엄은 탑동시네마, 동문모텔I, 동문모텔II 총 3개의 전시관으로 구성되어 있다. 탑동시네마는 가장 규모가 큰 메인 전시장이다. 1층 입구에 들어서면 코헤이 나와의 작품 《사슴 가족》이 가장 먼저 관람객을 맞이한다. 크리스털로 장식된 사슴이 반짝반짝 빛나며 관객의 마음을 설레게 한다. 백남준, 앤디 워홀, 키스 해링 등 세계적인 작가들의 작품을 연이어 만나 예술의 세계에 빠져들 수 있다. 동문 모텔I은 좁은 통로, 방과 방 사이, 화장실과 욕조 등 건물의 특징이 뚜렷하게 살아있어 더욱 이색적이다. 전시관마다 위치가 조금씩 떨어져 있어 다 보려면 일정을 여유롭게 짜는 것이 좋다.

📍 **주소** 제주시 탑동로 14 📞 **문의** 064-720-8201 🕐 **이용 시간** 10:00~19:00 ⊖ **휴무** 월요일 💰 **이용 요금** 탑동시네마 어른 15,000원, 청소년 9,000원, 어린이 6,000원, 동문모텔I,II 어른 20,000원, 청소년 12,000원, 어린이 8,000원, 통합권 어른 24,000원, 청소년 14,000원, 어린이 9,000원

🚗 **Drive tip**
탑동제1주차장(제주시 탑동로2길 4) 이용

개성 넘치는
아라리오 뮤지엄 3개 전시관

아라리오뮤지엄 탑동시네마
아라리오뮤지엄의 메인전시관으로
뮤지엄이 소장한 세계적인 작가들의
작품을 전시한다.
◉ 주소 제주시 탑동로 14

동문모텔 I
옛 모텔의 구조를 살린 공간
그 자체가 돋보인다.
◉ 주소 제주시 산지로 37-5

동문모텔 II
21세기를 빛낼 조각계의
떠오르는 별이었던
고 구본주 작가의
전시를 볼 수 있다.
◉ 주소 제주시 산지로 23

제주의 모든 것이 담긴
동문시장

제주의 재래시장 중 여행자들 사이에서 가장 유명한 시장. 제주 상권은 과거부터 제주성 동문과 서문으로 나뉘어 형성되어왔고, 현재의 동문시장과 서문시장으로 이어졌다. 동문시장은 제주 최대 규모의 상설시장답게 해산물, 과일, 떡, 의류, 기념품 등 없는 것이 없다. 과일 코너에는 귤과 한라봉, 귤을 교배해서 만든 천혜향이나 황금향이 연이어 이어지며 금빛으로 물든 길이 나타나 영주10경 중 하나인 귤림추색이 따로 없을 정도다. 수산 코너로 가면 제주에서 잡히는 다양한 생선들을 만나니 흡사 바닷속을 여행하는 기분이 든다. 더욱이 횟집, 분식, 오메기떡 등 먹거리가 발길을 멈추게 하니 눈과 입이 모두 즐거워진다.

최근 여행자들 사이에서 동문시장이 특히 인기를 끌고 있는 이유는 야시장 때문. 20여 개의 점포가 늘어서 랍스터 치즈구이, 멘보샤, 한치구이 등 각양각색의 음식을 판매한다. 화려한 불쇼가 곁들여지고 종류도 다양하여 골라 먹는 재미가 쏠쏠하다.

 주소 제주시 동문로 16 ▶ **내비게이션** '동문시장'으로 검색 **P 주차장** 동문공설시장 공영 주차장, 동문재래시장 공영 주차장, 동문수산시장 주차장 이용 ● **문의** 064-722-3284 ● **이용 시간** 08:00~21:00(야시장 18:00~24:00) ● **휴무** 연중무휴

🧳 **Travel Tip**

야시장은 동문시장 8번 게이트 앞에서 매일 저녁 6시부터 자정까지 열린다.

Exploring
Travel spot 6

제주의 향토음식
오메기떡

오메기떡은 차조 가루로 만든 떡에 팥고물을 묻혀 먹는 제주 향토 음식이다. 오곡(쌀, 보리, 조, 콩, 기장) 중에 보리와 조를 주식으로 했던 제주민들의 식문화에서 발달했다. 제주는 물이 귀해 쌀농사를 짓기 어려웠고, 쌀 대신 차조를 재배했다. 오메기는 좁쌀을 뜻하는 제주 방언. 가을철 수확한 차조로 오메기떡을 만들고, 떡을 잘게 으깨 누룩 가루와 물을 버무려 발효시키면 오메기술이 된다. 오메기떡은 현대로 오면서 찹쌀과 쑥을 첨가해 반죽하면서 진한 녹색을 띠게 되었다. 쫄깃한 식감에 고소하고 달콤한 맛으로 제주에서만 맛볼 수 있는 별미로 유명해지면서 제주 여행의 필수 선물용 음식으로 자리 잡았다. 최근에는 땅콩, 아몬드, 견과류를 묻혀 다양한 맛을 내기도 한다. TV 프로그램 〈수요미식회〉에 소개되었던 진아떡집, 30년 전통의 오복떡집이 동문시장 내에서 오메기떡으로 가장 유명하다.

함께 가볼 만한 곳들을 소개합니다. 당신의 취향은 어느 곳인가요?

📖 동네 책방
바라나시책골목

용담동의 횟집 골목 사이에 숨겨진 북카페. 힌두교에서 가장 신성하게 여기는 갠지스강이 떠오르는 인도 도시인 바라나시를 이름으로 내걸었듯이 실내는 모두 인도풍으로 꾸며졌다. '너 자신이 돼라'라는 인도 철학을 바탕으로 책을 통해 자신을 되돌아보기 위해 책방을 만들었다고 한다. 고전문학과 철학 서적부터 인도를 비롯한 여러 나라의 여행책이 진열되어 있다. 인도식 밀크티인 짜이와 함께 책을 읽으며 잠시나마 제주를 벗어나 인도로 여행을 떠나보자. Shanti!

📍 **주소** 제주시 동한두기길 35-2 🧭 **내비게이션** '바라나시책골목'으로 검색 📞 **문의** 010-7599-9720 🕐 **이용 시간** 11:00~19:00 ⛔ **휴무** 토 · 일요일 🍽 **메뉴** 짜이 5,000원, 라씨 6,500원(현금만 결제 가능) 📷 **인스타그램** @varanasi_jeju

👥 친구&연인과 함께
사라봉

사라봉에서 바라보는 일몰의 아름다움은 '사봉낙조'라 하여 영주십경 중 하나로 꼽힌다. '고운 비단'을 뜻하는 이름답게 정상에 오르면 바다가 곱고 푸른 모습으로 끝없이 이어지고 발아래로는 제주 도심의 풍경이 펼쳐진다. 등 뒤로는 한라산의 웅장한 품이 두 팔을 벌리고 있으니 제주 도심권 최고의 조망 포인트다. 반려견과 함께 산책하기에도 좋은 곳이다. 사라봉 북쪽 끝에 이르면 백 년 동안 제주의 밤바다를 밝게 비춰준 산지등대가 서 있다.

📍 **주소** 제주시 사라봉동길 74 🧭 **내비게이션** '사라봉'으로 검색 🅿 **주차장** 사라봉 입구 공영 주차장 이용

친구&연인과 함께
디앤디파트먼트제주

롱 라이프 디자인(Long Life Design). 유행이나 시대에 좌우되지 않는 보편적 디자인이라는 가치로 그래픽 디자이너 나가오카 겐메이가 지난 2000년 일본 도쿄에서 론칭한 숍. 아라리오뮤지엄과 협업하여 아라리오뮤지엄 탑동시네마 옆에 디앤디파트먼트(D&Department)를 오픈했다. 1층에는 제주산 제철 재료로 만든 음식을 내놓는 D식당이 있고, 2층에는 라이프스타일숍이 운영 중이다. 입구에 있는 D자 마크에서 인증 사진을 찍는 것이 SNS에서 인기를 끌 정도로 많은 사람이 찾는 중.

📍 **주소** 제주시 탑동로2길 3 🧭 **내비게이션** '아라리오뮤지엄 탑동시네마'로 검색 📞 **문의** 064-753-9904 🕐 **이용 시간** 스토어 10:30~18:00, 식당 08:30~18:00 ⛔ **휴무** 매월 마지막 주 수요일

🚗 **Drive tip**
탑동제1주차장(제주시 탑동로2길 4) 이용

혼자라면
두멩이골목

1970~80년대의 풍경을 간직한 골목길에 오래된 담장과 지붕 사이로 보물찾기하는 것처럼 벽화가 하나둘씩 나타난다. 제주의 풍경, 천진난만한 아이들의 모습, 만화 캐릭터 등이 그려져있다. 서정적인 그림체를 보고 있노라면 친구들과 뛰놀던 어린 시절의 추억이 떠올라 애틋한 기분이 든다. 오래된 골목과 골목이 얽히고설킨 채 미로처럼 이어져 7080을 배경으로 하는 영화 세트장에 온 듯 하다.

📍 **주소** 제주시 일도이동 1006-11 🧭 **내비게이션** '두멩이골목'으로 검색

🚗 **Drive tip**
구중마을경로당 앞 공영 주차장에 주차

즐거웁게 미식
도두해녀의집

제주 도심권을 대표하는 해녀의 집. 물회를 주로 팔지만, 성게가 제철인 6~8월에 찾는다면 성게비빔밥을 추천한다. 노란 성게알이 밥 위에 듬뿍 얹혀 나온다. 고추장을 넣고 비비는 것이 아니라 성게알만을 넓게 펴 밥에 하얗게 비벼 먹는다. 성게알이 비리다고 오해할 수 있는데, 잘 맛보면 오히려 구수하다는 걸 알게 된다. 비벼진 밥을 수저로 크게 떠서 한입 먹으면 성게알이 버터처럼 부드럽고 은은한 풍미를 내 입안 가득 고소함이 맴돈다.

주소 제주시 도두항 16 **내비게이션** '도두해녀의집'으로 검색 **문의** 064-743-4989 **이용 시간** 10:00~20:00(브레이크 타임 15:30~17:00) **휴무** 연중무휴 **메뉴** 전복물회 12,000원, 전복죽 13,000원, 성게비빔밥 17,000원

🚗 Drive tip
도두항(제주시 도공로 2) 주변에 주차

고사리육개장

몸국

즐거웁게 미식
우진해장국

제주의 전통 음식 중 하나인 고사리 육개장 전문점. 고사리를 푹 삶은 후 잘게 잘라 손으로 뭉갠 후 돼지고기 육수에 뭉갠 고사리와 메밀가루를 섞어 오랜 시간 끓여 내놓는다. 비주얼이 우리가 육지에서 먹는 육개장과는 사뭇 다르다. 갈색을 띠며 죽처럼 걸쭉하고, 흐물흐물하게 풀어진 고기가 고사리와 함께 씹혀 독특한 식감과 맛을 낸다. 워낙 유명한 음식점이라 언제 가더라도 항상 대기줄이 길다.

주소 제주시 서사로 11 **내비게이션** '우진해장국'으로 검색 **문의** 064-757-3393 **이용 시간** 06:00~22:00 **휴무** 연중무휴 **메뉴** 고사리육개장 10,000원, 몸국 10,000원

🚗 Drive tip
병문천 공영 주차장(제주시 서사로7길 37) 이용

여유롭게 카페
리듬앤브루스

JTBC 예능 프로그램 〈효리네 민박〉에 등장했던 쌀다방 카페가 10년 넘게 방치돼있던 목욕탕을 개조해 만든 카페. 목욕탕의 타일을 살리고 사우나실로 보이는 방도 남아있지만 빈티지한 느낌보다는 세련된 감각으로 실내를 꾸몄다. 우유와 에스프레소에 곡물을 추가하여 구수한 맛을 더한 쌀라떼는 쌀다방 시절부터 이어온 오랜 대표 메뉴. 2층에는 금속공예품과 굿즈를 판매하는 숍이 있다.

ⓞ **주소** 제주시 무근성7길 11 ⓝ **내비게이션** '제주 리듬'으로 검색
ⓒ **문의** 070-7785-9160 ⓞ **이용 시간** 11:00~20:00 ⓞ **휴무** 목요일 ⓞ **메뉴** 쌀라떼 6,000원, 리듬썸머라떼 6,500원, 아메리카노 4,500원

🚗 **Drive tip**
가게 근처 골목에 주차

여유롭게 카페
마음에온

칠성로 내에 자리 잡은 카페다. 쇼핑거리 상가 건물 사이에 난 작은 문으로 들어서면 마치 다른 세상으로 차원 이동을 한 듯 우거진 정원과 색다른 한옥 건물의 카페가 나타난다. 제주 청정수를 사용하여 만든 바당커피, 청보리의 맛과 향을 담아 고소한 청보리라떼, 수제 레몬청으로 만든 새콤달콤한 요거트 음료인 칠성라떼의 맛과 비주얼이 아늑한 한옥의 느낌과 잘 어우러진다.

ⓞ **주소** 제주시 칠성로길 29-1 ⓝ **내비게이션** '마음에온'으로 검색
ⓒ **문의** 010-6605-0953 ⓞ **이용 시간** 10:00~20:00 ⓞ **휴무** 금요일 ⓞ **메뉴** 제주바당커피 4,500원, 칠성라떼 6,000원, 청보리라떼 6,000원 ⓘ **인스타그램** @oncafe0707

🚗 **Drive tip**
칠성상가 제1 공영 주차장(제주시 일도일동 1476-1) 이용

Part

02

중산간도로 따라
제주 구석구석

12

우리 함께 꽃길만 가시리
녹산로

녹산로는 서귀포 표선면의 가시리 마을을 가로지르는 도로. 봄이 되면 땅에는 노란 유채꽃이 피어나고, 하늘에는 분홍 벚꽃이 흩날려 제주에서 가장 눈부시고 황홀한 드라이브코스가 된다. 동화 같은 꽃길 옆으로는 조선시대에 가장 좋은 말을 생산하던 초원이 광활하게 펼쳐지고, 초원 너머로 부드러운 곡선으로 이루어진 오름과 바람에 흔들리는 억새가 얼굴을 드러낸다. 봄과 가을이 유독 아름다운 가시리 마을, 녹산로를 따라 우리 함께 꽃길만 가시리!

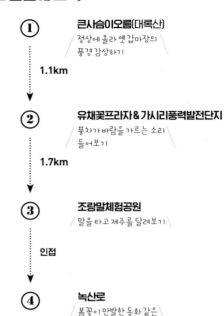

① 큰사슴이오름(대록산)
정상에 올라 옛 갑마장의
풍경 감상하기

1.1km

② 유채꽃프라자 & 가시리풍력발전단지
풍차가 바람을 가르는 소리
들어보기

1.7km

③ 조랑말체험공원
말을 타고 제주를 달려보기

인접

④ 녹산로
봄꽃이 만발한 동화 같은
풍경 즐기기

7.3km

⑤ 따라비오름
가을, 바람 따라
흔들리는 억새에 몸 맡기기

드라이브 명소

녹산로

약 10km 구간의 녹산로가 전부 드라이브 명소. 봄에는 벚꽃과 유채꽃이 끝없이 찰랑거린다. 도로 양옆으로는 가시리 초원 지대가 나타나고 대규모 풍력발전단지가 늘어서 있어 이국적인 풍경이 이어진다.

코스 지도

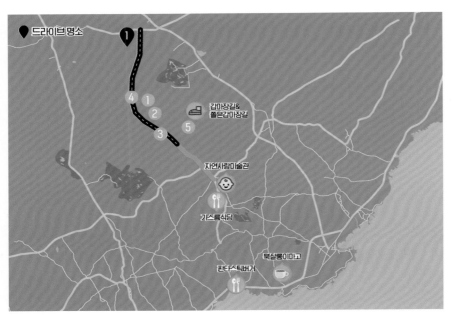

말들이 뛰노는 푸른 초원

큰사슴이오름(대록산)

조선 조정은 제주의 중산간 지역에 10개의 국영 목장을 만들어 말을 생산하고 관리했다. 가시리의 큰사슴이오름 주변 초원에 조성된 녹산장도 그중 하나로 당시 제주에서 가장 규모가 큰 말 목장이었다. 초원에서 말들이 거침없이 뛰노는 모습을 상상하며 말과 함께 달리는 기분으로 운전하며 큰사슴이오름으로 향하자.

탐방로 안으로 들어서면 좌우로 커다란 억새밭이 나타난다. 사람 키만큼 자란 억새가 바람에 흔들리는 모습이 마치 손을 흔들며 인사하는 듯하다. 억새에게 맞인사를 건넨 후 산길을 따라 오름을 오르면 정상에 닿는다. 지나왔던 억새밭이 발아래로 물러나고, 반짝이는 억새의 은빛 물결 뒤로 동쪽의 여러 오름이 일렁이듯 모습을 드러낸다. 큰사슴이오름 앞으로 드넓게 이어진 가시리의 풍경은 몽골 초원에 온 듯한 착각에 빠져들 만큼 가슴을 설레게 한다.

⊙ 주소 서귀포시 표선면 가시리 산 68 **◐ 내비게이션** '큰사슴이오름'으로 검색 **⑫ 주차장** 서귀포시 표선면 가시리 산 52-4에 주차

Travel Tip

유채꽃프라자에 주차 후 큰사슴이오름과 유채꽃프라자를 함께 둘러보는 것도 괜찮다. 유채꽃프라자에서 큰사슴이오름 탐방로 입구까지 걸어서 7~8분

바람 아래 흔들리는 꽃단지
유채꽃프라자 & 가시리풍력발전단지

과거에 가시리 초원에서 말들이 시원스레 바람을 가르며 뛰어놀았다면, 지금의 가시리에는 대규모 풍력발전소가 바람을 맞고 있다. 목장은 희미한 흔적으로 남았지만, 풍차 아래로 봄에는 노란 유채꽃이, 가을에는 은빛 억새가 가득 꽃을 피운다. 꽃밭의 규모가 커서 다른 이의 방해를 받지 않고 오롯이 꽃길을 즐길 수 있다는 것이 가장 큰 장점. 특히 봄날에 피는 유채꽃은 유채꽃프라자부터 조랑말체험공원까지 끝없이 이어지니 마음에 드는 스폿을 찾아 꽃밭을 헤매보는 것도 좋다.

낮은 언덕 위에 자리한 유채꽃프라자는 가시리 마을의 농촌 개발 사업의 일환으로 만들어진 건물. 마을 주민들이 직접 시설을 운영하면서 숙박과 카페, 지역 특산품 판매 장소로 활용하고 있다. 외부 계단을 이용해 3층에 있는 전망대로 가면 가시리 일대의 풍경이 한눈에 들어온다. 넓은 초원에 풍차가 연이어 늘어선 모습이 이국적이다. 풍차가 '쉬웅~ 쉬웅~' 바람을 가르며 움직일 때마다 풍경이 더욱 웅장해진다는 착각이 든다.

⊙ 주소 서귀포시 표선면 녹산로 464-65 **◐ 내비게이션** '유채꽃프라자'로 검색 **ℙ 주차장** 있음 **ℂ 문의** 064-787-1665

TRAVEL SPOT 3

조랑말을 타고 달리다

조랑말체험공원

조랑말체험공원은 조선시대 왕에게 진상되는 최고의 말을 기르는 갑(甲)마장이 있던 가시리 마을에 조성된 말 테마 공원이다. 승마장은 말을 타고 트랙을 벗어나 초원을 달리는 코스를 갖추고 있다. 천연기념물인 제주마에 올라타 초원을 누비고 바람을 맞으며 승마를 만끽할 수 있다.

승마장 옆에는 오름의 모습에서 영감을 받아 건축했다는 원형 콘크리트 건물인 조랑말박물관이 있다. 제주 지역이 고려와 조선을 거치면서 어떻게 말을 길러냈는지에 관한 자료와 유물이 전시되어 있다. 가시리에서 임금님이 타는 말을 키웠다는 자료를 보고 있으면 승마장에서 내가 탔던 말도 조선시대였다면 왕의 말이 아니었을까 싶기도 하다. 박물관 옥상의 전망대로 가면 마치 오름 정상에 선 것처럼 가시리 일대의 풍경이 파노라마로 펼쳐진다.

⊙ 주소 서귀포시 표선면 녹산로 381-15 **❶ 내비게이션** '조랑말체험공원'으로 검색 **❷ 주차장** 있음 **❸ 문의** 064-787-0960 **⊚ 이용 시간** 승마장 09:00~18:00(동절기 ~17:00), 박물관 09:30~17:00 **❸ 휴무** 승마장 연중무휴, 박물관 화요일 **⊝ 이용 요금** 다양한 승마체험비 www.jejuhorsepark.co.kr 참고, 박물관 어른 2,000원, 청소년 및 어린이 1,500원

🧳 Travel Tip

조랑말 먹이 주기, 말똥 쿠키 만들기 등의 프로그램을 운영 중이다.

벚꽃과 유채꽃의 하모니

녹산로

제주시 조천읍을 지나는 비자림로에서 빠져나와 서귀포가 시작되는 표선면의 가시리를 가로질러 서성로와 중산간동로에 닿는 녹산로는 약 10km 길이의 왕복 2차선 도로다. 평소에는 오가는 차량이 많지 않아 도로 양옆으로 펼쳐진 가시리 초원에 늘어선 풍력발전기를 바라보며 시원스럽게 드라이브를 즐길 수 있다.

한적한 시골길 같았던 녹산로는 봄이 되면 화려하게 옷을 갈아입는다. 도로를 따라 노란 유채꽃밭이 이어지고, 가로수로 조성된 벚나무에는 분홍빛 벚꽃이 피어나 말 그대로 '환상 꽃길'이 된다. 꽃길은 녹산로 전체 구간 중 6~7km에 이를 만큼 끝도 없이 계속된다. 날씨에 따라 꽃이 개화하고 절정을 맞이하는 시기가 다를 수 있지만, 평균적으로 매년 3월 말에서 4월 초 순경에 벚꽃과 유채꽃이 동시에 만발하여 동화 같은 풍경이 펼쳐진다. 봄날에 녹산로를 찾는다면 도로를 계속 왕복하며 꽃구경을 하거나 잠시 차를 세우고 흐드러진 꽃밭에서 노닐어 보자. 조랑말체험공원에 주차하거나 중간중간 나타나는 작은 공간에 차량을 세우고 꽃길을 만끽하면 된다. 단, 많은 사람이 도로 노변에서 걷거나 기념사진을 찍고 있으니 서행하며 안전에 유의할 것!

○ **주소** 서귀포시 표선면 녹산로 ● **내비게이션** '녹산로 유채꽃도로'로 검색 ● **주차장** 조랑말체험공원 주차장 이용

고운 능선 따라 넘실거리는 억새

따라비오름

따라비오름은 제주가 지닌 오름의 다양한 매력을 하나로 모아 놓은 오름이다. 오름이 가진 고운 능선, 정상에서 보는 탁월한 전망, 억새가 가득 핀 분화구가 한데 어우러지니 가히 '오름의 여왕'이라 불릴 만하다. 능선에 올라서 따라비오름을 바라보면 일반적인 오름과는 확연히 다른 생김새가 눈에 띈다. 커다란 분화구 안에 세 개의 굼부리(작은 분화구)가 있고, 굼부리 따라 이어진 능선이 6개의 봉우리를 만든다. 굼부리가 만들어낸 오름의 라인이 곱고 부드럽다. 남쪽 봉우리에 올라 능선을 바라보고, 다시 북쪽 봉우리에 올라 능선을 바라보길 반복하며 오름의 라인을 감상한다. 물 흐르듯 흘러내리며 흩어진 능선이 그림 같은 풍경을 자아낸다.

따라비오름은 가을이 되면 더욱 아름답다. 분화구 안부터 바깥까지 오름 전체가 억새로 빽빽하게 뒤덮인다. 바람결에 따라 넘실거리는 은빛 억새가 굼부리를 타고 거대한 파도처럼 밀려온다. 바람 방향에 따라 변화하는 억새의 파도에 감탄사가 절로 터져 나온다. 바람과 억새에 몸을 맡기고 있노라면 어느새 황홀감에 젖어 마음의 바다에도 파도가 일렁인다.

⊙ 주소 서귀포시 표선면 가시리 산 63 **⊙ 내비게이션** '따라비오름'으로 검색 **ⓟ 주차장** 있음

굼부리

저벅저벅 트레킹 좋아하나요?
갑마장길 & 쫄븐갑마장길

조선시대에 가시리에는 왕에게 진상하기 위해 가장 품종이 좋은 말을 기르는 갑(甲)마장이 있었다. 1895년 공마 제도가 폐지되면서 갑마장 역시 쇠퇴하여 현재는 가시리 일부에 마을 주민들이 운영하는 목장이 남아 있을 뿐이다. 영광스러웠던 갑마장은 사라졌지만, 그 흔적은 가시리 곳곳에 고스란히 남아 있다. 특히 말들이 목장을 벗어나는 것을 막기 위해 쌓은 돌담인 잣성이 인상적이다. 잣성은 해발에 따라 150~250m는 하잣성, 300~400m는 중잣성, 450~600m는 상잣성으로 구분한다. 하잣성은 말들이 농작물을 해치지 못하도록 쌓은 것이고, 상잣성은 말들이 한라산으로 올라가 얼어 죽는 사고를 방지하기 위해 만들어졌다. 잣성을 따라 갑마들이 다니던 길을 걷는 트레킹 코스가 바로 갑마장길이다. 그윽한 숲길을 지나 초원을 가로질러 오름을 만나고, 오름에서 내려오면 편백 숲이 나타나 길을 걷는 내내 감흥이 끊이질 않는다. 다만, 갑마장길의 경우 7~8시간이 소요되므로 평소 트레킹을 즐겨 하지 않는 사람에게는 체력적으로 무리가 될 수 있어 추천하지 않는다. 제주 방언으로 '짧다'라는 뜻을 가진 '쫄븐'갑마장길은 기존의 갑마장길 코스를 반으로 줄여 만든 코스다. 자동차가 아닌 두 발로 천천히 걸으며 걸음을 늦춰야만 볼 수 있는 가시리의 속살을 들여다보자.

갑마장길 총 구간 20km **소요 시간** 7~8시간
코스 가시리마을회관 → 조랑말체험공원 → 행기머체 → 큰사슴이오름 → 따라비오름 → 설오름 → 가시리마을회관

쫄븐갑마장길 총 구간 10km **소요 시간** 4시간
코스 조랑말체험공원 → 큰사슴이오름 → 따라비오름 → 조랑말체험공원

함께 가볼 만한 곳들을 소개합니다. 당신의 취향은 어느 곳인가요?

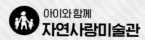

아이와 함께
자연사랑미술관

가시리의 아름다운 풍경에 취한 여운이 가시지 않았다면 들려볼 만한 미술관이다. 폐교된 후 버려져 있던 가시초등학교에 자연사랑미술관이라는 포토 갤러리가 들어섰다. 서재철 사진작가가 40년의 세월 동안 카메라에 담아온 제주의 풍경 사진을 전시하고 있다. 그가 사용했던 빛바랜 카메라들은 이제 골동품이 되어 장식장을 채우고 있다. 그의 사진 속에는 지금은 볼 수 없는 제주의 오래된 풍경들이 가득하다.

📍 **주소** 서귀포시 표선면 가시리 1920-2 📱 **내비게이션** '자연사랑미술관'으로 검색 🅿 **주차장** 있음 📞 **문의** 064-787-3110 🕙 **이용 시간** 10:00~18:00(동절기 17:00까지) 🚫 **휴무** 연중무휴 💰 **이용 요금** 어른 3,000원, 청소년 및 어린이 1,000원

즐거웁게 미식
가스름식당

오래전부터 목장이 있던 곳이라 그런 것일까, 가시리는 작은 동네지만 그에 비해 고깃집이 꽤 많다. 도민들도 가시리에 찾아와 두루치기나 삼겹살을 즐길 정도로 유명하다. 여러 식당 중에 가스름식당이 추천할 만하다. 이 식당의 두루치기는 너무 달거나 짜지 않으면서도 적당히 매콤한 맛이 입에 달라붙어 식감이 좋다. 직접 만드는 피순대는 크기도 크고 속도 가득차 구수한 맛을 낸다. 기본 반찬으로 제공되는 몸국도 별미!

📍 **주소** 서귀포시 표선면 가시로 565번길 19 📱 **내비게이션** '가스름식당'으로 검색 📞 **문의** 064-787-1163 🚫 **휴무** 연중무휴 🕙 **이용 시간** 09:00~20:00 🍴 **메뉴** 두루치기 7,000원, 삼겹살 12,000원, 순대한접시 10,000원, 몸국 7,000원

🚗 **Drive tip**
가시리사무소 주차장 이용

즐거웁게 미식
판타스틱버거

제주의 많은 흑돼지 수제버거 음식점 중 최고로 꼽을
만한 곳. 두툼한 흑돼지 패티와 신선한 채소는 기본,
여기에 아이디어를 더한 색다른 메뉴가 눈과 입을 사
로잡는다. 눈꽃이 내리듯 하얀 어니언 소스를 버거
위에 뿌려주는 화이트킹버거, 매콤한 커리로 양념한
인디언커리버거는 느끼하지 않으면서 이색적인 맛
을 낸다. 펍에 온 것 같은 레트로한 인테리어는 덤!

📍 **주소** 서귀포시 표선면 토산중앙로15번길 6 📱 **내비게이션** '판
타스틱버거'로 검색 🅿 **주차장** 있음 📞 **문의** 0507-1339-6990 ⏰
이용 시간 10:00~19:00 ⛔ **휴무** 인스타그램에 공지 🍽 **메뉴** 화
이트킹버거 11,800원, 인디언커리버거 12,800원, 스위트파마산
7,500원 📷 **인스타그램** @yes_imfantastic

🔲 **Travel Tip**

식당 설명 중 '못 찾으면 전화해요, 데리러 갈게요'라는 메시지가
인상적

여유롭게 카페
북살롱이마고

도서출판 이마고에서 운영하는 북 카페. 베스트셀러
는 아니더라도 가치 있는 내용을 담고 있는 인문서와
함께 여행, 예술, 디자인, 생태에 관련된 책들을 판매
한다. 책을 통해 자연 친화적인 삶, 더 나은 삶을 제
안하려고 노력한다. 주변에 다른 건물이 없어 조용하
고 아늑해 음료를 마시며 차분하게 책 읽기에 좋다.
2층에는 북스테이를 할 수 있는 숙박 공간을 별도로
운영한다.

📍 **주소** 서귀포시 표선면 세화강왓로 78 📱 **내비게이션** '북살롱이
마고'로 검색 📞 **문의** 064-787-3282 ⏰ **이용 시간** 11:00~18:00
⛔ **휴무** 수·목요일 🍽 **메뉴** 아메리카노 4,500원, 감귤라떼 5,000
원, 수제청음료 6,000원 📷 **인스타그램** @booksalonimago

🚗 **Drive tip**

한적한 주변 길가에 주차 가능

13

오몽하게 만나는 오소록한 숲
비자림로+명림로

교래리 입구에서부터 동쪽의 평대리 해안까지 이어지는 비자림로에는 길 양옆으로 키가 20m가 넘는 삼나무가 빽빽이 늘어서 있다.

가도 가도 끝없이 이어지는 숲의 향연에 청량감이 넘치도록 밀려온다. 숲은 다 비슷한 줄 알았건만 비자림로에서 만나는 숲은 부분별로 제각각 개성이 뚜렷하다. 같은 초록이어도 그 색과 분위기가 저마다 다른 것. 오몽하게('부지런하게 움직이다'라는 뜻의 제주 방언) 거닐며 오소록한('으슥하고 고요하다'는 뜻의 제주 방언) 분위기를 즐기다 보면 숲은 4.3의 아픔마저 위로할 만큼 따스한 품을 벌리고 다가온다.

① 제주4.3평화공원

기억해야 할 4.3사건의
어둠 속으로 들어가기

1.5km

② 절물자연휴양림

삼나무 숲 아래서
피톤치드 힐링하기

6.9km

③ 산굼부리

제주의 전통 문화를 느낄 수 있는
산담에 머물러 보기

11.8km

④ 안돌오름 비밀의숲

편백숲에서 두고두고 꺼내 볼
여행 사진 남기기

7.5km

⑤ 비자림

비 오는 날 우비 입고 산책하기

절물자연휴양림~5.16도로 방향

절물자연휴양림에서 나와 비자림로로 접어들면 잠시
비자림로 출발지점인 5.16도로 방향으로 돌아가 도로를
처음부터 타보자. 초반 구간이 영화나 광고 속에 종종
등장하는 길이다.

절물자연휴양림~
산굼부리와 안돌오름 비밀의 숲

양옆으로 쭉쭉 뻗은 삼나무 숲이 도로를 달리는 내내 청
량감을 선사한다. 창문을 열고 녹음을 즐겨보자.

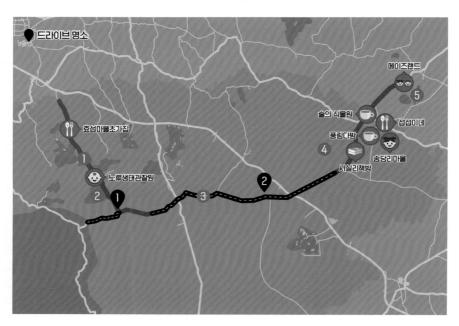

잊어서는 안 될 제주의 아픈 역사

제주4.3평화공원

제주 4.3사건은 혼란스러웠던 대한민국 근대사의 어두운 단면을 단적으로 드러낸 사건이다. 미 군정 치하에서 남한이 단독정부 수립을 준비하던 와중에 제주에서 남로당 무장봉기 사건이 일어났다. 국군과 경찰에 이어 우익 단체와 미군까지 합세하여 남로당을 토벌한다는 명목으로 무고한 제주 주민들까지 무차별 학살했다. 남로당 무장봉기 세력은 300명 남짓이었는데, 희생당한 제주 주민은 무려 3만 명에 달해 당시 제주 인구의 10% 이상이 4.3사건으로 사망했을 정도로 참혹했다.

4.3평화공원에 발을 디디면 아픔이 가득했던 그날로 성큼 들어서게 된다. 4.3평화기념관에는 당시 11명의 주민이 동굴에서 피신해 살다가 발각되어 군인에게 집단 학살당한 후 세월이 흘러 1992년에 이르러서야 유해가 발견된 모습을 재현한 다랑쉬동굴 모형이 있다. 고통 속에서 몸부림쳤을 그들의 아픔을 쉬이 짐작하기 어려워 가슴이 울컥한다. 전시실 마지막에는 4.3사건 희생자들의 사진이 걸려있는 통로가 있다. 희생자의 아픔과 상처를 위로하고 화해와 평화를 상징하는 공간이다. 나열된 수많은 사람의 얼굴에 눈을 맞추며 아픔을 이겨낸 제주민들에게 감사함과 미안

한 마음을 동시에 전해보자.

 주소 제주시 명림로 430 ◑ **내비게이션** '제주4.3평화공원'으로 검색 ℗ **주차장** 있음 ◐ **문의** 064-723-4344 ◉ **이용 시간** 09:00 ~17:30(입장 마감 16:30까지) ◑ **휴무** 첫째 · 셋째 월요일 ◯ **이용 요금** 무료

🧳 **Travel Tip**

제주에 아름다운 곳이 많고 많음에도 이곳을 찾아야 하는 이유는 우리가 여행하며 밟는 제주 땅의 거의 모든 곳이 4.3사건의 피해 장소이기 때문이다.

4.3을 기억하며 돌아보는
작품 《모녀상: 비설》

4.3평화공원 내에는 4.3사건을 기억하며 돌아보는 다양한 시설물이 있다. 아이와 함께 제주를 여행 중이라면 4.3평화공원에 만들어진 어린이체험관에 가볼 것을 추천한다. 상설 전시물인 샌드애니메이션과 그림일기는 아이들의 눈높이에서 4.3사건을 쉽게 이해하고 기억할 수 있도록 꾸며졌다. 아이들이 평화와 생명의 의미를 다시 한번 생각해보고 체험해볼 수 있는 공간이다.

공원 안에는 당시에 희생된 희생자의 신위 1만 4401기를 모신 위패 봉안실과 위령 제단이 있어 공원을 찾는 이라면 누구나 희생자의 넋을 위로하고 추모할 수 있다. 공원 한쪽에 설치된 작품 《모녀상:비설》이 특히 눈에 띈다. 1949년 1월 6일, 당시 25세였던 변병생은 2살 난 딸을 안고 거친오름 북동쪽으로 피신하는 도중 희생되었다. 후일 행인에 의해 눈더미 속에서 아이를 꼭 안고 있는 변병생의 시신이 발견되었다. 이들의 넋을 기리고자 공원에 돌담을 쌓고 작품을 설치했다. 4.3평화공원을 상징하는 작품인 만큼 공원을 떠나기 전에 들러볼 것을 추천한다.

4.3 어린이 체험관 ⦿ **주소** 제주시 명림로 430 ⦿ **내비게이션** '제주43평화공원'으로 검색 ⦿ **주차장** 있음 ⦿ **문의** 064-723-4327 ⦿ **이용 시간** 09:00~18:00(입장 마감 17:00까지, 상시 프로그램 1일 4회 운영, 09:00, 10:30, 13:30, 15:30) 이용 대상 6세~11세 ⦿ **휴무** 토 · 일요일 ⦿ **이용 요금** 무료 / 제주4.3평화재단 홈페이지 접속 후 4.3어린이 체험관 메뉴에서 사전 예약 필수

삼나무 숲에서 피톤치드 힐링

절물자연휴양림

4.3사건의 아픔을 기억한 채, 치유의 숲인 절물자연 휴양림으로 향한다. 절물오름 아래에 자리한 이곳은 입구부터 삼나무가 빼곡하게 숲을 이루고 있어 싱그 러운 분위기가 넘쳐난다. 숲길을 걷노라면 삼나무가 내뿜는 피톤치드로 온몸을 깨끗이 씻어내듯 상쾌해 진다. 여름철이면 휴양림 중앙 산책로 양옆으로 산수 국이 만개한다. 산수국 가장자리 꽃잎은 꽃받침이 발 달하여 만들어진 잎으로 나비나 벌을 유혹하려 만들 어진 가짜 꽃이고 중앙 부분의 작은 알갱이들이 진짜 꽃이다. 이성에게 잘 보이고 싶은 사람 마음 같아 꽃 을 보고 있으면 슬며시 웃음이 난다.

휴양림에는 새들의 노래를 들으며 걷는 길이라는 뜻 의 생이소리질, 흙길을 누비며 천연림을 누비는 장 생의 숲길, 편백이 늘어선 숫모르편백숲길, 절물오름 을 다녀오는 오름탐방로 등 많은 산책로가 있다. 100 만 평에 달하는 규모만큼이나 다양한 코스를 갖추어 모두 둘러보려면 하루로도 모자랄 정도. 이중 생이소 리질은 계단 없이 데크로 길이 이어져 노약자도 쉽게 걸을 수 있어서 가장 무난하게 숲을 즐길 수 있는 코 스다.

○ 주소 제주시 명림로 584 ○ 내비게이션 '절물자연휴양림'으 로 검색 ○ 주차장 있음 ○ 문의 064-728-1510 ○ 이용 시간 07:00~18:00 ○ 휴무 연중무휴 ○ 이용 요금 어른 1,000원, 청소 년 600원, 어린이 300원

분화구에 서려 있는 자연과 문화

산굼부리

'굼부리'는 화산체의 분화구를 뜻하는 제주말이다. 교래리에서 송당리에 이르는 일대는 해발 400m 안팎의 고지. 이곳의 산굼부리는 표고가 437m이고 화구 바닥이 305m이므로 오름 높이에 비해 분화구가 훨씬 깊게 팬 특이한 형태다. 오름이 용암이나 화산재를 분출하지 않고 폭발하면서 산굼부리처럼 분화구 가운데가 아래로 푹 꺼진 지형을 '미르형 분화구'라 부른다.

구릉에 올라 능선 위에 서면 거대한 분화구의 시원스러운 풍광에 탄성이 절로 나온다. 물은 고여 있지 않지만, 분화구의 모습이 백록담을 빼닮았다. 분화구 안에서 자라는 식물은 한라산 본줄기와 격리된 채 독특한 생태계를 유지해 천연기념물로 지정되었다. 분화구 안까지 내려가 볼 수 없는 아쉬움은 가을날 능선에 빼곡하게 일렁이는 억새밭이 달래준다. 억새 뒤로는 중산간 일대의 오름 군락이 병풍처럼 늘어서 전망이 훌륭하다.

산굼부리 중앙의 넓은 들판에는 제주식 묘지인 산담이 산재해있다. '입장료까지 받는 관광지에 웬 묘지'라는 생각도 할 수 있겠지만, 제주 사람들은 죽으면 산으로 돌아간다고 생각하여 오름에 묘를 만들었다.

묘지가 망자의 집이라면 산담은 돌로 묘지를 둘러싼 담장이다. 제주 사람들은 밤중에 산에서 길을 잃었을 때, 산담 안에 들어가서 밤을 보내면 안전하다고 믿을 만큼 산담은 오랜 세월 이어져 내려온 제주의 전통문화다.

⊙ 주소 제주시 조천읍 교래리 산38 **⊙ 내비게이션** '산굼부리'로 검색 **P 주차장** 있음 **⊙ 문의** 064-783-9900 **⊙ 이용 시간** 09:00~18:40(입장 마감 18:00, 11~2월 동절기 1시간 일찍 마감) **⊖ 휴무** 연중무휴 **⊙ 이용 요금** 어른 6,000원, 청소년 4,000원, 어린이 3,000원

요정이 나올듯한 신비의 편백 숲

안돌오름 비밀의 숲

불과 몇 년 전만 해도 사람들이 쉽게 찾을 수 없던 사유지가 '안돌오름 비밀의 숲'이라는 이름으로 SNS를 강타했다. 입소문이 나면서 찾는 사람들이 늘어나자 관리 비용으로 입장료를 받으며 숲을 정식으로 개방한 것.

이름 앞에 '안돌오름'이라는 수식어가 붙기는 했지만, 비밀의 숲의 정확한 위치는 안돌오름 아래다. 좁은 산책로 양옆으로 가지가 두세 갈래로 갈라지면서 수직으로 뻗어 올라간 편백이 촘촘하게 늘어서 있어 동화 속에나 나올 법한 신비로운 모습. 산책로를 따라 숲을 거닐면 거닐수록 숲속에 요정이 숨어 사는 곳이 아닐까 싶은 착각이 들 정도로 이국적인 풍경이 이어진다. 아무 곳에서 사진을 찍더라도 인생 사진이 될 만큼 아름다워 곳곳에서 즐거운 미소를 지으며 사진 찍는 사람들로 가득하다.

◎ 주소 제주시 구좌읍 송당리 2170 **◎ 내비게이션** '안돌오름 비밀의 숲'으로 검색 **Ⓟ 주차장** 있음 **◎ 문의** 0507-1349-0526 **◎ 이용 시간** 09:00~18:30 **◎ 휴무** 연중무휴 **◎ 이용 요금** 3,000원

🚗 Drive tip

주소나 이름으로 검색해서 가면 비포장도로로 안내하여 길이 나쁘다. 내비게이션에 송당리1887-1 경유로 입력하면 포장도로를 타고 갈 수 있다.

오소록한 천 년의 숲길
비자림

'비자림'이라는 이름에서 알 수 있듯이 비자나무가 군락을 이루고 있는 숲. 수령이 짧게는 500년에서 길게는 800년에 달하는 비자나무 2800그루가 밀집해 있다. 천 년에 가까운 세월 동안 자생해온 비자나무 숲은 제주의 거친 바람에도 미동도 없을 만큼 고요하고 아늑하다. 비자림 입구에 들어서면 비자나무 특유의 상쾌한 향기가 온몸을 감싼다. 향기에 빠져 가벼운 발걸음으로 오소록한('으슥하다'의 제주 방언) 숲길을 걸어보자. 숲에서 불어오는 맑고 시원한 바람을 쐬며 늠름한 비자나무의 호위를 받고 있으면 숲에 사는 정령이 된 듯하다.

산책로에는 붉은 화산송이가 카펫처럼 깔려있다. 화산송이는 화산 폭발로 점토가 고열에 타면서 돌숯이 된 화산석으로 밟을 때마다 사각사각 소리가 난다. 산책로는 유모차나 휠체어도 다닐 수 있게 평탄하게 조성되어 걷기 쉽다. 숲 한가운데 우뚝 솟은 새천년비자나무 앞에 서면 압도적인 위용에 감탄사가 쏟아진다. 비자림에서 가장 수령이 오래되었다고 전해지는 새천년비자나무는 다른 나무들의 어머니 격이다. 영화 《아바타》에 나오는 나무가 떠오를 만큼 범상치 않은 기운을 내뿜는다. 오래된 세월만큼 나무 하나하나 각

기 개성이 넘쳐 숲 구경하며 걷는 재미가 쏠쏠하다.

⊙ 주소 제주시 구좌읍 비자숲길 55 **⊙ 내비게이션** '비자림'으로 검색 **ℙ 주차장** 있음 **☎ 문의** 064-710-7912 **◷ 이용 시간** 09:00~18:00(입장 마감 17:00까지) **⊖ 휴무** 연중무휴 **⊖ 이용 요금** 어른 3,000원, 청소년 및 어린이 1,500원

함께 가볼 만한 곳들을 소개합니다. 당신의 취향은 어느 곳인가요?

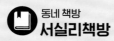
동네 책방
서실리책방

서울 금호동에서 제주로 이사온 책방. 글로 열매를 맺는다는 '서실리(書實里)'라는 이름이 어떤 책방인지 더욱 궁금하게 만든다. 풀, 나무, 그림, 마을, 모듬살이 등 자연과 예술, 사람에 관한 책을 주로 진열해 놓았다. 책방 규모는 작지만 어린 시절 자주 찾아가던 동네 구멍가게에 온 것처럼 포근하고 친근한 분위기가 매력적이다. 책방 입구에는 '1권씩만 갖고 가세요'라고 써진 상자 안에 오래된 책을 놔둔다.

○ **주소** 제주시 구좌읍 중산간동로 2262 ○ **내비게이션** 앞의 '주소'로 검색 ○ **이용 시간** 11:00~16:00 ○ **휴무** 수 · 목요일 ○ **인스타그램** @seosilli_books

🚗 **Drive tip**
주시 구좌읍 송당리 1379-6 도로변에 주차

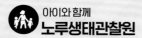
아이와 함께
노루생태관찰원

4.3평화공원을 지나 명림로를 달리다 보면 거친오름 자락에 조성된 노루생태관찰원이 나타난다. 노루는 한라산 곳곳에 사는 제주의 터줏대감. 하지만 사람의 기척이 조금만 나도 도망가므로 정작 자연에서 뛰노는 노루 모습을 보기는 어렵다. 노루생태관찰원에서는 경계심을 보이는 노루에게 먹이를 주며 친밀하게 노닐 수 있다. 나뭇잎 먹이를 건네면 언제 경계했냐는 듯 조심스레 다가와 귀엽게 뜯어 먹는다.

○ **주소** 제주시 명림로 520 ○ **내비게이션** '노루생태관찰원'으로 검색 ○ **주차장** 있음 ○ **문의** 064-728-3611 ○ **이용 시간** 09:00~18:00(11~2월 17:00까지) ○ **휴무** 연중무휴 ○ **이용 요금** 어른 1,000원, 청소년(13세부터) 600원, 어린이 무료

친구&연인과 함께
메이즈랜드

SBS의 대표 예능프로그램인 《런닝맨》 촬영지로 등장해 더욱 인기가 높아진 곳. 돌과 바람, 여자가 많다고 하여 '삼다도'라 불리는 제주의 특색을 살려 만든 미로 테마파크. 바람미로는 측백나무를 태풍 모양으로, 여자미로는 애기동백을 해녀가 소라 캐는 모습으로, 돌미로는 돌담을 쌓아 돌하르방이 누운 형상으로 미로를 만들었다. 이중 가장 어려운 난이도를 자랑하는 것은 돌미로. 2.3km에 달하는 돌미로를 통과한 최고 기록이 3분 38초라고 하니 기록에 도전해볼 것!

◎ **주소** 제주시 구좌읍 비자림로 2134-47 ◎ **내비게이션** '메이즈랜드'로 검색 ℗ **주차장** 있음 ☎ **문의** 064-784-3838 ⏰ **이용 시간** 09:00~18:00(11~1월 17:30까지, 6~7월 19:00까지) ⊖ **휴무** 연중무휴 ⊜ **이용 요금** 어른 11,000원, 청소년 9,000원, 어린이 8,000원

혼자라면
송당리마을

제주 동쪽 중산간 지역 중심부에 자리한 송당리 마을은 주변을 둘러싼 오름과 숲 사이에 고즈넉하게 들어앉아 있어 마을 전체에서 감성적인 분위기가 난다. 마을에 아기자기하고 감각적인 상점과 카페, 음식점이 하나둘씩 들어서고 여행자들이 찾아오기 시작하면서 동쪽 중산간 지역을 여행할 때 들르기 좋은 거점 마을이 되었다. 이곳에서 당신만의 아지트를 찾아보는 것은 어떨까.

◎ **주소** 제주시 구좌읍 송당리 1379-6 ◎ **내비게이션** 앞의 주소로 검색

Drive tip
주소지의 도로변에 주차. 송당리의 가게들은 대부분 주차 공간이 따로 없으므로 주차 후 도보로 이동

즐거웁게 미식
효섬마을초가집

한정식 스타일의 전복 요리 전문점. 제주의 많은 전복 전문점 중에 관광객보다 도민들이 더 많이 찾아오는 곳으로 깔끔하고 담백한 맛이 돋보이는 식당이다. 전복 내장으로 밥을 지어 고소한 맛을 내는 전복돌솥밥과 제주 전통 스타일인 된장을 베이스로 만든 전복뚝배기가 인기 메뉴. 정갈한 밑반찬과 노릇한 고등어구이까지 어우러져 한 끼 식사를 든든하게 채우는 밥도둑이 된다.

⊙ 주소 제주시 명림로 243 **◐ 내비게이션** '효섬마을초가집'으로 검색 **ⓟ 주차장** 있음 **☎ 문의** 064-725-7750 **◉ 이용 시간** 09:00 ~20:00(2인분 이상만 주문 가능) **⊖ 휴무** 수요일 **⊜ 메뉴** 전복돌솥밥 15,000원, 전복뚝배기 16,000원, 전복죽 15,000원, 다슬기돌솥밥 15,000원

즐거웁게 미식
섭섭이네

'어멍이 맹근 음식'과 '아들이 맹근 음식'으로 나뉜 메뉴판이 이색적이다. 메뉴 이름처럼 소박한 공간에서 엄마와 아들이 따스하고 맛있는 음식을 만든다. 엄마는 진하게 우려내 잡냄새 없이 담백한 국물이 돋보이는 고기국수와 매콤, 새콤, 달콤한 과일 양념과 흑돼지가 어우러지는 비빔국수가 주메뉴이고, 아들은 토마토와 버터, 우유로 만든 인도식 커리에 흑돼지 튀김을 넣은 흑돼지퐁당커리를 내놓는다. 여름에는 제주 콩으로 즉석에서 갈아 만든 콩국수도 별미!

⊙ 주소 제주시 구좌읍 중산간동로 2261 **◐ 내비게이션** '섭섭이네'로 검색 **☎ 문의** 0507-1315-6813 **◉ 이용 시간** 11:00~18:30(라스트오더 18:00까지) **⊖ 휴무** 화요일 **⊜ 메뉴** 고기국수 8,000원, 비빔국수 7,000원, 콩국수 8,000원, 흑돼지퐁당커리 11,000원 **◉ 인스타그램** @seopseop2ne

🚗 Drive tip
제주시 구좌읍 송당리 1379-6 도로변에 주차

☕ 여유롭게 카페
풍림다방

《수요미식회》에서 '제주에서 커피가 가장 맛있는 집'으로 소개되어 꾸준히 인기를 끌고 있는 카페. 최근 일반 주택을 개조한 건물로 이전하면서 공간을 넓히고 주차장을 확보하여 기존보다 더 쾌적하게 커피를 즐길 수 있게 되었다. 진한 라떼 위에 직접 만든 천연 바닐라 빈 크림이 올라가는 시그니처 메뉴인 풍림브레붸는 진한 커피와 부드러운 크림이 어우러져 달콤하고 쌉싸름한 맛이 조화를 이룬다.

◎ **주소** 제주시 구좌읍 중산간동로 2267-4 ◎ **내비게이션** '풍림다방'으로 검색 Ⓟ **주차장** 있음 ☎ **문의** 1811-5775 ◎ **이용 시간** 10:30∼18:00 ◎ **휴무** 연중무휴 ◎ **메뉴** 풍림브레붸 8,000원, 쇼콜라쇼 8,000원, 풍림수제쌍화차 8,000원 ◎ **인스타그램** @pung_lim_dabang

☕ 여유롭게 카페
술의 식물원

40년 된 집을 개조해 만든 카페. 계절별 특색을 담은 수제 맥주를 비롯하여 와인, 사케 등 다양한 주류를 가벼운 안줏거리와 함께 맛볼 수 있다. 와인의 경우 한 병이 아닌 한 잔씩 판매하는 메뉴가 있어 부담 없이 맛보기 좋다. '식물원'이라는 이름처럼 카페 내부는 플랜테리어로 꾸며졌다. 여러 식물이 곳곳에 배치되어 공간과 조화를 이루며 카페를 환하게 만든다.

◎ **주소** 제주시 구좌읍 중산간동로 2253 ◎ **내비게이션** '술의 식물원'으로 검색 ☎ **문의** 070-8900-2254 ◎ **이용 시간** 12:00∼21:00 ◎ **휴무** 수 · 목요일 ◎ **메뉴** 맥파이페일에일 7,000원, 계절맥주 8,000원, 글라스와인 9,000∼10,000원, 커피 메뉴 6,000∼7,000원, 안줏거리 4,000∼6,000원 ◎ **인스타그램** @sulsik_story

🚗 Drive tip
제주시 구좌읍 송당리 1379-6 도로변에 주차

14

탐라행 타임머신에 탑승
번영로

번영로는 제주시에서 서귀포 표선면으로
이어지는 도로다. 옛날 제주 목사가 제주
목에서 정의현까지 말을 타고 행차하면
서 자연스레 만들어진 도로로 제주 도로
의 효시라 할 수 있을 만큼 역사가 깊다.
번영로를 타고 제주 시가지를 벗어나 중
산간 지역을 달릴수록 차창 밖으로 한적
한 풍경이 이어진다. 화산섬의 숨결을 느
낄 수 있는 거문오름과 조선시대의 모습
을 간직한 성읍마을을 향해 달리다 보면
시간을 거스르는 타임머신에 올라탄 것
만 같다.

① **제주세계자연유산센터**
유네스코 3관왕
제주의 자연유산 만나기

인접

② **거문오름**
백록담보다더 큰 거문오름의
분화구 감상하기

8.5km

③ **보롬왓**
드넓게 펼쳐진 꽃밭에서
놀멍 쉬멍 즐기기

6.4km

④ **성읍녹차마을**
녹차동굴에서
나만의 사진 남기기

2.2km

⑤ **성읍민속마을**
옛 제주의 마을을
호젓하게 거닐기

2.1km

⑥ **영주산**
해질 무렵 정상에 올라
따스한 노을 보기

드라이브 명소

번영로 출발점~세계자연유산센터

제주시에서 시작된 번영로는 중산간을 향해 거의 일자로 뻗어 나간다. 시원스럽게 달리며 드라이브를 즐기기 좋다.

보롬왓~성읍마을

길옆으로 중산간의 오름군이 얼핏얼핏 모습을 드러낸다. 길은 어느덧 성읍마을에 다다르고 우거진 가로수 사이로 옛 마을의 고즈넉한 정취를 만난다.

코스 지도

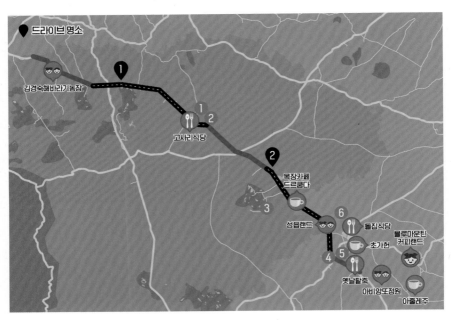

지붕 없는 화산 박물관
제주세계자연유산센터

제주를 '유네스코 3관왕'이라고 부른다는 말을 한 번쯤 들어봤을 것이다. 제주는 섬 전체가 '지붕 없는 화산 박물관'이라 불릴 만큼 독특한 화산섬의 특징을 두루 갖추고 있다. 유네스코는 그 가치를 인정하여 제주를 세계자연유산, 세계지질공원, 생물권보존지역으로 지정하였다.

이곳에서는 '제주 화산섬과 용암동굴'이라는 이름으로 세계자연유산으로 등재된 한라산과 성산일출봉, 거문오름 용암동굴계에 관한 전시를 하고 있다. 화산 폭발로 제주가 형성되는 모습을 연출한 3D 영상, 실제 모습과 흡사하게 재현된 모형들로 이루어진 전시물을 감상하노라면 화산섬의 신비를 실감하게 된다.

가장 인기 있는 전시실은 4D 영상관. 제주의 다양한 설화와 환상적인 자연 풍경을 소재로 하여 실사로 된 4D 입체 영상을 만들었다. 물방울이 튀거나, 바람이 불고 의자가 흔들리는 등의 효과로 실제 폭포를 마주하고 하늘을 나는 듯한 기분으로 만장굴, 비자림, 정방폭포, 한라산 등 제주의 자연을 생동감 넘치게 간접 체험할 수 있다.

📍 주소 제주시 조천읍 선교로 569-36 🧭 내비게이션 '제주세계자연유산센터'로 검색 🅿 주차장 있음 📞 문의 064-710-8981 🕘 이용 시간 09:00~18:00 🚫 휴무 첫째 주 화요일 💰 이용 요금 어른 3,000원, 청소년 및 어린이 2,000원

용암동굴의 어머니
거문오름

거문오름은 '제주 화산섬과 용암동굴'이라는 이름으로 등재된 세계자연유산에서 용암동굴을 대표하는 핵심 명소다. 거문오름에서 분출된 용암이 바다까지 흘러들어 가면서 거대한 용암동굴을 만들었기 때문이다. 당시의 폭발이 얼마나 격렬했으면 거문오름의 분화구가 백록담보다 더 클 정도다. 깊게 파인 분화구 안이 곶자왈로 뒤덮여 오름이 검게 보인다 하여 제주 사람들은 '검은오름'이라고도 불렀다.

용암이 흘러가면서 생긴 협곡을 따라 이어진 거문오름의 탐방 코스는 총 3개다. 정상 코스(1.8km), 분화구 코스(5.5km), 전체 코스(10km) 중 넉넉잡고 3시간이면 완주가 가능한 분화구 코스의 인기가 가장 높다. 먼저 세계자연유산센터에서 출발해 거문오름 분화구를 감상할 수 있는 전망대에 오른다. 전망대를 둘러본 후 분화구로 내려와 용암 협곡을 따라 곶자왈을 걷는다. 평소에 보지 못했던 색다른 식물이 뿌리 내린 곶자왈은 세상과 단절된 원시림에 온 것처럼 신비롭다. 일본군이 만든 갱도 진지, 현무암을 쌓아 올린 숯가마 터, 돌 틈에 생긴 구멍으로 수증기를 내뿜는 풍혈을 지나 세계자연유산센터로 돌아온다.

◉ **주소** 제주시 조천읍 선교로 569-36 ◐ **내비게이션** '제주세계자연유산센터'로 검색 **ⓟ 주차장** 있음 ◑ **문의** 064-710-8980
◉ **이용 시간** 예약할 때 시간 선택(09:00~13:00) ⊖ **휴무** 화요일
◓ **이용 요금** 어른 2,000원, 청소년 및 어린이 1,000원

Travel Tip

거문오름은 생태계 보호를 위해 하루 최대 400명으로 입장객 수가 제한되어 있다. 온라인에서 전 달 1일부터 선착순으로 예약을 받으며, 당일 예약은 불가능하다. 전화 예약의 경우 방문하기 이틀 전에는 신청해야 한다.

일 년 내내 화사한 꽃밭

보롬왓

'보롬'은 바람을, '왓'은 밭을 뜻하는 제주 방언이다. 바람 부는 밭에는 3월부터 11월까지 형형색색의 꽃이 끊이지 않고 피고 지기를 반복한다. 봄을 알리는 튤립과 유채꽃을 시작으로 5월엔 메밀꽃, 6~7월엔 수국과 라벤더, 8~9월엔 다시 메밀꽃, 10~11월엔 맨드라미와 핑크뮬리까지 쉴 틈 없는 꽃 축제가 이어진다. 4~5월에는 보라색 유채꽃이나 삼색 버드나무 등 이색적인 꽃들이 피어나니 어느 계절 하나 놓칠 수 없는 풍경이 계속된다.

보롬왓은 '수국수국한' 6~7월이 가장 화려하다. 밭한쪽으로 수국이 길 따라 아치형으로 길게 이어지기 때문. 수국은 토양 성분에 따라 산성일 때는 파란색 꽃을 피우고, 알칼리성일 때는 자주색 꽃을 피운다. 제주 사람들은 수국의 색이 다양하게 변화하는 것이 변덕스러운 도깨비 마음 같다 하여 '도체비 고장(도깨비 꽃)'이라 불렀다. 보롬왓의 수국은 맑고 깨끗한 파란색을 띤다. 사람 머리보다 높은 곳에서 아래쪽까지 풍성하게 피어난 수국에 파묻혀 도깨비가 된 것처럼 장난스럽게 웃으며 인증 사진을 남겨보자. 수국을 즐기다 보면 여름날의 무더위도 잊을 만큼 청량감이 밀려온다.

🅐 주소 서귀포시 표선면 번영로 2350-104 🅝 내비게이션 '보롬왓'으로 검색 🅟 주차장 있음 🅒 문의 064-742-8181 🅖 이용 시간 09:00~18:00 🅗 휴무 연중무휴 🅦 이용 요금 어른 및 청소년 5,000원, 어린이 3,000원(카페 이용 별도)

녹차밭 아래 숨겨진 동굴

성읍녹차마을

광활하게 펼쳐진 녹차 밭의 초록 잎이 풍경을 싱그럽게 만든다. 녹차 두렁 사이로 들어가 무르익은 잎을 어루만지고 있으면 손끝이 초록으로 물들 것만 같다. 성읍녹차마을에는 최근 인기를 끌며 '녹차 동굴'로 알려진 포토 스폿이 있다. 이 동굴로 가기 위해서는 녹차 밭 옆으로 길 따라 중앙 부근까지 가야 한다. 얕은 오르막길을 지나면 숲처럼 나무들이 둘러싼 곳이 나타난다. 그 틈 사이로 난 내리막길로 가면 동굴이 모습을 드러낸다. 녹차 밭 아래 영화 속 한 장면처럼 근사한 동굴이 숨어있다니 놀라지 않을 수 없다. 물기를 머금은 동굴 안으로 들어가 뒤로 돌아 바깥쪽을 바라보자. 동굴 안은 어두컴컴한데 밖에서 동굴

안으로 들어오는 빛이 주변을 환하게 밝힌다. 사진을 찍는 사람은 동굴 안쪽, 모델이 되는 사람은 빛이 들어오는 동굴 입구에 서서 사진을 찍으면 역광으로 실루엣이 강조되어 신비로운 느낌의 사진을 찍을 수 있다. 다양한 자세를 취하며 자기만의 사진을 남긴다면 더할 나위 없는 추억이 될 것이다.

◉ **주소** 서귀포시 표선면 중산간동로 4778 ◎ **내비게이션** '성읍녹차마을 영농조합법인'으로 검색 ℗ **주차장** 있음 ◉ **문의** 064-787-2254 ◉ **이용 시간** 09:00~18:00 ◯ **휴무** 연중무휴

옛 제주 사람의 삶터

성읍민속마을

조선시대 제주도는 한라산을 중심으로 북쪽의 제주목, 서쪽의 대정현, 동쪽의 정의현으로 행정구역이 나뉘어 있었다. 성읍민속마을은 정의현의 현청 소재지였던 곳으로 세종 때부터 지금까지 자리를 지켜 온 유서 깊은 마을이다. 마을의 입구인 남문, 동문, 서문 앞에는 돌하르방이 각각 4기씩 자리를 지키고 있다. 제주에 지금까지 남은 전통 돌하르방 47기 중 12기가 성읍마을에 있는 셈이다. 정의현의 돌하르방은 넓적하고 둥근 형태이며 다소 퉁명스럽고 무뚝뚝해 보이는 표정이 인상적이다.

돌하르방을 지나 성벽 안으로 들어가면 현감이 있던 관아, 마을의 안녕을 기원하던 당집, 돌집 위에 올린 초가지붕까지 옛 모습을 그대로 볼 수 있다. 현감이 근무하던 근민헌 근처에는 오랜 시간 동안 마을의 버팀목이 되어준 거대한 팽나무와 느티나무 군락이 나타난다. 근민헌 옆에는 마을 사람들이 팽나무를 신목으로 삼아 기왓장 위에 비녀와 구슬 등을 놓고 제사를 지내던 할망당이 있다. 관청과 신당이 함께 있는 모습에 '제주는 신들의 고향'이라는 말이 실감 난다. 돌담길 따라 마을 곳곳을 걸으며 타임머신을 타고 조선시대로 되돌아온 것처럼 시간 여행을 즐겨보자.

⊙ 주소 서귀포시 표선면 성읍리 3294 **⊙ 내비게이션** '성읍민속마을'로 검색 **ⓟ 주차장** 있음 **ⓒ 문의** 064-710-6797 **⊙ 휴무** 연중무휴 **⊜ 이용 요금** 무료

Travel Tip

조성된 민속촌이 아니라 지금까지도 사람들이 전통을 지키며 살고 있다는 점에서 가치가 높다.

신선이 살았다는 오름

영주산

영주산은 성읍민속마을의 뒷산으로 옛날부터 신선이 살았던 오름으로 생각했다. 마을 사람들은 오름 봉우리에 아침 안개가 끼면 비가 내린다고 믿을 만큼 신성한 산으로 여겼다.

주차장에서 정상길 코스를 따라 오른쪽으로 난 능선으로 길을 잡고 오르면 곧이어 계단으로 이어진 등산로가 나온다. 여행자들은 이 길을 '천국의 계단'이라고 부른다. 아래서 올려다보면 끝없이 이어진 계단이 하늘에 닿을 것처럼 보인다 하여 붙여진 이름이다. 여름날에는 계단 양옆으로 산수국이 피어나 꽃길이 되니 정말 천국으로 향하는 느낌이 든다. 연이어 나타나는 계단 경사에 다소 힘에 부칠 수 있다. 이때 잠

시 숨을 고르면서 등 뒤를 돌아보면 동쪽 일대의 풍경이 파노라마처럼 펼쳐진다. 날씨가 맑으면 성산일출봉과 바다가 보일 만큼 전망이 탁 트여 가슴이 벅차오른다. 능선에 올라서면 멀리 한라산이 장대한 능선을 드러내고, 발아래로는 물이 가득 고인 성읍저수지와 넓은 목장의 초원 지대가 나타난다. 해가 질 무렵이면 목장 위로 떨어지는 노을이 따스하고 평온한 빛으로 세상을 물들인다.

◑ 주소 서귀포시 표선면 성읍리 산 18-1 **◐ 내비게이션** '제주 영주산'으로 검색 **ⓟ 주차장** 있음

함께 가볼 만한 곳들을 소개합니다. 당신의 취향은 어느 곳인가요?

아이와 함께
목장카페 드르쿰다

'드르'는 들과 벌판을 뜻하고, '쿰다'는 품는다는 뜻을 가진 제주 방언이다. 이름처럼 평화로운 목장과 쉬어 갈 수 있는 카페를 한 곳에 품은 예스 키즈 존 테마파크다. 아이와 함께 목장에서 뛰어놀며 토끼와 산양에게 먹이를 주며 교감하거나, 카트나 승마 체험을 통해 아이에게 색다른 추억을 심어주기 좋다.

◎ **주소** 서귀포시 표선면 번영로 2454 ◎ **내비게이션** '목장카페 드르쿰다'로 검색 ◎ **주차장** 있음 ◎ **문의** 064-787-5220 ◎ **이용 시간** 09:00~18:00 ◎ **휴무** 연중무휴 ◎ **이용 요금** 체험 승마 10,000원, 중거리 18,000원, 오름코스 35,000원, 카트 1인승 25,000원, 2인승 35,000원

친구&연인과 함께
성읍랜드

'제주' 하면 빼놓을 수 없는 액티비티 놀이 시설을 한 곳에 모은 테마파크다. ATV를 직접 운전하면서 짜릿한 오프 로드를 즐기거나, 말을 타고 제주의 자연을 달리거나, 카트를 타고 속도감을 즐기는 공간으로 구성되어 있다. TV 프로그램에도 종종 등장하는 곳으로 다양한 캐릭터 의상을 입고 재미난 사진을 찍으며 추억을 쌓기에도 좋다. 친구나 연인끼리 제주에 와서 한 번쯤 액티비티를 즐기고 싶은 사람이라면 추천!

◎ **주소** 서귀포시 표선면 번영로 2650 ◎ **내비게이션** '성읍랜드'로 검색 ◎ **주차장** 있음 ◎ **문의** 0507-1335-5324 ◎ **이용 시간** 09:30~18:00(입장 마감 17:00까지) ◎ **휴무** 연중무휴 ◎ **이용 요금** ATV 15분기본코스 30,000원, 30분고급코스 50,000원, 승마 15분둘레코스 30,000원, 20분더블코스 40,000원, 카트 1인용 25,000원

친구&연인과 함께
김경숙해바라기농장

70만 송이의 해바라기가 1만 여평의 대지에 늘어선 제주의 대표 해바라기 명소. 하늘 아래 피어난 샛노란 해바라기가 절정에 달하면 황금빛 물결이 되어 일렁인다. 사람 키만큼 자란 해바라기를 배경으로 기념사진을 찍으면 그만이다. 해바라기가 절정을 이루는 6~7월 경에 방문할 것! 입장료에는 농장에서 파는 농산물로 교환할 수 있는 3,000원짜리 교환권이 포함되어 있다.

⊙ **이용 시간** 09:00~19:00 ⊜ **이용 요금** 5,000원

혼자라면
블루마운틴 커피랜드

다양한 커피 관련 기구와 찻잔이 전시되어 있다. 통유리를 통해 들어오는 햇살을 맞으며 누워서 쉴 수 있는 좌석도 있어서 여유롭게 핸드드립 커피를 즐기기 좋다. 원두 가루가 들어간 티백을 따뜻한 물에 푼 후 발을 담그는 족욕체험 프로그램도 운영 중이다. 발끝에서 올라오는 구수한 커피 향을 즐기며 발의 피로를 풀어준다.

◉ **주소** 서귀포시 성산읍 중산간동로 4255 ◐ **내비게이션** '블루마운틴 커피랜드'로 검색 ℗ **주차장** 있음 ℂ **문의** 064-782-0428
⊙ **이용 시간** 09:30~18:00(족욕은 17:10분까지) ⊝ **휴무** 연말연시
⊜ **이용 요금** 커피족욕체험 12,000원

즐거웁게 미식
고사리식당

제주의 고사리는 줄기가 굵고 식감이 부드러워 다른 지역보다 유명하다. 고사리식당은 제주산 고사리와 함께 갈치와 고등어를 조려낸다. 양념이 과하지 않으면서도 적당히 칼칼하게 간이 배여 있다. 오동통하게 살이 오른 갈치 위에 신선한 고사리를 얹어 먹으면 궁합이 꽤 괜찮다. 반찬으로 따뜻한 계란말이와 고등어구이가 함께 나온다. 기본 반찬부터 메인 음식까지 엄마가 장을 봐온 후 갓 차려준 집밥처럼 깔끔하고 정갈하여 맛이 좋다.

◉ 주소 제주시 조천읍 번영로 1680 **◎ 내비게이션** '고사리 식당'으로 검색 **ⓟ 주차장** 있음 **◎ 문의** 064-783-6564 **◎ 이용 시간** 10:00~17:00 **◎ 휴무** 화요일 **◎ 메뉴** 갈치조림 14,000원, 고등어조림 10,000원, 성게미역국 10,000원

즐거웁게 미식
옛날팥죽

초가지붕을 얹은 외관과 정원에 늘어선 장독대가 옛 풍경을 간직한 성읍민속마을과 잘 어우러진다. 도민들이 찾아오는 팥죽집으로 점점 입소문이 나더니 어느덧 건강한 맛에 끌려 이곳을 찾는 여행자가 많아졌다. 달거나 쓰지 않고 담백함이 돋보이는 팥죽은 입안으로 부드럽게 넘어간다. 팥죽으로 만든 팥칼국수와 직접 담근 된장을 이용해 구수한 맛을 낸 시락국밥은 또 다른 별미다. 소박하고 정겨운 엄마의 손맛이 생각나는 집이다.

◉ 주소 서귀포시 표선면 성읍민속로 130 **◎ 내비게이션** '옛날팥죽'으로 검색 **ⓟ 주차장** 있음 **◎ 문의** 0507-1358-3479 **◎ 이용시간** 10:00~17:00 **◎ 휴무** 월요일 **◎ 메뉴** 새알팥죽(2인분 이상) 9,000원, 팥칼국수 8,000원, 시락국밥 5,000원

여유롭게 카페
초가헌

성읍민속마을에 자리한 카페답게 초가지붕이 얹어진 외관이 눈길을 사로잡는다. 제주에서 명절이나 제사 때 먹는 음식이었던 기름떡이 시그니처 메뉴다. 기름떡은 찹쌀로 반죽한 떡을 기름에 구운 후 설탕을 뿌려 먹는다. 고소하고 달짝지근하니 맛이 좋아 자꾸 손이 간다. 초가헌은 제주에서 생산된 과일을 이용하여 직접 청을 담가 음료를 만든다. 달콤하고 새콤한 맛의 딸기라떼는 기름떡과 궁합이 좋다.

⊙ 주소 서귀포시 표선면 중산간동로 4628 **⊙ 내비게이션** '초가헌'으로 검색 **⊡ 주차장 있음 ⊙ 문의** 010-5172-0666 **⊙ 이용 시간** 10:00~17:30 **⊙ 휴무** 금요일 **⊙ 메뉴** 딸기라떼 6,000원, 딸기바나나스무디 6,000원, 기름떡(3조각) 5,500원, 아메리카노 4,000원 **◎ 인스타그램** @chogaheon_jeju_

여유롭게 카페
아줄레주

포르투갈식 에그타르트를 전문으로 하는 카페. 포르투갈의 독특한 타일 장식인 아줄레주가 하얀색으로 외관에 새겨져 있어 건물 앞에 서면 포르투갈로 여행 온 듯한 기분이 든다. 하루에 4~6번 구워내는 에그타르트는 겉은 바삭하고 속은 촉촉하여 입에 넣은 순간 부드럽게 녹아 없어진다. 서서히 입안으로 단맛이 퍼져 나가며 풍미를 돋군다. 노 키즈 존으로 운영된다.

⊙ 주소 서귀포시 성산읍 신풍리 627 **⊙ 내비게이션** '제주 아줄레주'로 검색 **⊙ 문의** 0507-1411-4052 **⊙ 이용 시간** 11:00~19:00 **⊙ 휴무** 화·수요일 **⊙ 메뉴** 에그타르트 2500원, 아메리카노 5,000원, 제주청귤청에이드 7,000원, 청도 복숭아청에이드 7,500원 **◎ 인스타그램** @jeju_azulejo

15

깊은 숲 깊은 숨
남조로

한라산을 직접 가로지르는 1100도로와
516도로를 제외하고, 제주에서 서귀포를
잇는 여러 중산간도로 중 한라산과 가장
가까운 기슭에 있는 도로가 바로 남조로
다. 도로를 타고 달릴수록 한라산으로 빠
져들 듯 짙은 숲을 만난다. 까마득히 멀
어지는 바다를 뒤로 한 채 '제주의 허파'
라 불리는 곶자왈로 들어선다. 곶자왈에
서 동자석과 숨바꼭질을 하거나 기차를
타고 숲을 만끽하며 제주의 속내를 파고
든다.

코스 한눈에 보기

① **제주돌문화공원**
문인석을 따라 여유롭게 걷기

1.5km

② **에코랜드**
기차 타고 숲 속을 누비기

1.0km

③ **교래자연휴양림**
들어갈수록 점점 짙어지는
초록빛 느끼기

6.0km

④ **사려니숲길(붉은오름 입구)**
하늘 향해 뻗은 삼나무
숲에서 산림욕하기

3.7km

⑤ **물영아리오름**
보기 드문 분화구 습지 찾아가기

드라이브 명소

교래자연휴양림~사려니숲으로 가는 길
일직선으로 뻗은 길이 시원스럽다. 특히 렛츠런팜제주
의 목장 지대가 도로 양옆으로 펼쳐지는 구간이 하이라
이트! 말들과 어깨동무하듯 도로를 달린다.

사려니숲~물영아리오름으로 가는 길
물영아리오름으로 다가갈수록 숲이 짙어진다. 잠시 창
문을 열고 녹음이 진하게 드리운 길을 달리다 보면 청량
감이 온몸으로 밀려온다.

코스 지도

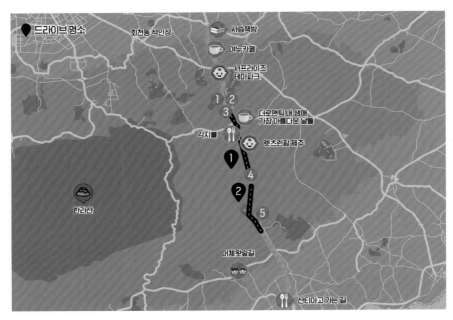

돌에 깃든 제주의 신화와 삶

제주돌문화공원

제주는 화산 폭발로 탄생한 순간부터 돌과 떼려야 뗄 수 없는 관계가 되었다. 돌로 만들어진 섬 위에 사람들이 살면서 돌을 하나둘씩 엎어온 것. 돌을 쌓아 집을 만들고, 밭에는 밭담을, 바다에는 갯담을, 목장에는 잣성을 쌓아서 농사를 짓고 물고기를 잡으며 말을 키웠다. 제주의 풍경과 그 속에 녹아든 제주인의 삶은 모두 돌이 만들었다고 해도 과언이 아니다.

제주돌문화공원은 돌에 깃든 제주의 문화를 만나는 테마파크다. 전설에 따르면 제주를 창조한 설문대할망은 키가 49,000m나 되는 거인이었다. 설문대할망도 결국 죽음에 이르렀는데 자식을 위해 죽을 끓이던 솥에 빠져 죽었다거나, 키가 큰 것을 자랑하다가 물장오리라는 연못에 빠져 죽었다는 두 가지 이야기가 전해진다. 하늘 연못은 설문대할망의 죽음과 관련된 전설 속 솥과 물장오리를 상징적으로 디자인해 만든 것이다. 박물관 위로 고요하게 흐르는 연못이 주변 풍경과 어우러져 투명하고 청명하게 느껴진다. 야외 전시장은 교래자연휴양림의 오름 지대에 조성되었다. 가볍게 숲을 걸으며 숨바꼭질하듯 나타나는 다양한 형태의 문인석과 동자석을 만나는 재미가 쏠쏠하다.

◎ **주소** 제주시 조천읍 남조로 2023 ◎ **내비게이션** '돌문화공원'으로 검색 ℗ **주차장** 있음 ◎ **문의** 064-710-7733 ◎ **이용 시간** 09:00~18:00(입장 마감 17:00) ◎ **휴무** 월요일 ◎ **이용 요금** 어른 5,000원, 청소년 3,500원

하늘연못

제주의 무속 문화
회천동 석인상

제주는 '신들의 땅'이라 불릴 만큼 아주 오래전부터 무속 신앙이 민간 문화의 뿌리를 이루어왔다. 화천사 뒤뜰의 팽나무 아래에 놓여있는 다섯 개의 석인상 역시 제주 무속 문화를 보여주는 유물이다. 옛 회천동에 있던 큰절이 사라지고 마을에 좋지 않은 사건이 연이어 발생하면서 이를 방지하기 위해 마을을 지키는 수호신으로 석인상을 만들었다. 돌을 주어다가 이목구비를 그려 넣은 석인상은 돌하르방과는 또 다른 느낌으로 해학적인 표정을 짓고 있는 것이 특징이다. 일반적인 여행지가 아니라서 찾아오는 사람이 드문 곳이지만, 평소 문화유산 답사 여행을 즐기는 사람이라면 찾아가 볼 만한 제주의 향토 유형 유산이다.

◉ **주소** 제주시 생목수원로 184 ◎ **내비게이션** 화천사 ℗ **주차장** 화천사 바로 옆에 동회천 4.3희생자 위령비가 있다. 화천사와 위령비 사이의 공터에 주차 후 사잇길로 가면 석인상이 나타난다.

🧳 **Travel Tip** 이곳을 방문하고 싶은 사람이라면, 남조로 시작 지점인 조천읍에 있으니 돌문화공원 가기 전에 들러도 좋다.

숲속을 달리는 기차
에코랜드

에코랜드는 1800년대 증기기관차를 모델로 제작된 기차를 타고 곶자왈의 숲속을 누비는 테마파크다. 숲과 숲 사이마다 간이역이 있고, 간이역에는 각각의 주제로 조성된 정원이 있다. 철도가 없는 제주에서 기차를 타고 숲과 정원을 둘러보는 일은 생각만 해도 흥미롭다. 매표소에서 입장권을 끊자마자 설레는 마음을 안고 기차에 오르면 열차는 곶자왈의 숲 터널을 향해 달려간다. 덜컹거리는 차창 밖으로 손을 뻗자 나무에 닿을 듯 숲을 스친다. 호수 위를 거니는 수상 데크, 라벤더와 메밀꽃이 피어나는 꽃밭 등 역마다 만나는 각양각색의 정원은 동화 속에 나오는 풍경처럼 예쁘고 아기자기하게 꾸며졌다. 해설사와 함께 곶자왈을 걸으며 자연과 교감하는 숲 해설 프로그램도 운영한다. 에코랜드의 자연 속에 파묻혀 맑은 바람을 쐬고 있는 것만으로도 힐링이 된다.

⊙ 주소 제주시 조천읍 번영로 1278-169 **⊙ 내비게이션** '에코랜드'로 검색 **ⓟ 주차장** 있음 **⊙ 문의** 064-802-8020 **⊙ 이용 시간** 열차 08:30~17:30(11월~2월 16:30까지) 15분 간격으로 운행, 막차 출발 1시간 후 폐장 **⊖ 휴무** 연중무휴 **⊖ 이용 요금** 어른 14,000원, 청소년 12,000원, 어린이 10,000원

 Travel Tip

기차는 매표소 앞에 있는 메인역에서 출발하여 총 4개의 역을 지나 다시 메인역으로 돌아온다. 한 방향으로만 순환하며 운행하니 역마다 내려 정원을 충분히 즐긴 후에 기차에 탑승하여 다음 역으로 이동하는 것이 좋다.

곳자왈 지대에 뿌리내린
교래자연휴양림

우리나라에서 유일하게 곳자왈 지대에 조성된 휴양림이다. 돌문화공원과 에코랜드에서 만난 곳자왈이 맛보기였다면 교래자연휴양림은 곳자왈로 더 깊숙이 들어가는 본격적 숲 탐방 여행지다.

화산 폭발로 흘러내린 용암이 굳으면서 만들어진 암석은 오랜 세월 동안 부서지고 깨지며 돌무더기로 된 땅을 만들었다. 돌무더기 위로 다양한 식물이 뿌리를 내리고 뒤섞여 살면서 조성된 것이 바로 곳자왈. 휴양림의 산책 코스는 크게 생태관찰로(1.5km)와 오름산책로(2.5km)로 나뉜다. 생태관찰로는 가볍게 걸으며 곳자왈의 식생을 관찰하는 길이고, 오름산책로는 우거진 곳자왈의 숲을 만끽하며 걷는 길이다. 땅에는 돌 위를 뒤덮은 이끼가, 하늘에는 빼곡하게 늘어선 나뭇잎이 숲을 온통 초록으로 뒤덮고 있다. 숲 안

으로 깊이 들어가면 들어갈수록 초록빛은 점점 짙어져 세상에 알려지지 않은 비밀의 숲에라도 온 것처럼 신비로운 느낌이 가득하다. 오름산책로에서 1.4km를 더 가면 큰지그리오름의 정상까지 이어진다. 곧게 뻗은 편백 숲을 지나 정상에서 다다르면 중산간지대에 펼쳐진 광활한 숲과 목장, 오름 군락이 품에 안길 것처럼 펼쳐진다.

◉ **주소** 제주시 조천읍 남조로 2023 교래자연휴양림 ◉ **내비게이션** '교래자연휴양림'으로 검색 ◉ **주차장** 있음 ◉ **문의** 064-710-7475 ◉ **이용 시간** 07:00~16:00(동절기 15:00까지) ◉ **휴무** 연중무휴 ◉ **이용 요금** 어른 1,000원, 청소년 600원

Travel Tip
큰지그리오름 정상까지 다녀오려면 왕복 3시간 이상 소요되니 트레킹화를 신고 갈 것을 권한다.

환상적인 힐링 숲길
사려니숲길(붉은오름 입구)

사려니숲은 제주에서 가장 인기 있는 숲이다. 울창한 삼나무가 하늘 높이 쭉쭉 뻗어 올라가 녹음을 드리운다. 데크를 따라 삼나무 아래를 걸으며 숲길에서 노니는 것만으로도 기분이 상쾌해진다.

사려니라는 이름에는 '신성하다'라는 의미가 담겨 있다. 비가 오거나 안개 낀 날에 숲을 찾으면 왜 그런 이름이 붙었는지 대번에 알게 된다. 안개가 숲 안으로 그윽하고 운치 있게 깔리면서 경이로운 풍경을 자아내기 때문이다. 신령스러운 숲의 모습은 세상과 잠시 단절된 채 오감으로 자연을 느끼도록 만든다. 여행자들은 주로 삼나무 숲 주변만 돌아보고 떠나지만, 숲을 더 온전히 즐기고 싶은 사람이라면 사려니숲에서 출발해 물찻오름의 입구까지 다녀오는 트레킹 코스(왕복 10km, 3시간 소요)를 걸어보는 것도 좋다. 편백나무와 서어나무, 단풍나무 등이 무성하게 자라 울창한 숲을 이루고 있다.

📍 **주소** 서귀포시 표선면 가시리 산158-4 🧭 **내비게이션** '사려니숲길 붉은오름 입구'로 검색 🅿 **주차장** 있음 📞 **문의** 064-900-8800 🕐 **이용 시간** 09:00~17:00 🚫 **휴무** 연중무휴

 Travel Tip

사려니숲의 입구는 두 곳이다. 하나는 비자림로 입구고, 다른 하나는 남조로에 있는 붉은오름 입구다. 비자림로 입구를 이용할 경우 숲에서 2.5km나 떨어진 주차장에 주차 후 숲까지 30분을 걸어가야 하므로 자동차로 여행을 한다면 붉은오름 입구로 가는 것이 좋다. 붉은오름 입구는 숲 바로 앞에 주차장이 있어 접근이 쉽다.

정상엔 습지, 아래엔 초원과 삼나무숲

물영아리오름

화산 폭발로 생성된 오름은 대부분 현무암으로 이루어져 있어 물이 고이지 않고 빠져나가기 마련. 그럼에도 물영아리오름은 분화구에 습지가 있는 보기 드문 오름이다. 장마철에는 호수를 이루다가 계절이 바뀌면 습지가 된다. 신선이 화가 나면 분화구 일대가 안개에 휩싸이고 천둥 번개를 동반한 폭우가 쏟아진다는 전설이 전해질 정도로 주민들은 이 습지를 신성하게 여겼다.

주차장에서 물영아리오름 입구까지는 목장의 울타리를 따라 걷는다. 넓게 펼쳐진 초원이 푸르름을 뽐내고, 소들이 유유자적 풀을 뜯고 있는 풍경은 한없이 평화롭다. 목장을 지나면 울창한 삼나무숲이 나타난다. 어찌나 숲이 우거졌는지 파란 하늘이 보이지 않을 정도로 빽곡하다. 숲을 지나 정상을 향해 가면 어느 순간 호수가 나타난다. 햇살은 잔잔한 물가에 부딪히며 부서지고, 바람은 울창한 숲을 스치며 지나간다.

삼나무숲 사이로 놓인 오르막 계단은 코스는 짧으나 걷기 힘들 정도로 경사가 심하다. 계단으로 가지 말고 오른쪽 능선길을 통해 중잣성과 전망대를 지나 산정 습지를 올랐다가 하산할 때 계단으로 내려오기를 추천한다.

⊙ 주소 서귀포시 남원읍 수망리 산 188 **⊙ 내비게이션** '물영아리오름'으로 검색 **Ⓟ 주차장** 있음 **⊘ 문의** 064-728-6200

 Travel Tip

비오는 날 찾아가도 좋은 곳. 숲 곳곳에 피어나는 물안개가 신비하고 몽환적인 풍경을 만든다.

함께 가볼 만한 곳들을 소개합니다. 당신의 취향은 어느 곳인가요?

동네 책방
사슴책방

일러스트 작가인 주인장이 책을 통해 사람들과 소통하고 싶어서 살던 집을 개조하여 책방을 열었다. 일러스트 작가답게 오로지 그림책으로만 책방을 구성한 것이 특징. 유럽, 미국, 아프리카 등에서 가져오는 해외 서적이 주를 이루고, 일부는 국내 작가의 작품들로 채워졌다. 해외의 독창적이고 이색적인 책들이 많아 볼거리가 풍부하다. 그림을 좋아하는 사람이라면 꼭 가봐야 할 이색 명소다.

○ **주소** 제주시 조천읍 중산간동로 698-71 ○ **내비게이션** '사슴책방'으로 검색 ○ **주차장** 있음 ○ **문의** 010-7402-9077 ○ **이용시간** 12:00~18:00 ○ **휴무** 주말에만 상시 운영. 평일 수~금 하루 전 전화로 예약 후 방문 가능 ○ **인스타그램** @deerbookshop_in_jeju

아이와 함께
서프라이즈테마파크

자동차 부품이나 타이어 등 버려진 폐자원을 활용한 정크 아트를 전시한 테마파크. 트랜스포머를 비롯하여 영화나 만화 속에 등장하는 캐릭터가 주를 이룬다. 작품은 정교하고 세련되게 완성되어 폐자원으로 만들었다고는 생각할 수 없을 만큼 멋지고 화려하다. 일렬로 서 있는 캐릭터들이 금세라도 움직이며 인사를 건넬 것 같아 괜스레 마음이 설렌다.

○ **주소** 제주시 조천읍 남조로 2243 ○ **내비게이션** '서프라이즈테마파크'로 검색 ○ **주차장** 있음 ○ **문의** 064-783-7272 ○ **이용 시간** 09:00~22:00(입장마감 21:00) ○ **휴무** 연중무휴 ○ **이용 요금** 어른 13,000원, 청소년 11,000원, 어린이 10,000원

아이와 함께
렛츠런팜 제주

남조로를 달리다 보면 갑자기 도로 양쪽으로 넓은 목장 지대가 나타난다. 65만 평의 대지에서 어린 말을 관리하여 경주마로 키워내는 렛츠런팜 제주다. 울타리가 둘러진 목장 길을 따라 걷기만 해도 초원 위에서 유유히 노닐고 있는 말들을 만날 수 있다. 목장 안으로 들어가지 않아도 도롯가 옆으로 전망대가 있어서 지나가며 잠깐 들르기에 좋다.

○ 주소 제주시 조천읍 남조로 1660 **○ 내비게이션** '렛츠런팜 제주'로 검색 **Ⓟ 주차장** 있음 **☏ 문의** 064-780-0132 **◎ 이용 시간** 09:00~18:00 **⊖ 휴무** 월 · 화요일

친구&연인과 함께
머체왓숲길

'머체'란 돌이 무더기로 쌓여 있는 곳을 이르는 제주 방언. 다른 숲길에 비해 비교적 덜 알려진 곳이라 '언택트'하게 숲길을 즐기기에 좋다. 안내 센터 앞에 있는 야트막한 동산에는 메밀을 심어 가을이면 마치 눈이 소복하게 쌓인 것처럼 하얀 메밀꽃이 가득 피어난다. 숲길을 걷고 난 후에는 안내 센터에서 족욕으로 발의 피로를 풀어주며 통유리로 들어오는 햇살과 함께 쉬어가기 좋다.

○ 주소 서귀포시 남원읍 서성로 755 **○ 내비게이션** '머체왓숲길'로 검색 **Ⓟ 주차장** 있음 **☏ 문의** 064-805-3113 **◎ 이용 시간** 방문자센터 09:00~18:00 **⊖ 휴무** 연중무휴 **⊖ 이용 요금** 족욕과 차 세트 10,000원, 족욕만 7,000원

즐거웁게 미식
각지불

해물찜과 해물탕, 아구찜과 아구탕을 전문으로 하는
음식점. 제주 내에서 해물찜 요리로 손꼽히는 도민 맛
집이다. 홍합, 전복, 게, 새우, 낙지 등 신선한 해산물
이 콩나물과 함께 양념에 버무려져 나온다. 은은하게
입안에서 맴도는 매콤한 양념 맛은 밥 한 그릇을 순식
간에 뚝딱할 정도로 밥도둑이다. 들깨로 우려낸 하얀
국물에 아귀를 넣고 끓여 시원한 맛을 내는 아귀탕도
별미!

◉ **주소** 제주시 조천읍 남조로 1751 ◉ **내비게이션** '각지불'로 검
색 ◉ **주차장** 있음 ◉ **문의** 064-784-0809 ◉ **이용 시간** 11:30
~20:30(브레이크 타임 15:30~17:30) ◉ **휴무** 연중무휴 ◉ **메뉴**
해물탕 또는 해물찜 대 48,000원, 중 43,000원, 소 38,000원, 아
구탕 또는 아구찜 대 50,000원, 중 45,000원, 소 40,000원

즐거웁게 미식
산티아고 가는 길

사장님 부부가 딸을 데리고 산티아고 순례길을 네 번
이나 다녀온 흔적이 묻어나는 브런치 음식점이다. 순
례길에서 만난 스페인식 문어 요리인 뽈뽀를 우리의
입맛에 맞게 개발하여 덮밥과 파스타로 맛볼 수 있도
록 만든 음식을 내온다. 5,000원을 추가해 세트 메뉴
를 시키면 제주에서 보기 드문 싸이폰 커피와 직접
손으로 휘핑해서 만든 정통 아인슈페너까지 함께 즐
길 수 있으니, 말 그대로 1석 3조의 맛을 경험할 수 있
는 음식점.

◉ **주소** 서귀포시 남원읍 한신로 197 ◉ **내비게이션** '산티아고 가
는길'로 검색 ◉ **주차장** 있음 ◉ **문의** 0507-1305-6131 ◉ **이용
시간** 10:00~16:00 ◉ **휴무** 일요일 ◉ **메뉴** 뽈뽀덮밥 및 뽈뽀파
스타 15,000원, 세트 메뉴 5,000원 추가 ◉ **인스타그램** @santi
agoganeungil

여유롭게 카페
더로맨틱 내 생애 가장 아름다운 날들

파란색으로 된 세련된 외관과 복고풍 내부 인테리어는 중세 유럽의 한 가옥에라도 온 것처럼 로맨틱한 분위기를 만든다. 세트장처럼 꾸며져 사진 찍기 좋은 카페로 입소문이 났고, 최근에는 TV 예능 프로그램인 〈놀면 뭐하니?〉의 촬영지로 등장하면서 더 주목받고 있다. 다양한 음료와 디저트 메뉴가 있는데, 신선한 크림을 재료로 하여 달콤한 맛을 내는 것이 특징이다.

◉ **주소** 제주시 조천읍 교래1길 26 ◉ **내비게이션** '더로맨틱 내 생애 가장 아름다운 날들'로 검색 Ⓟ **주차장** 있음 ☏ **문의** 0507-1411-6348 ◉ **이용 시간** 10:00~20:00 ◉ **휴무** 연중무휴 ◉ **메뉴** 음료 7,000~8,000원, 디저트 메뉴 5,500~7,500원

여유롭게 카페
여누카페

붉은벽돌로 꾸며진 깔끔한 인테리어가 돋보이는 신상 카페. 시그니처 디저트인 찹쌀꽈배기와 핫도그는 갓 구워내 따뜻하고 쫄깃하다. 설탕에 발라진 달콤한 꽈배기를 입으로 베어 물면 부드럽게 녹아 없어진다. 감귤과 바닐라빈이 들어간 달콤한 제주감귤라떼, 사려니숲을 연상시키는 제주 유기농 말차라떼 등이 맛이 좋다.

◉ **주소** 제주시 조천읍 남조로 1842 ◉ **내비게이션** '여누카페'로 검색 Ⓟ **주차장** 있음 ☏ **문의** 064-783-7171 ◉ **이용 시간** 10:00~18:00 ◉ **휴무** 수요일 ◉ **메뉴** 제주감귤라떼 6,000원, 사려니숲라떼 5,500원, 찹쌀꽈배기 1,000원, 여누바케트버커 5,000원 ◉ **인스타그램** @yeonu_jeju

16

오름의 왕국
금백조로+
중산간동로

금백조로는 오름의 왕국으로 가는 특급 열차처럼 오름과 오름 사이를 가로지르며 내달리는 도로다. 차창 밖으로 오름은 순간적으로 가까이 다가왔다가 다시금 멀어지며 '밀당'을 반복한다. 오름의 능선이 마치 파도처럼 짙게 밀려왔다 옅게 흩어지며 매혹적인 풍경을 만든다. 가을이면 오름부터 도로변까지 곳곳에 억새가 가득 피어나 은빛으로 물든다. 제주가 예쁜 건 바다 때문만이 아니었다. 오름 덕이 크다.

① **당오름**
기음력 1월 13일 마을제에 참관해
제주의 신앙 문화 경험하기

4.3km

② **스누피가든**
스누피와 함께 하루 보내기

715m

③ **아부오름**
가장쉽게 올라 가장 멋진
오름 군락 감상하기

1.7km

④ **백약이오름**
정상에 올라 새파랗한
동쪽 바다 바라보기

4.2km

⑤ **제주자연생태공원**
안내소에서 먹이를 받아
노루에게 다가가 보기

11.9km

⑥ **다랑쉬오름**
오르는 길이 가파른 만큼
압도적인 분화구 감상하기

드라이브 명소

아부오름~백약이오름~
제주자연생태공원

금백조로는 크게 굽이치지 않고 쭉 뻗어 나간다. 오름 아래 펼쳐진 초원을 달리며 창밖으로 성큼 다가온 오름 군락을 감상한다. 금백조로에서 연결되는 중산간동로도 별반 다르지 않다. 여전히 오름 지나 또 오름이다.

Drive Map
코스 지도

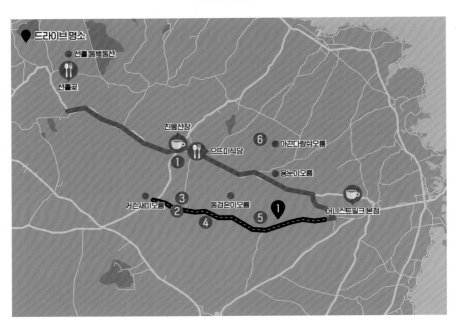

제주 신들의 고향, 송당

당오름

제주는 1만 8000 신들의 고장이다. 불교와 유교 문화가 자리 잡았던 고대 한반도와는 별개로 제주는 토착 신앙이 뿌리 깊게 형성되어 지금까지 이어져온 것. 각각의 마을마다 주민의 안녕과 풍요를 기원하는 당신(본향신)이 있고, 당신을 모시는 본향당이 있다. 본향당을 주로 오름에 만들었기에 제주에서 '당오름'이라 불리는 오름이 여러 개다. 그중 '금백주'라는 여신을 받드는 송당리 본향당이 제주 신화의 원조다. 금백주 여신은 '소로소천국'이라는 남신과 결혼하여 아들 18명과 딸 28명을 낳았고, 그 자손이 번창해 제주 전역으로 흩어져 각자 마을의 당신이 되었다. 당신들은 송당리에서 유년기를 보냈기에 송당리 당오름을 '제주 신들의 고향'이라 일컫는다.

당오름 둘레길(4km, 약 1시간 소요)은 신목 팽나무가 서 있는 송당 본향당 옆으로 난 산책로를 따라 숲을 한 바퀴 돌아 주차장으로 나오는 코스. 신화 속 흥미로운 이야기만큼이나 그윽하게 우거진 숲이 좋은 길이다. 송당리 마을제는 1년에 4번 열린다. 가장 성대한 마을제는 새해를 맞이해 신에게 굿을 지내는 신과세제(음력 기준 1월 13일)이다. 여행자들도 마을제에 참관할 수 있으니 시기가 맞는다면 당오름에 들려 제주의 신앙 문화를 체험해보는 것도 좋은 경험이 될 듯하다.

◉ 주소 제주시 구좌읍 송당리 산99-1 **◐ 내비게이션** '송당본향당'으로 검색 **ⓟ 주차장** 있음(송당리 1570)

Travel Tip

2월 말에서 3월 초에는 오름 산책로에 애기동백이 피어나 신을 만나러 가는 길에 융단을 깔 듯 붉은 꽃을 떨군다.

오름 사이에서 만나는 귀여운 친구

스누피가든

파도처럼 일렁이듯 펼쳐지는 동쪽의 오름 군락 사이에 스누피가든이 들어섰다. 스누피는 미국인 작가 찰스 M.슐츠가 만든 네 컷짜리 만화 《피너츠(Peanuts)》의 주인공인 찰리 브라운의 반려견이다. 1950년부터 시작해 2000년에 생을 마감하기 직전까지 연재할 만큼 세대를 막론하고 미국인의 삶 속에 녹아들며 큰 사랑을 받은 작품이다.

이곳은 제주의 자연과 스누피 캐릭터가 결합한 테마공원. 실내 전시관인 가든하우스와 정원에 조성된 야외가든으로 이루어져 있다. 가든하우스는 '관계', '일상', '사색과 휴식', '행복', '상상'이라는 5개의 테마홀로 구성되었다. 전시관 곳곳에서 만나는 스누피는 "일단 오늘 오후는 쉬자", "인생은 비가 오는 날도 있

고 해가 있는 날도 있지", "잠깐 앉아서 이 경치를 감상해" 등의 메시지를 던진다. 스누피의 따뜻한 말 한마디는 바쁘고 복잡한 삶에 치여 사는 현대인에게 위로가 되어준다. 야외가든은 피너츠의 이야기를 곶자왈 지대에 구현한 공간이다. 스누피가 제주의 숲에서 돌과 바람을 즐기며 탐험하는 듯한 느낌이 든다. 근심과 걱정을 잠시 잊고 피너츠의 주인공이 된 것처럼 스누피와 함께 정원에서 뛰어놀며 휴식을 즐겨보자.

⊙ 주소 제주시 구좌읍 금백조로 930 **◑ 내비게이션** '스누피가든'으로 검색 **ℙ 주차장** 있음 **☎ 문의** 064-1899-3929 **⊕ 이용 시간** 09:00~19:00(10~2월 18:00까지) **⊖ 휴무** 연중무휴 **⊖ 이용 요금** 어른 18,000원, 청소년 15,000원, 어린이 12,000원

누구나 쉽게 올라 즐기는
아부오름

제주의 수많은 오름 중 가장 쉽게 오를 수 있는 오름. 오름의 모양이 어른이 점잖게 걸터앉은 모습이라 '아부(亞父)오름'이라 불렀다는 이야기가 전해진다. 주차장에서 언덕을 오르면 약간 숨찬다 싶을 즈음에 능선에 도착한다. 5분 남짓한 시간 만에 다다른 정상이라 큰 기대를 하지 않았다면 오산이다. 봉긋한 실루엣을 드러낸 동쪽 오름군과 대형 운동장처럼 드넓게 펼쳐진 분화구가 멋진 풍경을 드러낸다. 분화구 중심에는 삼나무가 동그란 띠 모양으로 둘러섰다. 1998년 영화 《이재수의 난》의 촬영을 위해 심은 삼나무가 지금까지 자라면서 이채로운 모습으로 남아 있다. 분화구 안쪽은 마을의 공동 목장으로 이용되는 사유지라 자유롭게 들어가지 못한다. 아부오름과 이대로 헤어지기 아쉽다면 산책로(1.5km, 약 30분 소요)를 따라 오름을 한 바퀴 돌아보자.

📍 **주소** 제주시 구좌읍 송당리 산164-1 🔍 **내비게이션** '아부오름'으로 검색 🅿 **주차장** 있음

풍경이 백 가지
백약이오름

예부터 '백 가지 약초가 자란다'고 해서 '백약이(百藥)'라 불린 오름. 하지만 다시 작명할 기회가 주어진다면 '풍경이 백 가지가 될 만큼 다채로워 백약이'라고 부른다고 말해도 좋을 만하다. 그만큼 백약이오름에서 만나는 장면은 하나하나 놓치기가 아쉬울 정도로 아름답다. 입구부터 완만하게 이어지는 초원은 은은하고 평화롭다. 가을철에는 산책로에 수크령과 향유, 억새들이 앞다투어 꽃을 피운다. 길을 따라 능선에 올라서면 금백조로 일대가 한눈에 담긴다. 녹음이 짙은 숲도 푸르고, 쪽빛으로 반짝이는 바다도 푸르다. 이토록 찬란한 풍경을 보기 위해 이 오름에 올랐지 싶다. 약초를 모르는 사람은 오름 곳곳에 피어나는 야생초가 그저 이름 모를 들풀일 뿐이지만, 눈 앞에 펼쳐지는 황홀한 전망만큼은 마음까지 치유하는 진정한 백약이 되어준다.

현재 백약이오름 정상부가 휴식년제에 들어가면서 2022년 7월 31일까지 출입이 금지된 상태. 능선 전체 구간 중 일부 지역만 제한되는 것이라 오름을 즐기는 데 큰 문제는 없다.

⊙ 주소 서귀포시 표선면 성읍리 산1 **⊙ 내비게이션** '백약이오름'으로 검색 **ⓟ 주차장** 있음

Travel Tip

주차 공간이 협소해 자리가 없을 경우 길 맞은편으로 들어가면 바로 주차 공간이 있다.

인간과 자연의 공생
제주자연생태공원

궁대오름 일대에 세워진 생태공원. 야생동물을 조사하고 연구하는 곳이자 가까이서 관찰하는 체험 학습장이다. 주로 제주 지역의 학교에서 현장 학습으로 많이 찾아온다. 알려지지 않은 곳이라 일반 여행자는 드물게 방문하지만, 의외로 보석 같은 여행지다. 공원에는 날개나 다리가 부러진 매, 독수리, 수리부엉이 등의 맹금류와 야생에서 사고로 상처 입은 노루가 구조되어 사람의 보호를 받으며 살아가고 있다. 안내소에서 주는 먹이를 들고 노루에게 다가가 교감을 시도해볼 수도 있다. 노루가 손에 들고 있는 먹이를 보자마자 아기처럼 귀여운 얼굴을 하고 달려와 입을 내민다. 그 모습을 보며 먹이를 주고 있으면 '자연인'이라도 된 듯 기분이 좋아진다.

야생동물에 관심이 없더라도 궁대오름의 멋진 숲이 여행자를 반긴다. 궁대오름은 분화구의 2/3가 침식되어 둔덕 형태로 남았고, 바깥 둘레 1/3만 남아 마치 활대가 휘어진 모습을 하고 있어 '궁대(弓帶)'라는 이름이 붙은 것. 총 3개의 탐방로 중 중간 길이의 코스인 자연생태공원탐방로(2km, 약 60분 소요)를 걸어볼 것을 추천. 관리 사무소에서 출발하여 오름 정상으로 뻗은 숲을 지나 전망대에 오른 후 성산일출봉과

우도의 모습을 감상하고 다시 관리 사무소로 돌아오는 코스다.

🅞 **주소** 서귀포시 성산읍 금백조로 446 🅞 **내비게이션** '제주자연생태공원'으로 검색 🅟 **주차장** 있음 🅒 **문의** 064-792-4749 🅐 **이용 시간** 10:00~17:00(11~2월 16:00까지 입장) 🅐 **휴무** 연중무휴 🅐 **이용 요금** 무료

오름 왕국의 여왕
다랑쉬오름

금백조로와 중산간동로를 타고 여행하다 보면 유독 도드라진 오름 하나가 눈에 띈다. 동부 오름 군락 중 으뜸으로 손꼽히는 다랑쉬오름이다. 분화구가 오름 위로 달이 뜬 것처럼 보인다 하여 '다랑쉬(한자식으로는 월랑봉(月郞峰))'라 이름 붙었다. 날씬하게 솟아올라 도도하게 뻗은 능선이 아름다워 '오름의 여왕'으로 꼽힌다. 여왕이라는 위엄에 걸맞게 오름을 오르는 길이 꽤 가파르다. 데크가 있어 길은 순탄하나 지그재그 형태로 30분 내내 오르막길을 가야 하므로 제법 힘을 써야 한다.

정상에 서면 움푹 팬 분화구에 고개가 절로 숙어진다. 분화구가 어찌나 깊고 큰지 자연이 만든 콜로세움 같다. 분화구를 바라보고 있으면 안으로 빨려 들어가는 기분이 들 정도로 압도적이다. 분화구는 둘레가 약 1.5km, 깊이는 115m에 달해 백록담의 깊이와 비슷하다. 능선을 따라 걸으면 제주 동부 지역을 아우르는 전망이 이어진다. 한라산의 넓은 품 아래로 수많은 오름이 늘어서 한 폭의 풍경화를 보는 듯하다.

◉ 주소 제주시 구좌읍 세화리 산 6 **◎ 내비게이션** '다랑쉬오름'으로 검색 **ℙ 주차장** 있음

오름, 어디까지 가봤니?
제주 동쪽의 오름

1. 용눈이오름

부드러운 능선이 어머니의 품처럼 포근하게 다가오
는 오름. 능선에 올라서면 동쪽으로 성산일출봉이 보
이는 멋진 조망까지 갖추고 있어 오랫동안 사랑받
아왔다. 찾아오는 사람이 많았던 만큼 훼손이 심해
2021년 2월부터 2년간 휴식년제에 들어가 출입이 금
지되었다. 용눈이오름은 제주를 대표하는 오름이라
소개하지 않을 수 없는 곳이다. 2년 뒤 건강한 모습
으로 돌아올 것이 기대된다.

📍 **주소** 제주시 구좌읍 종달리 산28 🧭 **내비게이션** '용눈이오름'
으로 검색 🅿 **주차장** 있음

제주의 동쪽을 여행하나 보면 오름 군락이 겹겹이 펼쳐지는 신비롭고 아름다운 풍경에 감탄사를 내뿜은 적이 있을 것이다. 오름의 매력에 빠져 오름만을 찾아다니는 여행자들도 있을 정도. 메인 코스에서 소개한 주요 오름과 함께 동쪽의 가기 좋은 오름을 서브 코스로 소개한다.

2. 아끈다랑쉬오름

다랑쉬오름 앞에 있는 작은 오름이라 하여 '아끈'이라는 이름이 붙었다. 다랑쉬오름이 지구라면 아끈다랑쉬오름은 지구의 위성인 달처럼 옆에 붙어 있다. 위용을 자랑하는 다랑쉬오름에 비해 귀엽게 느껴질 정도로 규모가 작지만, 가을철이면 분화구부터 능선까지 오름 전체가 억새로 뒤덮여 그 어느 오름보다 화려한 옷으로 갈아입는다. 키 만큼 자란 억새를 헤집고 다니며 가을 분위기에 흠뻑 젖어 보자.

◑ 주소 제주시 구좌읍 세화리 2593-1 **◐ 내비게이션** '아끈다랑쉬오름'으로 검색 **◉ 주차장** 다랑쉬오름 주차장 이용

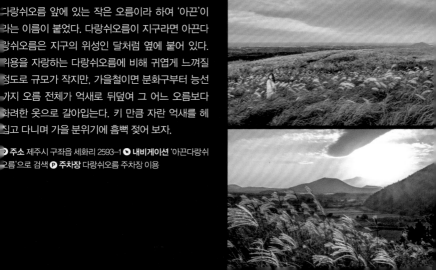

동검은이오름

. 동검은이오름

여러 개의 봉우리와 분화구가 사방으로 뻗어 나간 모
습이 거미를 닮았다 하여 '거미오름'이라고도 불리는
오름. 금백조로를 달리다 동검은이오름에 시선이 이
끌렸다면 거미가 친 거미줄에 걸린 셈이다. 찾는 사
람이 많지 않아 '언택트'하게 오름을 즐길 수 있다. 동
쪽으로는 성산일출봉이, 서쪽으로는 한라산과 오름
그락이 펼쳐지는 시원한 경치가 일품이다.

주소 제주시 구좌읍 종달리 산 70 **내비게이션** '동검은이오
름'으로 검색

Drive tip 길이 매우 좋지 않아 오름 앞까지 차량으로
접근하는 것은 불가능. 설사 가더라도 주차 공간이 없다. 백약이
오름 주차장에 차를 세운 후 도보로 15분 이동하기를 추천

4. 거슨세미오름

한라산 쪽으로 거슬러 흐르는 샘이 있다 하여 '거슨
세미'라는 이름이 붙은 오름. 다소 평범한 초반부 산
책로를 지나 오름을 계속 걷다 보면 갑자기 하늘 높
이 솟은 삼나무와 편백이 늘어선 숲을 만난다. 발걸
음을 늦추고 여유롭게 걸으며 산림욕을 즐길 수 있
다. 나무 사이사이로 햇볕이 들어오며 숲을 밝힌다.
길이 험하지 않아 가볍게 걷기 좋은 오름이며 동검
은이오름과 마찬가지로 찾는 이가 많지 않아 비교적
'언택트'한 오름이다.

주소 제주시 구좌읍 송당리 산 145 **내비게이션** '거슨세미오
름'으로 검색 **주차장** 있음

거슨세미오름

5. 선흘 동백동산

선흘 동백동산은 거문오름에서부터 북오름을 지나 선흘1리까지 이어진 선흘 곶자왈 지대에 있는 숲이다. 동백나무가 늘어선 원시림에는 화산 활동의 흔적이 남아 있는 작은 동굴과 습지가 있다. 주민들은 동백동산의 습지를 '멀리 있는 물'이라 하여 '먼물깍'이라 부르며 상수도가 보급되기 전까지 식수로 활용했다. 사람의 손길이 닿지 않은 원시림은 햇빛조차 들어오기 힘들 만큼 우거졌다. 탐방 안내소에서 출발해 숲을 지나 습지에 들렀다가 서쪽 입구를 통해 다시 탐방 안내소로 돌아오는 원점 회귀 코스는 3.5km 구간으로 약 1시간 20분이 소요된다.

◎ **주소** 제주시 조천읍 선흘리 산12 ◎ **내비게이션** '선흘 동백동산'으로 검색 ◎ **주차장** 있음 ◎ **이용 시간** 09:00~18:00 ◎ **휴무** 연중무휴
◎ **이용 요금** 무료

HOW TO
오름 투어 이렇게 하세요!

❶ **일정을 넉넉하게** — 여유롭게 돌아보려면 한 오름당 소요 시간을 최소 1~2시간은 잡아야 한다.

❷ **운동화는 필수, 등산화는 선택 사항** — 책에 소개된 오름은 대부분 산책로가 잘 갖춰져 있어 등산화는 없어도 된다. 그래도 많이 걸어야 하므로 발이 편한 운동화를 준비한다.

❸ **물 & 간식거리 준비** — 주변엔 편의 시설이 드물어 미리 먹을거리를 챙기는 것이 좋다.

❹ **미리 몸속을 시원하게 비워야** — 오름에 들어서면 화장실은 없다. 미리 주차장 화장실을 이용할 것.

❺ **쓰레기는 내 가방으로** — 오름에 쓰레기를 버리지 않는 매너는 꼭 지키자.

함께 가볼 만한 곳들을 소개합니다. 당신의 취향은 어느 곳인가요?

즐거웁게 미식
선흘곶

오로지 쌈밥정식 단일 메뉴만을 파는 음식점. 모든 식재료는 제주산 아니면 국내산을 쓴다. 쌈밥정식을 시키면 고소한 돔베고기(수육)와 짭조름한 고등어구이를 메인 음식으로 10여 가지의 깔끔한 밑반찬과 어우러진 근사한 한정식 밥상이 나온다. 쌈에 돔베고기와 각종 채소를 올리고 그 위에 마지막으로 갈치속젓을 얹어 먹으면 제주의 향과 맛이 입안에서 은은하게 맴돈다.

◎ **주소** 제주시 조천읍 동백로 102 ◎ **내비게이션** '선흘곶'으로 검색 Ⓟ **주차장** 있음 ◎ **문의** 064-783-5753 ◎ **이용 시간** 10:30~20:00 ◎ **휴무** 화요일 ◎ **메뉴** 쌈밥정식 17,000원, 돼지고기 추가 10,000원, 고등어 추가 8,000원

즐거웁게 미식
으뜨미식당

탕수식으로 만든 우럭 튀김으로 오래전부터 도민 맛집으로 자리한 식당. 우럭을 튀긴 후 양파를 크게 썰어 얹고 그 위에 간장을 베이스로 해서 만든 양념과 고춧가루를 뿌려 우럭탕수를 완성한다. 잘 튀겨진 우럭은 겉은 바싹하고 속살은 촉촉하다. 양념이 우럭에 잘 배어나 매콤하고 달콤한 맛이 동시에 나며 양파의 아삭한 식감까지 더해져 입안이 즐겁다. 우럭 정식은 2인 이상만 주문이 가능하고 노키즈존으로 운영 중이다.

◎ **주소** 제주시 구좌읍 중산간동로 2287 ◎ **내비게이션** '으뜨미식당'으로 검색 ◎ **문의** 064-784-4820 ◎ **이용 시간** 09:00~15:30 ◎ **휴무** 목요일 ◎ **메뉴** 우럭정식(2인 이상) 13,000원, 한치물회(2인이상) 15,000원, 전복해물뚝배기 12,000원, 육계장(2인 이상) 10,000원

🚗 **Drive tip**

식당 앞 갓길에 주차

여유롭게 카페
카페 동백

커다란 통유리를 통해 비치는 제주의 밭과 오래된 창고가 그림 같은 풍경을 만든다. 창가 앞에 앉아 액자 같은 배경을 뒤로하고 인증 사진을 찍는 것이 인기를 끈 카페이다. 일반 라떼와 달리 에스프레소와 연유만으로 맛을 내어 진한 단맛과 진한 커피 맛이 섞인 카페 봉봉. 허브의 한 종류인 홀리 바질(Holy Basil)을 이용한 인도식 허브차 툴씨가 눈길을 끈다. 디저트 메뉴인 당근케이크, 치즈케이크, 티라미수는 부드러운 맛으로 커피와 좋은 궁합을 이룬다.

⊙ 주소 제주시 조천읍 동백로 68 **⊙ 내비게이션** '카페 동백'으로 검색 **⊙ 주차장** 있음 **⊙ 문의** 070-4232-3054 **⊙ 이용 시간** 10:00~17:00 **⊙ 휴무** 일 · 월요일 **⊙ 메뉴** 카페봉봉 6,000원, 툴씨 6,000원, 동백 치즈케이크 6,000원, 동백 티라미수 6,000원 **⊙ 인스타그램** @jeju_deerlodge

여유롭게 카페
어니스트밀크 본점

한아름목장에서 직접 운영하는 카페로 목장에서 생산한 원유로 모든 유제품을 만든다. 1층의 유가공장에서 제품을 생산하여 2층의 카페로 바로 올라오기 때문에 신선도가 보장된다. 생딸기, 무화과베리, 천혜향 등으로 만드는 과일 요거트가 꾸덕꾸덕하여 맛이 좋다. 매일 오후 2시와 4시에는 카페 앞에 있는 송아지에게 우유를 먹이는 체험도 할 수 있다. 건물 외관이 우유곽 모양으로 디자인되어 귀엽다.

⊙ 주소 서귀포시 성산읍 중산간동로 3147-7 **⊙ 내비게이션** '어니스트밀크 본점'으로 검색 **⊙ 주차장** 있음 **⊙ 문의** 070-7722-1886 **⊙ 이용 시간** 10:00~18:00 **⊙ 휴무** 연중무휴 **⊙ 메뉴** 순수밀크아이스크림 4,000원, 목장우유 4,000원, 요거트 종류 5,000~7,000원 **⊙ 인스타그램** @honest_milk

17

한라산의 관대한 품속
516도로

516도로는 1100도로처럼 한라산을 가로
질러 제주와 서귀포를 잇는 도로다. S자
로 굽이치는 도로를 따라 한라산의 넓은
품에 쏙 안기듯 달린다. 한라산이 깊은
속내를 하나씩 꺼내 보여주며 여행자마
저 자연의 일부로 만든다. 제주마를 만나
고, 짙은 숲을 달리고, 다원에서 힐링하
는 내내 한라산을 지키는 산신이 우리 곁
을 지켜주는 듯하다. 잠시 오디오를 끄고
창밖을 열어 한라산이 들려주는 이야기
에 귀를 기울여보자.

 ① 산천단

500년 넘게 제주를 지킨
곰솔나무 감상하기

3km

 ② 관음사

수많은 불상 사이 걷기

7.1km

 ③ 한라생태숲

제주 도민들과
한적하게 산책하기

834m

 ④ 제주마방목지

한라산을 배경으로 뛰어노는
제주마 만나기

8.3km

 ⑤ 516도로 숲터널

짙은 숲 향기 맡으며
드라이브하기

12.5km

 ⑥ 휴애리자연생활공원

4월, 온실에서 길러낸
수국 전시 경험하기

5.2km

 ⑦ 서귀다원

보물처럼 숨겨진 차밭에서
차 마시며 힐링하기

Drive Point
드라이브 명소

한라생태숲~제주마방목지
도로 양옆으로 이어진 목장에서 제주마들이 유유자적 노닌다. 부드럽게 뻗은 길을 따라 말들과 함께 경주하듯 달리며 한라산을 향해 나아간다.

516도로 숲터널~516도로 끝 지점
성판악휴게소를 지나면서부터는 구불구불 내리막길이 이어진다. 숲 터널을 지나면 어느 순간 서귀포의 바다가 시야에 들어온다. S자로 이어지는 내리막길이니 항상 안전에 유의할 것.

Drive Map
코스 지도

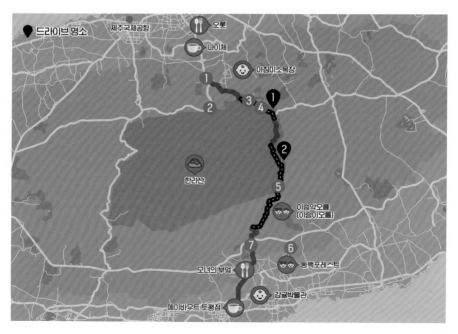

한라산을 지키는 산신

산천단

아주 오래 전, 제주에 부임하는 신임 목사는 2월에 한라산 백록담에 올라 산신제를 지냈다. 그때마다 짐꾼들은 제물을 지고 험한 산길을 걸어 올라야 했다. 한겨울 추위까지 겹쳐 얼어 죽거나 다치는 사람이 많았다. 1470년에 부임한 이약동 목사는 산신제의 폐단을 해결하기 위해 지금의 자리에 산천단을 만들어 산에 오르지 않고 이곳에서 제사를 올렸다. 산천단에는 당시 만들어진 제단과 제단을 둘러싼 곰솔나무 8그루가 호위하듯 서 있다. 우리 조상들은 하늘에서 신이 내려올 때 큰 나무에서 쉬었다고 믿었다. 신령한 기운이 깃들어서일까 곰솔나무는 여전히 힘차고 위용 넘치는 모습이다. 수령이 500~600년 된 곰솔나무가 500

년이 넘는 세월 동안 제주의 평화를 기원하며 묵묵히 자리를 지키고 있었다고 생각하니 든든하다.

516도로는 제주에서 한라산을 넘어 서귀포로 가는 도로다. 험준한 516도로를 드라이브하는 동안 별 탈 없이 여행할 수 있도록 산신께 안전을 기원해보자. 이번 여행에서 산신단을 처음으로 가야 하는 필연적인 이유다.

⊙ 주소 제주시 아라일동 392-7 **⊙ 내비게이션** '산천단'으로 검색 **⊙ 주차장** 있음 **⊙ 문의** 064-728-8662 **⊙ 이용 시간** 08:30 ~18:00(동절기 09:00~17:30) **⊙ 휴무** 연중무휴

불상이 늘어선 이국적인 사찰

관음사

관음사 하면 가장 먼저 떠오르는 것은 불상. 일주문부터 천왕문까지 이어진 길 양옆으로 삼나무가 늘어섰고, 그 아래로 수많은 현무암 불상이 놓여있다. 우리나라의 사찰에서 볼 수 없는 낯선 분위기라 외국의 사찰에라도 온 것처럼 이국적이다. 천왕문을 지나 사찰 안으로 들어가도 계속 불상이 나타난다. 대웅전 왼쪽에 대형 미륵불이 있는 마당에는 미륵불 뒤로 수많은 불상이 서 있다. 워낙 불상이 많다 보니 불교를 믿지 않는 여행자는 위압감마저 느껴질 수 있지만, 불상에는 누군가의 소망이 담겨 있으므로 편한 마음으로 보면 된다. 관음사는 4.3사건의 아픔을 겪은 사찰이기도 하다. 한라산으로 들어가는 입구에 있는 요충지인 만큼 이곳에서 무장대와 토벌대의 격전이 벌어지면서 사찰이 전소되었다. 이후 1969년에 한라산의 입산 금지가 풀리면서 지금의 모습을 되찾았다.

◉ 주소 제주시 산록북로 660 **◐ 내비게이션** '관음사'로 검색 **ⓟ 주차장** 있음 **☏ 문의** 064-724-6830

Travel Tip

관음사는 템플스테이도 운영 중이므로 하루쯤은 사찰에서 쉬어가는 것도 추천할 만하다.

TRAVEL SPOT
3

여행 중 피크닉
한라생태숲

한라생태숲은 1970년대부터 목장으로 사용되어 나무 한 그루 없이 휑한 곳이었다. 2000년대 들어서야 초지에 나무를 심고 숲을 만들기 시작했고, 10년 가까이 공을 들인 끝에 2009년에 한라생태숲을 개원했다. 여기에는 난대성 식물부터 고산지대 식물까지 독특한 수직 생태계를 가지고 있는 한라산의 풍경을 그대로 옮겨 놓았다. 숲에는 무성하게 자란 나무들과 나무 위에 둥지를 튼 새들이 지저귀는 소리가 울려 퍼진다. 숲이 조성된 지 오래지 않았다는 사실이 믿기지 않을 만큼 나무가 우거졌다. 한라생태숲은 여행자들보다는 제주 시내에 사는 도민들이 더 많이 찾아온다. 도심의 번잡함을 피해 한적한 숲으로 소풍 오

는 것. 봄에는 목련을 시작으로 벚꽃, 참꽃(진달래)이 피어난다. 꽃이 지고 나면 새싹이 돋는 신록의 아름다움을, 가을에는 숲 곳곳에 내려앉은 화려한 단풍을 만난다. 걷는 것을 좋아하는 사람이라면 생태숲을 찾아 여유로운 시간을 보내기 좋다.

○ **주소** 제주시 516로 2596 ▷ **내비게이션** '한라생태숲'으로 검색 ℗ **주차장** 있음 ○ **문의** 064-710-8688 ◎ **이용 시간** 09:00 ~18:00(동절기 17:00까지) ○ **휴무** 연중무휴 ○ **이용 요금** 무료

제주마가 한가롭게 초원을 누비는

제주마방목지

516도로를 따라가다 보면 길옆으로 갑작스레 광활한 목장이 나타난다. 잠시 차를 세우고 가까이 다가서면 초원 위로 수많은 말들이 한라산을 배경으로 유유히 풀을 뜯고 있는 이국적인 풍경이 펼쳐진다. 제주를 다니다 보면 길가에서 목장을 자주 보긴 하지만, 이렇게나 많은 말들이 모인 곳은 드물다.

제주마방목지에 있는 말들은 천연기념물로 지정된 제주마다. 순수한 혈통의 제주마를 방목하며 기르고 있는 것. 제주마는 일반 말보다 덩치가 작고 귀엽다. 멀리서 풀을 뜯고 있는 말을 보면 장난감 같다. 조선 시대까지만 하더라도 제주마는 2만여 마리가 넘을 만큼 많았다. 시대가 변하면서 지금은 1000여 마리 남짓이 남아 그 명맥을 유지하고 있다. 겨울에는 추위를 피해 축사에서 지내다가 4월경에 방목지로 나온다.

◉ 주소 제주시 516로 2480 **◉ 내비게이션** '제주마방목지'로 검색
ⓟ 주차장 있음

Travel Tip

경관이 빼어난 제주의 10곳을 뽑은 영주십경(瀛州十景) 중 제10경이 고수목마(古藪牧馬, 풀밭에서 기르는 말)이다. 옛 선조들도 목장에서 말들이 뛰어다니는 모습을 아름답게 여겼다.

숲이 만들어낸 천연 터널
516도로 숲터널

제주마방목지를 지나면 구불구불 이어지는 도로를 타고 한라산 자락을 오른다. 1100도로와 마찬가지로 제주에서 가장 험한 도로이므로 항상 안전에 유의해야 한다. 비가 많이 오는 날이나 눈이 쌓인 날은 516도로를 피해 가는 것이 좋다. 516도로에서 가장 높은 곳에 있는 성판악휴게소는 한라산 백록담을 산행하는 사람들의 베이스캠프다. 2021년부터 한라산 성판악–관음사 코스가 사전 예약제로 변경되었기 때문에 이전보다는 비교적 한적하다.

성판악휴게소를 지나고부터는 서귀포 시내를 향해 가는 내리막길이다. S자로 회전하며 도로를 달리다 보면 얼마 지나지 않아 숲 터널이 나타난다. 약 1.2km의 구간 동안 우거진 나무가 도로 위를 터널처럼 감싸고 있다. 어찌나 잎이 무성한지 햇볕조차 잘 들어오지 않을 정도로 그늘이 짙다. 숲 터널은 푸른 잎이 드리우는 봄과 여름도 좋지만, 단풍 옷을 입는 가을이 가장 화려하다. 길 따라 선 나무들이 오색 빛으로 물들며 황홀한 드라이브 코스가 된다. 단, 516도로에는 주차할 수 있는 공간이 아예 없어 오로지 드라이브로만 즐겨야 한다. 교통에 방해되지 않을 정도로만 속도를 늦춘 채 창문을 열고 숲의 상쾌한 공기를 만끽해보자.

◉ 주소 제주시 조천읍 516로 1865(성판악휴게소) **◉ 내비게이션** '516도로숲터널'로 검색

🚗 Drive tip

성판악휴게소를 지나 서귀포 방향으로 내려가다 보면 나타난다.

수국이 수북수북

휴애리자연생활공원

휴애리자연생활공원에서는 사계절 내내 꽃 축제가 열린다. 2~3월 매화를 시작으로, 4~7월에는 수국, 9~10월에는 핑크뮬리, 11~1월은 동백까지 꽃길이 이어지는 것. 이중 하이라이트는 수국이다. 수국밭의 규모도 크고 파랑, 연분홍, 보라색 꽃까지 종류도 다양하다. 형형색색으로 공원을 화사하게 물들이는 수국 꽃길은 한마디로 매혹적이다. 공원 곳곳에 수국이 가득해 동화 속 꽃 나라에 온 듯하다. 어디서 사진을 찍더라도 인생 사진 포인트가 된다.

제주의 수국은 보통 6월 중순에서 7월 초까지 피지만, 휴애리에서는 4월부터 수국을 만날 수 있다는 것이 가장 큰 매력이다. 온실에서 길러낸 수국을 화분

에 옮겨 4월부터 전시하기 때문이다. 수국 시즌에 제주를 여행하지 못하는 여행자라면 그 아쉬움을 휴애리에서 달래기에 충분하다.

ⓞ 주소 서귀포시 남원읍 신례동로 256 ◯ 내비게이션 '한라생태숲'으로 검색 ⓟ 주차장 있음 ◑ 문의 064-732-2114 ◉ 이용 시간 09:00~18:00(입장 마감 4~9월 17:30, 10~3월 16:30) ◯ 휴무 연중무휴 ◯ 이용 요금 어른 13,000원, 청소년 11,000원, 어린이 10,000원

Travel Tip

꽃뿐만 아니라 감귤따기체험(10~1월), 동물먹이주기체험, 흑돼지야놀자 공연 등 다양한 즐길 거리도 공원 내에 마련되어 있다.

싱그러움이 가득한 비밀의 녹차밭

서귀다원

서귀다원은 516도로를 다 내려올 때쯤 도로 옆에 있다. 도로에서는 안쪽에 있는 차밭이 보이지 않아 입구를 그냥 지나치기 쉽다. 차를 우회전하여 다원으로 들어서는 순간 보물처럼 숨겨진 차밭이 드러난다. 현무암으로 쌓아 올린 돌담과 차밭이 어우러진 풍경에 감탄사가 절로 나온다. 80대 노부부가 손수 밭을 가꿔 정겨움이 가득 넘치는 다원이다. 차밭 위로는 한라산이 넓은 품을 드러내고, 다원은 그 품에 포근히 안긴 듯하여 아늑함이 더해진다.

어떤 계절에 가도 변하지 않는 초록빛 덕분에 마음 깊숙한 곳까지 싱그러움으로 채울 수 있는 힐링 포인트다.

 주소 서귀포시 516로 717 ● **내비게이션** '서귀다원'으로 검색 **P 주차장** 있음 ● **문의** 064-733-0632 ● **이용 시간** 09:00 ~17:00 ● **휴무** 연중무휴 ● **입장료** 5,000원(찻값 포함)

🧳 Travel Tip

다원에 세워져 있는 종을 발견할 것이다. 주인장 부부를 다원 어디에서도 만날 수 없을 때, 이 종을 조심스레 울려보자. 짠하고 나타나실지도.

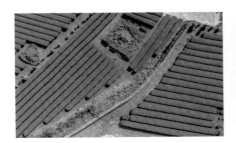

다원 속의
작은 찻집

차밭 중간의 돌담 너머에 찻집이 있다. 입장료 5,000원에 찻값이 포함되어 녹차와 황차, 귤정과가 나온다. 차
의 맛도 깔끔하고 양도 푸짐하다. 귤을 껍질 채 설탕과 물엿으로 졸여 만든 귤정과는 입안에서 달콤하게 녹아
내려 차와 궁합이 좋다. 창밖으로 펼쳐진 차밭을 말없이 바라보며 차를 마시는 것만으로도 신선이 된 듯하다.

함께 가볼 만한 곳들을 소개합니다. 당신의 취향은 어느 곳인가요?

아이와 함께
아침미소목장

한라산 해발 400m 자락에 1978년부터 40년이 넘는 세월 동안 대를 이어온 목장. 아침미소목장이 주목받은 이유는 자판기에서 우유를 뽑아 송아지에게 먹이는 체험을 할 수 있기 때문이다. 송아지가 어찌나 맛있고 힘차게 우유를 빨아들이는지 순식간에 한 통을 비운다. 목장에서 생산한 친환경 우유로 만든 유제품을 파는 카페도 인기가 많다. 푸른 방목지 앞에 서서 소와 함께 사진도 남겨볼 것!.

○ **주소** 제주시 첨단동길 160-20 ● **내비게이션** '아침미소목장'으로 검색 **P** **주차장** 있음 ● **문의** 064-727-2545 ⊙ **이용 시간** 10:00~17:00 ○ **휴무** 화요일 ○ **이용 요금** 송아지우유먹이 3,000원, 동물먹이주기 2,000원, 수제요구르트(500ml) 5,000원

아이와 함께
감귤박물관

제주 특산물인 감귤의 역사와 문화에 관한 박물관. 세계감귤전시장에는 한국, 유럽, 미국 등 세계 각지에서 자라는 다양한 귤을 온실에 심어 두었다. 귤의 종류가 이토록 많았다니 놀라울 정도다. 호박만 한 귤, 손가락처럼 갈라진 귤, 쭈글쭈글 주름진 귤 등 그 모습도 각양각색이라 구경하는 재미가 쏠쏠하다. 11월 초순부터 12월 초순 사이에는 1인 5000원에 감귤따기체험 프로그램도 운영한다.

○ **주소** 서귀포시 효돈순환로 441 ● **내비게이션** '감귤박물관'으로 검색 **P** **주차장** 있음 ● **문의** 064-767-3010 ⊙ **이용 시간** 09:00~18:00 ○ **휴무** 연중무휴 ○ **이용 요금** 어른 1,500원, 청소년 1,000원, 어린이 800원

 친구&연인과 함께
동백포레스트

겨울 제주 여행의 핫플레이스 중 하나, 11월부터 2월까지 동백 포레스트는 붉은 동백이 꽃잎을 떨구며 몽환적인 풍경을 만든다. 둥글게 잘 가꾼 동백나무 사이에서 숨바꼭질하듯 돌아다니며 동백에 아름다움에 빠져본다. 입구에 있는 카페 건물의 큰 창 앞에 앉아 동백을 배경으로 사진을 찍는 포토존은 번호표를 뽑고 기다려야 할 만큼 인기다. 건물 옥상에 올라가면 동백 군락이 한눈에 내려다보인다.

 주소 서귀포시 남원읍 생기악로 53-38 **내비게이션** '동백포레스트'로 검색 **P 주차장** 있음 **문의** 0507-1331-2102 **이용 시간** 10:00~18:00(11월 중순~2월 중순까지만 동백숲 운영) **휴무** 연중무휴 **이용 요금** 어른 및 청소년 4,000원 초등학생 3,000원

친구&연인과 함께
이승악오름(이승이오름)

목장 사이로 난 오름으로 향하는 길이 예쁘다. 한라산을 배경으로 곧게 뻗은 직선 길에 벚나무가 늘어섰다. 도민들만 아는 벚꽃 명소였는데, 최근에는 SNS를 통해 여행자들에게도 알려지기 시작했다. 입구의 길도 예쁘지만 오름의 산책로도 좋다. 정상을 오르지 않고 가볍게 순환 코스를 걷는 것만으로도 울창하고 고요한 숲을 즐길 수 있다. 코스는 2.5km로 약 40~50분이 소요된다.

주소 서귀포시 남원읍 신례리 산2-1 **내비게이션** '이승악오름' 또는 '이승이오름'으로 검색 **P 주차장** 있음

즐겁게 미식
오롯

도민들이 대기줄을 설 정도로 독특한 메뉴와 담백하고 고소한 맛이 돋보이는 비빔밥집. 버터에 볶은 게우(전복내장) 소스에 전복과 달걀 프라이를 올린 전복게우비빔밥, 직접 담은 멍게젓에 톳, 오이, 양파를 올려 참기름을 둘러 먹는 멍게젓비빔밥, 손수 양념한 청어 알을 각종 채소와 매콤하게 비벼 먹는 청어알비빔밥 등이 메뉴다. 깔끔한 밑반찬까지 더해져 가게 이름처럼 모자람 없이 온전한 식사를 맛볼 수 있다.

○ 주소 제주시 신설로11길 2-10 **▶ 내비게이션** '제주 오롯'으로 검색 **☎ 문의** 010-9487-1664 **◎ 이용 시간** 11:30~20:00(월요일 11:30~14:00) **● 휴무** 화요일 **■ 메뉴** 전복게우비빔밥 13,000원, 청어알비빔밥 12,000원, 멍게젓비빔밥 12,000원 **◎ 인스타그램** @orot_boo

🚗 Drive tip
가게 뒤 공영 주차장에 주차
(주소 제주시 아라이동 3008-1)

즐겁게 미식
모녀의 부엌

제주가 좋아서 제주에 눌러앉은 모녀가 제주의 산과 들이 키워낸 나물과 청정 바다의 먹거리를 한상에 담아내는 식당. 고사리, 표고, 취나물, 유채, 당근 등 제주 전역에서 난 나물을 씹고 맛보는 재미가 쏠쏠하다. 밥을 반 이상 먹고 난 후 남은 나물을 밥에 넣고 비벼 먹으면 건강한 한 끼 식사가 된다. 재료가 한정적이라 식당을 이용하려면 꼭 방문 하루 전에는 전화로 예약하고 가야 한다.

○ 주소 서귀포시 516로 472 **▶ 내비게이션** '모녀의부엌'으로 검색 **☎ 문의** 064-733-0011 **◎ 이용 시간** 11:00~15:00 **● 휴무** 일요일 **■ 메뉴** 한라산을품은제주나물 한상 18,000원 **◎ 인스타그램** @516_kitchen

🚗 Drive tip
가게 뒤쪽 도로 갓길에 주차

☕ 여유롭게 카페
나이체

가게 이름은 '해가 산꼭대기에 있는 한낮'이라는 의미다. 에스프레소를 주재료로 다양하게 변주된 음료를 즐길 수 있는 카페. 에스프레소에 바닐라 빈 크림과 카카오를 토핑해 달콤쌉싸름한 맛을 즐기게 해주는 '치페치릿'과 에스프레소에 블렌딩 우유를 섞고 바닐라 빈 크림을 올려 먹는 '나이체라떼'가 대표 메뉴이다. 수제로 만든 바닐라 빈 크림이 백미. 쑥절미 휘낭시에, 블루베리 크림치즈 크럼블 등 매일 구워내는 독특한 디저트들도 눈길을 끈다.

⊙ 주소 제주시 인다6길 35 1층 **⊙ 내비게이션** '나이체'로 검색 **⊙ 주차장** 매장 옆 공영주차장 이용 **⊙ 문의** 064-722-0635 **⊙ 이용 시간** 08:00~18:00(토,일요일 10:00~18:00) **⊖ 휴무** 월요일 **⊖ 메뉴** 치페치릿 3,500원, 나이체라떼 6,000원, 디저트류 2,500~4,500원 **⊙ 인스타그램** @nyitse.jeju

☕ 여유롭게 카페
에이바우트 (A'BOUT COFFEE) 토평점

에이바우트 카페는 제주에서 시작된 커피 프랜차이즈 브랜드. 2016년에 한라대점 론칭을 시작으로 제주에서 빠르게 자리를 잡았고, 2019년에 서울과 경기 지역에 지점을 내면서 전국으로 영역을 넓혔다. 2021년 7월 기준으로 전국에 51개 매장이 운영 중인데 제주에만 35개의 매장이 있다. 에이바우트의 특징은 음료를 주문하면 디저트 1개를 무료로 고를 수 있다는 점. 토평점의 경우 통유리창을 통해 한라산 뷰를 감상할 수 있다는 것이 장점!

⊙ 주소 서귀포시 516로 73 **⊙ 내비게이션** '에이바우트커피 토평점'으로 검색 **⊙ 주차장** 있음 **⊙ 문의** 064-762-1110 **⊙ 이용 시간** 07:00~22:00 **⊖ 휴무** 연중무휴 **⊖ 메뉴** 아메리카노 4,900원, 돌코롱푸른 하귤티 6,700원, 하이앤드자몽티 6,900원 **⊙ 인스타그램** @a.boutcoffee

18

구름 마중을 나가는 길
1100도로

1100도로는 한라산을 굽이굽이 도는 싱그러운 숲길로 이루어져 있다. 쭉쭉 뻗은 삼나무와 울창한 소나무를 지나 활엽수들이 연이어 나타난다. 고지가 높아질수록 차창 너머 서늘한 공기가 전해진다. 창문을 열고 한라산의 맑은 공기를 마시며 달리다 보면 어느새 1100m 고지에 다다른다. 봄의 신록, 여름의 시원함, 가을의 단풍, 겨울의 눈꽃을 만나는 최고의 숲길 드라이브 코스다.

① 넥슨컴퓨터박물관
애플의 최초 컴퓨터 구경하기

1.1km

② 한라수목원
온실과 대나무숲 거닐며 휴식하기

2.5km

③ 제주도립미술관
특별한 추억이 될 전시회 감상하기

10.5km

④ 어승생악
정상에 올라 한라산의
장대한 능선 바라보기

6.8km

⑤ 1100고지 휴게소
겨울, 눈꽃 핀 나무 아래서 사진 찍기

6.8km

⑥ 서귀포자연휴양림
자동차 타고 휴양림 둘러보기

13km

⑦ 도순다원
싱그러운 녹차밭에서
에너지 충전하기

Drive Point
드라이브 명소

1100도로

구불구불 이어지는 도로를 따라 한라산 자락을 한 칸씩 오를 때마다 파란 하늘이 가까이 다가온다. 손을 뻗으면 백록담이 닿을 듯 높고도 높다. 단, 왕복 2차선의 구불구불한, 제주에서 가장 험한 도로 중 하나이므로 중요한 건 첫째도 안전 둘째도 안전이다.

Drive Map
코스 지도

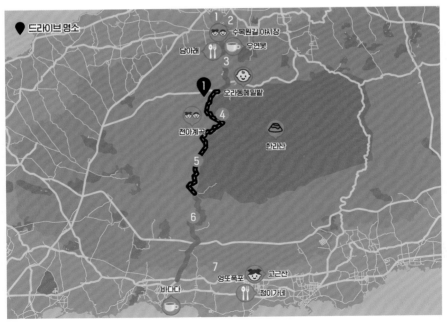

애플의 초기 컴퓨터를 만나는 디지털 놀이터

넥슨컴퓨터박물관

스마트폰이 대중화되면서 삶의 패러다임이 크게 변했다. 이제는 스마트폰이 없는 세상이 상상되지 않을 정도다. 더 이전 시대로 돌아가 본다면, 아마도 컴퓨터가 발명되기 전과 후로 우리의 삶이 나뉘지 않을까? 컴퓨터로 인해 세상은 디지털화되었고, 이는 결국 인류 문명을 바꿔 놓을 만큼 발전했으니 말이다. 넥슨컴퓨터박물관은 컴퓨터의 역사를 살펴보는 전시 공간과 게임을 통해 디지털 체험을 해보는 놀이 시설로 구성되어 있다. 전시물 중에서 가장 눈에 띄는 것은 애플에서 만든 세계 최초의 개인용 컴퓨터 Apple1이다. 애플의 공동 창업자인 스티브 잡스와 스티브 워즈니악이 수작업으로 만든 제품이다. 최초로 모니터와 키보드를 지원하여 오늘날 컴퓨터의 모습

을 완성했다. 당시 생산된 200여 대 중 현재까지 작동이 되는 것은 단 6대로 그중 1대가 이 박물관에 전시되어 있다. 나무로 된 Apple1 케이스는 최근에 레트로 버전으로 만든 것이라고 해도 믿을 만큼 심플하고 깔끔한 감성이다. 게임 체험 공간에서는 오락실에서 하던 게임부터 최근의 3D 게임까지 다양한 게임을 직접 해볼 수 있다. 소싯적 게임 좀 해봤다 싶은 사람들에겐 천국 그 자체!

⊙ 주소 제주시 1100로 3198-8 NXC센터 **⬆ 내비게이션** '넥슨컴퓨터박물관'으로 검색 **🅿 주차장** 있음 **☎ 문의** 064-745-1994 **⊙ 이용 시간** 10:00~18:00(홈페이지를 통해 방문 예약) **⊝ 휴무** 월요일, 매해 3월 휴관 **⊝ 이용 요금** 메가티켓 어른 8,000원, 청소년 7,000원, 어린이 6,000원

제주 도심 속 한가로운 쉼터

한라수목원

제주의 최대 번화가인 신제주를 빠져나오면 그리 멀지 않은 광이오름에 조성된 한라수목원이 나타난다. 도심에서 5~10분 거리에 있고 무료 입장이어서 제주시에 사는 도민들의 오아시스 같은 휴식처다. 제주에만 자생하는 희귀 식물이 많아 환경부로부터 '멸종위기 식물 서식지 외 보전 기관'으로 지정될 정도로 깊은 숲을 간직하고 있다.

제주의 자생식물과 더불어 편백나무, 대나무 숲, 온실 등을 거닐며 삼림욕을 즐기기에 그만이다. 혼자여도 좋고 친구나 연인과 걸어도 좋다. 수목원 입구에서 조금만 걸어 올라가면 아담한 온실에 도착한다. 구상나무, 제주고사리삼 등 제주도의 자생식물이 전시되어 있으니 꼭 온실에 들려보자. 전시관 뒤로는 굵은 대나무가 우거진 숲이 이어진다. 사계절 내내 푸른 대나무 덕분에 겨울에 찾아와도 청량감이 느껴진다. 대나무 숲에서 탐방로를 따라가면 솔이끼, 꼬리이끼, 깃털이끼 등 여러 종의 이끼를 심어둔 이끼원에 닿는다. 푸릇푸릇한 이끼가 초록색 비단을 깔아놓은 것처럼 예쁘다.

ⓞ 주소 제주시 수목원길 72 **ⓝ 내비게이션** '한라수목원'으로 검색 **ⓟ 주차장** 있음(주차비 2시간 기준 기본료 1,000원, 초과 30분당 500원) **ⓒ 문의** 064-710-7575 **ⓒ 이용 시간** 09:00~17:00 **ⓒ 휴무** 연중무휴 **ⓒ 이용 요금** 없음

Travel Tip

규모가 크기 때문에 출발 전에 안내도를 보고 미리 코스를 짜는 것이 좋다.

제주의 정서를 꽉꽉 눌러 담은
제주도립미술관

1100도로를 타고 한라산으로 올라가다 보면 신비의 도로가 나온다. 신비의 도로로 진입하는 길옆에 제주도립미술관이 있다. 노출 콘크리트 건물로 설계된 미술관이 연못에 비치면서 물 위에 떠 있는 듯 보인다. 제주의 하늘, 물, 그리고 빛이 어우러진 미술관의 모습은 그대로 한 폭의 그림이다. 잔디 정원에는 해녀, 현무암 같은 제주의 자연을 담은 조형물들이 설치되어 있다. 제주의 문화와 정서가 녹아든 미술관은 더없이 고즈넉하다.

실내 전시 공간과 옥외 전시장에서 작품을 감상하며 휴식과 산책을 즐길 수 있도록 꾸며져 있다. 여유로운 시간을 보내며 미술관이라는 그림 안으로 들어가 보자. 전시관 내에 마련된 장리석기념관에는 제주를 대표하는 화백인 장리석 화백이 기증한 작품이 전시된다. 예술가의 눈과 손을 거친 제주의 색다른 모습이 또 다른 감동을 준다.

⊙ 주소 제주시 1100로 2894-78 **ⓝ 내비게이션** '제주도립미술관'으로 검색 **ⓟ 주차장** 있음 **☎ 문의** 064-710-4300 **◎ 이용 시간** 09:00~18:00(매표 마감 17:30) **⊝ 휴무** 월요일 **⊜ 이용 요금** 어른 2,000원, 청소년 1,000원, 어린이 500원

작은 한라산
어승생악

제주도립미술관에서 나와 승마장과 목장을 지나면 본격적으로 1100도로가 시작된다. 깊어지는 숲을 따라가다 어리목휴게소로 빠진다. 어리목으로 진입하는 숲길도 나름 호젓해서 드라이브하기에 좋다. 휴게소 주차장에 차를 세우고 한라산 등산 코스가 아닌 탐방 안내소로 간다. 탐방 안내소 뒤로 어승생악으로 가는 등산로가 나타난다. 등산로는 시작부터 계단으로 이어진 오르막길이다. 하지만 길이 거칠지 않고 코스가 짧아 정상까지 넉넉잡고 왕복 1시간~1시간 30분(길이 1.3Km 내외)이면 다녀올 수 있다. 정상에서는 한라산의 장대한 능선이 한눈에 펼쳐진다. 백록담 아래로 깊은 골짜기를 이룬 모습이 웅장하다. 구름이 없고 맑은 날에는 서쪽 중산간 지대와 제주 시

내의 풍경도 감상할 수 있으니 가벼운 산행으로 한라산의 풍경을 만끽하고 싶은 사람에게 최적화된 코스다. 어승생악에는 일제가 태평양 전쟁 말기에 설치한 군사시설이 남아있어 우리의 슬픈 역사를 보여주는 오름이기도 하다.

⊙ 주소 제주시 해안동 산220-12 **◐ 내비게이션** '어리목휴게소'로 검색 **ⓟ 주차장** 있음 **◐ 문의** 064-713-9953 **◉ 이용 시간** 11~2월 06:00~16:00, 3~4월 & 9~10월 05:30~17:00, 5~8월 05:00~18:00 **⊜ 이용 요금** 주차비 1,800원

제주 최고의 눈꽃 명소
1100고지 휴게소

어리목휴게소 진입로를 나와 다시 한라산 방향으로 길을 잡아 거친 오르막을 10분 남짓 달리면 정상인 1100고지휴게소에 닿는다. 우리나라에서 해발 1,000m 위를 차로 달릴 수 있는 도로는 극히 드물다. 짧은 시간에 이토록 높은 곳에 올라올 수 있다는 사실이 믿기지 않을 정도. 1100고지를 경계로 북쪽으로는 제주, 남쪽으로는 서귀포가 된다. 1100도로는 가을이면 오색 단풍으로 옷을 갈아입고, 겨울에는 하얀 눈꽃이 피어나는 겨울왕국이 된다. 눈이 어찌나 많이 내리는지 한라산 전체를 솜으로 덮은 듯하다. 강설량이 많을 때는 안전을 위해 도로는 통제된다. 적설량에 따라 차종이 제한되며 도로에 진입하려면 바퀴에 체인 장착은 필수다. 눈이 그친 다음 날 올라가도 1100고지의 차가운 공기 덕에 눈꽃이 남아있으므로 타이밍을 잘 맞춰볼 것!
휴게소 길 건너편에 난 은밀한 산책로에는 1100고지 습지가 있다. 지형적으로 물이 잘 고이지 않는 제주에서 이렇게 높은 곳에 습지가 있는 것만으로도 신비스럽다. 데크가 놓인 산책로를 따라 생명의 숲길을 걸어보자.

◉ **주소** 서귀포시 1100로 1555 ◉ **내비게이션** '1100고지 휴게소'로 검색 ◉ **주차장** 있음 ◉ **문의** 064-747-1105 ◉ **이용 시간** 08:30~19:00

Travel Tip

1100도로를 오가는 240번 버스는 체인을 달고 운행하니 눈꽃을 꼭 보고 싶은 사람은 시내에서 버스를 타고 가는 방법도 있다. 단, 버스도 강설량이 많아지면 운행 중지한다는 사실!

TRAVEL SPOT
6

드라이브로 즐기는 삼림욕

서귀포자연휴양림

'휴양림에서 삼림욕을 즐긴다'고 하면 사람들은 으레 숲길을 걷는 것을 떠올린다. 서귀포자연휴양림은 특이하게도 정문 매표소부터 후문 출구까지 3.8km 길이의 차량 순환로가 조성되어 있다. 난대, 온대, 한대의 수종이 어우러지는 한라산 특유의 생태숲을 발품 팔지 않고 자동차 드라이브로 삼림욕을 즐긴다니! 상상만 해도 근사한 코스다. 매표소에서 입장권을 끊고 순환로를 따라 천천히 차를 몬다. 이런 숲까지 와서 빨리 달릴 필요가 없는 일. 그저 서서히, 그저 여유롭게, 그저 느긋하게 운전하며 창문을 열고 숲의 상쾌한 향기를 만끽하자. 숲을 걷고 싶을 땐 차량 순환로 중간중간마다 나타나는 주차 공간에 차를 멈추면 된다. 잠시 차를 세워두고 숲길을 걷다 돌아와 다시 차를 타고 이동하는 것도 별난 체험이다.

법정악전망대 입구 주차장에 주차 후 전망대 산책로(620m)를 따라 법정악전망대로 간다. 백록담에서 시작되어 서귀포에서 마라도까지 이르는 전망을 보노라면 갑갑한 속이 뻥 뚫리는 듯하다. 차량 순환로의 마지막 코스는 편백숲 야영장이다. 곧게 뻗은 편백나무 사이로 호젓하게 산책을 즐기기 좋다. 캠핑 장비가 있는 사람이라면 예약을 하고 편백숲에서 하룻밤

을 보내는 것도 멋진 추억이 될 것이다.

📍 **주소** 서귀포시 영실로 226 🔍 **내비게이션** '서귀포자연휴양림'으로 검색 🅿 **주차장** 있음(주차료 경형 1,500원, 중소형 3,000원, 대형 5,000원) 📞 **문의** 064-738-4544 🕐 **이용 시간** 09:00~18:00(입장마감 17:00) 💰 **이용 요금** 어른 1,000원, 청소년 600원, 어린이 300원

🚗 Drive tip
차량 순환로는 일방통행이므로 주차 공간이 아닌 곳에 차를 세우면 안 된다.

한라산 아래 펼쳐진 짙푸른 녹차밭
도순다원

마지막 코스는 1100도로를 벗어나 중산간서로를 타고 간다. 제주 여행을 검색하다가 한라산을 배경으로 짙푸른 녹차 밭이 펼쳐진 사진을 본 적이 있을 것이다. 한 폭의 풍경화를 보는 듯한 아름다운 차밭의 정체는 설록도순다원이다. 지금이야 제주하면 연상되는 것 중 하나가 녹차일 정도로 차 재배 문화가 발달했지만, 그 역사는 그리 오래되지 않았다. 아모레퍼시픽의 창업자인 서성환 회장이 1979년에 한라산 기슭의 버려진 돌무지 땅 16만 평을 개간하여 만든 도순다원이 제주 최초의 다원이었다. 이듬해 설록차를 발매하고, 이후 오설록 브랜드가 성장하면서 현재는 차밭이 서광다원, 한남다원까지 합쳐 100만 평이 넘을 만큼 규모가 커졌다.

도순다원 안에 들어서면 녹차가 산자락을 따라 오르락내리락하며 끝없이 펼쳐진다. 찻잎이 햇살을 받아 반짝일 때마다 싱그러움이 퐁퐁 피어오르는 듯한 느낌을 받는다. 차밭 위로 한라산이 보이는 포인트까지 가려면 입구에서 한참이나 안쪽으로 들어가야 하지만 푸르고 시원한 풍광 덕에 전혀 지루하지 않다. 찾아오는 이가 많지 않아 고요하고 평화롭다.

◉ **주소** 서귀포시 중산간서로356번길 152-41 ◉ **내비게이션** '도순다원' 또는 '설록다원도순'으로 검색 ◉ **문의** 064-739-0419

🚗 Drive tip

관광지가 아니어서 주차장이 없고 길이 좁다. 입구 근처에 있는 여유 공간에 바짝 붙여서 주차해야 한다. 입구가 막혀있지 않으면 차로 다원 안으로 들어갈 수 있으나 관광객을 위한 주차 공간은 없으니 통행에 방해가 되지 않도록 잘 주차해야 한다.

비오는 날이라면
엉또폭포

평상시에는 물이 흐르지 않다가 비 올 때만 마법처럼 나타나는 폭포이다. 한라산에 70mm 이상 비가 와야 폭포를 볼 수 있다. 비가 내리기 시작하면 서서히 물줄기가 피어나고 강수량이 많아질수록 점점 규모가 커진다. 날씨가 흐리고 폭우가 쏟아질 땐 여행자들에게 즐거운 일이 아니지만, 아이러니하게도 엉또폭포의 절경을 마주하는 유일한 기회이기도 하다. 주차장에서 탐방로를 따라 걸어가면 어느 순간 물소리가 숲에 울려 퍼진다. 길 끝에서 마주한 엉또폭포의 거대한 규모에 깜짝 놀란다. 높이가 50m에 이르러 정방폭포보다 2배 가까이나 크다. 폭포는 위용을 과시하듯 우렁찬 물소리를 내며 떨어지고, 미스트를 뿌리는 것처럼 사방으로 물방울이 튄다. 비가 그친 뒤 하루가 지나면 언제 그랬냐는 듯 폭포가 사라진다. 여행 중 만난 비에 움츠러들지 말고 엉또폭포의 찰나를 마주해보자.

◎ **주소** 서귀포시 강정동 5628 ◐ **내비게이션** '엉또폭포'로 검색 ❷ **주차장** 있음

함께 가볼 만한 곳들을 소개합니다. 당신의 취향은 어느 곳인가요?

아이와 함께
오라동메밀밭

9~10월 제주를 여행하다보면 곳곳에서 피어나는 메밀꽃을 만난다. 제주의 많은 메밀밭 중에서도 가장 대표적인 곳은 오라동메밀밭. 1100도로에서 잠시 벗어나 산록북로를 타면 나타난다. 광대하게 펼쳐진 메밀밭도 아름답고, 이곳에서 내려다보이는 풍경도 매력적이다. 눈앞에는 하얀 메밀꽃이, 꽃 뒤로는 푸른 바다와 제주 시내가 한눈에 들어오는 것. 봄에는 유채꽃이나 청보리를 심기도 한다.

◉ **주소** 제주시 오라2동 산76 ◐ **내비게이션** '오라동 메밀밭'으로 검색 ℗ **주차장** 있음 ◉ **이용 시간** 해마다 꽃피는 시기에 따라 유동적으로 개방(4~5월 유채꽃&청보리, 9~10월 메밀꽃) ⊖ **이용 요금** 2,000원

친구&연인과 함께
수목원길 야시장

한라수목원 옆에 있는 수목원 테마파크 정원에 들어서는 야시장. 일 년 내내 야시장이 열려 제주에서 가장 화려하고 활기찬 밤거리가 펼쳐지는 곳이다. 푸드트럭과 소나무 사이에는 조명이 설치되어 밤을 밝히고, 곳곳에 놓인 좌판과 테이블에서는 음식 파티가 벌어진다. 고인돌고기, 스테이크, 생과일주스 등 개성 있는 먹거리들이 눈과 입을 동시에 사로잡는다.

◉ **주소** 제주시 은수길 69 ◐ **내비게이션** '서귀포자연휴양림'으로 검색 ℗ **주차장** 있음 ☎ **문의** 064-742-3700 ◉ **이용 시간** 18:00~22:00

친구&연인과 함께
천아계곡

제주 최고의 단풍 스팟. 1100도로에서 어승생 제2수
원지 방향으로 길게 난 외길을 따라 들어가면 나타난
다. 가을이면 계곡 따라 즐비하게 늘어선 나무들이 오
색 단풍으로 옷을 갈아입는다. 과거에는 주로 도민들
만 찾는 단풍놀이 장소였다면, 최근 SNS를 타고 인기
를 끌면서 많은 관광객이 찾아오는 단풍 핫플레이스
가 되었다. 단풍 성수기 때는 찾는 이에 비해 주차 공
간이 협소하니 되도록 아침 일찍 가기를 추천한다.

◎ **주소** 제주시 해안동 산 217-12 ◐ **내비게이션** 앞의 '주소'로 검
색 ℗ **주차장** 어승생수원지 입구 오른쪽 내리막길로 가면 주차 공
간 있음

혼자라면
고근산

설문대할망이 한라산 정상부를 베개 삼고, 고근산 분
화구에는 궁둥이를 얹어 범섬에 다리를 걸치고 누워
서 물장구를 쳤다는 전설이 있는 오름이다. 삼나무와
편백이 둘러싼 상쾌한 숲길을 지나 능선에 다다르면
서귀포부터 산방산과 송악산까지 서남부 일대의 해
안선이 파노라마로 펼쳐진다. 정상 전망대에서는 한
라산의 장대한 산세가 손에 닿을 듯 가까이 늘어선
풍경을 감상할 수 있다.

◎ **주소** 서귀포시 서호동 1287 ◐ **내비게이션** '고근산'으로 검색
℗ **주차장** 있음

Drive tip
주차장을 지나 길을 따라 언덕 위로 조금 더 올라가 등산로 입구
근처에 주차할 것을 추천한다. 아스팔트 도로 언덕을 걷지 않고
바로 숲길로 들어갈 수 있다.

즐겁게 미식
담아래

제주산 신선한 재료를 이용해 건강하고 개성 있는 음식을 내오는 식당. 주메뉴인 간장딱새우밥, 한라버섯밥, 꿀꿀김치밥, 뿔소라톳밥은 각각 개성 있으면서도 건강하고 담백한 맛을 자랑해 하나만 고르기 어려울 정도다. 주문 시 5000원을 추가하여 담아래정식으로 업그레이드하면 돔베고기 3점과 가지튀김 4조각이 함께 나오는데, 촉촉한 가지튀김이 별미이니 정식을 주문할 것을 추천!

주소 주시 수목원길 23 1층 **내비게이션** '담아래 본점'으로 검색 주차장 건물 뒤로 **P 주차장** 있음 **문의** 0507-1310-5917 **이용 시간** 11:00~20:00(라스트오더 ~18:30) **휴무** 일요일 **메뉴** 간장딱새우밥 15,000원, 한라버섯밥 11,000원, 꿀꿀김치밥 12,000원, 뿔소라톳밥 11,000원, 정식은 단품 메뉴에 5,000원 추가

즐겁게 미식
정이가네

신서귀포에 있는 소한마리국밥집으로 찾아오는 손님이 대부분 도민인 국밥 맛집. 사골육수에 고기육수를 함께 넣고 진하게 우린다. 요리 과정에서 발생하는 소기름은 99% 제거하고 직접 제조한 고추기름을 사용하여 고소하고 칼칼한 맛을 낸다. 양지, 차돌박이, 아롱사태 등 여러 부위의 고기를 넉넉하게 넣어 식감도 다양하다. 제주에서 얼큰한 음식을 먹고 싶은 날에 찾아가기 좋은 식당!

주소 서귀포시 신동로27번길 23 **내비게이션** '정이가네'로 검색 **문의** 0507-1346-9868 **이용 시간** 08:30~20:00 **휴무** 수요일 **메뉴** 소한마리국밥 9,000원(특 11,000원), 보말칼국수 8,000원, 수육 소 19,000원

🚗 Drive tip
서귀포시 법환동 744-4 공영주차장에 주차 또는 가게 앞 서귀로 갓길에 주차

☕ 여유롭게 카페
우연못

어린 시절 어머니와 차를 마시던 주인장의 따뜻한 추억이 성인이 될 때까지 이어졌고, 중국 유학 생활을 하면서 더 깊어진 차에 대한 애정으로 제주에서 티하우스를 시작했다고. 차 연구 끝에 제주의 자연을 음미할 수 있는 블렌딩 티를 개발했다. 나이트오브곶자왈, 서귀오름, 제주브렉퍼스트 등 메뉴 이름만 들어도 그 맛이 궁금해지는 차가 많다. 아늑한 분위기 속에서 차를 음미하며 마음의 안정과 평온함을 느껴보자.

◎ **주소** 제주시 은수길 110 2층 ◎ **내비게이션** '우연못'으로 검색 ℗ **주차장** 있음 ☎ **문의** 064-712-1017 ◎ **이용 시간** 11:00~19:00 ◎ **휴무** 연중무휴 ◎ **메뉴** 블렌딩티 7,000원, 하우스티 4,000원, 하우스티+단호박케이크 8,000원 ◎ **인스타그램** @wooyeonmot.teahouse

☕ 여유롭게 카페
바다다

바다다는 중문관광단지가 시작되는 대포항 인근 바닷가에 있다. 이름처럼 카페 정원 앞으로 푸른 바다가 가없이 펼쳐진다. 소나무 숲과 바다가 어우러진 이국적인 풍경은 제주의 어느 아름다운 바다에도 뒤지지 않는다. 가격은 다소 비싼 편이지만 바다를 한없이 바라보며 커피와 칵테일, 브런치를 맛볼 수 있다. 낮이 아닌 밤에 찾아와 칵테일과 함께 제주 밤바다를 즐겨보는 것도 별미다.

◎ **주소** 서귀포시 대포로 148-15 ◎ **내비게이션** '바다다'로 검색 ℗ **주차장** 있음 ☎ **문의** 064-738-2882 ◎ **이용 시간** 10:30~19:00 ◎ **휴무** 연중무휴 ◎ **메뉴** 아메리카노 8,000원, 카페라떼 9,000원, 바닐라라떼 10,000원 ◎ **인스타그램** @vadada.jeju

19

개성 있게 솔직하게 힙하게
평화로

제주공항에서 시작해 서남쪽 끝 마을인 대정읍을 향해 중산간을 가로지르는 길이 평화로다. 곧게 뻗어 나가는 도로에는 신호등도 없고 과속방지턱도 없어 시원스럽게 달릴 수 있다. 달리다 보면 오름과 목장, 바다가 차창 가득 펼쳐진다. 전원 풍경 사이사이로는 제주의 핫플레이스로 떠오른 테마파크들이 진수성찬처럼 차려진다. 저마다 개성 가득한 테마파크는 우리를 원더랜드로 이끈다.

코스 한눈에 보기

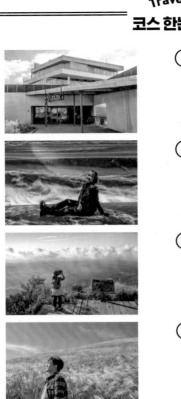

① 9.81파크
카트에 몸을 싣고
속도감 즐기기

4.9km

② 아르떼뮤지엄
몰입형 미디어아트를 배경으로
감성 사진 찍기

6.5km

③ 큰노꼬메오름
정상에 올라
한라산의 산세 감상하기

6.9km

④ 새별오름
3월, 제주 들불축제 참여하기

10.3km

⑤ 피규어뮤지엄
하루쯤 해맑은 아이가
되어보기

2.5km

⑥ 카멜리아힐
동백 꽃송이가 깔린
산책로 걷기

3.4km

⑦ 세계자동차&피아노박물관
올드카의 매력에
빠져보기

드라이브 명소

아르떼뮤지엄~새별오름

아르떼뮤지엄에서 나와 다시 평화로로 진입하려면 좁게 난 어림비로를 탄다. 도로 옆으로 이름 모를 억새밭이 끝없이 이어진다. 갓길에 차를 잠시 세우고 억새밭을 거닐어보자.

새별오름~피규어뮤지엄

평화로의 중간 지점을 지나면 내리막길이 시작된다. 어느새 산방산이 신기루처럼 눈앞에 다가서고 멀리 제주의 서남 끝, 대정읍의 바다가 고개를 내밀기 시작한다.

코스 지도

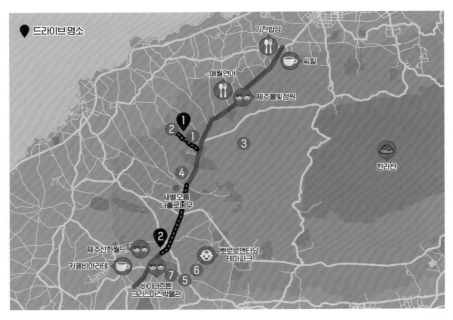

📍 드라이브 명소

기찬밥상 / 씨힐 / 애월연어 / 제주불빛정원 / 한라산 / 새별오름 나홀로나무 / 제주신화월드 / 카페비아라테 / 뽀로로앤타요 테마파크 / 바이나흐튼 크리스마스박물관

325

짜릿한 스피드
9.81파크

9.81파크의 카트는 엔진을 사용하지 않고 무동력으로 움직인다. 높이 차이에 의해 발생하는 중력으로 속도를 낼 수 있도록 코스가 설계된 것. 탑승자는 오로지 브레이크와 핸들로만 조작한다. 동력이 없으니 속도가 얼마나 빠를까 싶지만, 초급 코스에서는 시속이 40km, 고급 코스에서는 시속이 60km까지 나온다. 카트가 출발하여 트랙을 막 진입할 때는 천천히 움직이다가 가속을 받기 시작하면 순식간에 앞으로 튀어 나가며 바람을 가른다. 코스를 달리는 시간은 고작 1분 남짓, 짧은 순간이지만 중력에 몸을 맡기고 있노라면 온몸으로 전해지는 짜릿한 스피드에 쾌감이 밀려온다. 핸드폰에 9.81파크 앱을 설치하고 QR 코드를 이용해 입장권을 등록하여 나의 주행 영상과 기록을 실시간으로 확인할 수 있다는 것도 9.81파크만의 장점이다. 최신식 설비와 짜릿한 코스로 인해 제주에 있는 수많은 카트장 중 가장 핫한 곳으로 떠올랐다.

◉ **주소** 제주시 애월읍 천덕로 880-24 ◉ **내비게이션** '981파크'로 검색 ◉ **주차장** 있음 ◉ **문의** 1833-9810 ◉ **이용 시간** 09:00~18:20(레이싱 18:00까지, 입장마감 17:40) ◯ **휴무** 월요일 ◯ **이용요금** 981풀패키지 49,500원, 레이싱3+스포츠랩3 39,500원

 Travel Tip

실내에는 축구, 컬링, 야구, VR카트를 즐길 수 있는 게임장이 있다.

빛을 이용한 몰입형 미디어아트
아르떼뮤지엄

스피커 제조 공장으로 사용되던 1400평 규모의 건물을 활용해 국내 최대 규모의 몰입형 미디어아트 전시관을 만들었다. 강렬하고 화려한 시각적 연출, 전시 공간마다 달라지는 향기와 음악이 어우러진 분위기로 인해 개장하자마자 폭발적인 인기를 끌며 핫플레이스가 됐다. 뮤지엄에는 '영원한 자연'을 소재로 빛과 소리를 이용한 작품이 전시된다.

가장 인기가 많은 전시는 끝없이 펼쳐진 초현실 해변을 구현한 비치(Beach)다. 파도 소리로만 채워진 전시장에 앉아 눈을 감고 있으면 그 순간만큼은 우주를 여행하다 불시착한 낯선 행성의 아름다운 밤바다를 마주하고 있는 것만 같다. 초대형 파도가 쏟아질 듯 갇혀 있는 웨이브(Wave) 전시도 인기가 많다. 몸에 긴장을 풀고 나를 향해 다가오는 대형 파도를 마주한다. 파도가 끊임없이 부서지며 내는 울림에 몰입하게 된다. 티바(Tea Bar)에서는 제주의 숨결을 담은 시그니처 차와 함께 찻잔 위로 꽃이 피고 지기를 반복하는 미디어아트를 만난다. 비치, 웨이브를 비롯해 스타(Star), 정글(Jungle), 플라워(Flower) 등 10가지의 테마로 이루어진 전시는 주제에 맞는 작품을 선정해 주기적으로 교체할 예정이다.

◉ **주소** 제주시 애월읍 어림비로 478 ◉ **내비게이션** '아르떼뮤지엄'로 검색 ⓟ **주차장** 있음 ⓒ **문의** 064-799-9009 ◎ **이용 시간** 10:00~20:00(입장 마감 19:00) ⊖ **휴무** 연중무휴 ⊖ **이용 요금** 어른 17,000원, 청소년 15,000원, 어린이 10,000원, 패키지티켓(차 1잔 포함) 3,000원 추가

한라산의 드넓은 품
큰노꼬메오름

큰노꼬메오름은 관광객이 즐비한 한라산과 유명 오름을 피해 호젓하게 산행을 즐기려는 도민들이 주로 찾는 오름이다. 정상에서는 한라산의 드넓은 산세가 장쾌하게 펼쳐지는 모습을 감상할 수 있으니 여행자로 제주를 온 사람도 한 번쯤 큰노꼬메오름 산행에 도전해볼 만한 가치가 있다. 오름의 해발고도는 833m로 높지만, 목장에서 시작되는 산행로 덕분에 실제로는 233m를 오를 뿐이고 코스 길이는 약 2.4km로 정상까지 왕복 2시간 남짓 소요된다.

초입의 곰솔나무 군락과 삼나무 숲을 지날 때까지는 길이 평탄하여 걷기 쉽다. 이후 계단이 놓인 오르막 구간이 시작되는데 경사가 심해 이때부터 약

300~400m는 숨을 거칠게 몰아쉬게 만드는 깔딱고개가 이어진다. 분화구 능선에 발을 내딛는 순간부터는 한라산의 넓은 품이 끝없이 펼쳐진다. 백록담에서 시작해 해안을 향해 떨어지는 장대한 산등성이를 따라 자연스레 시선이 옮겨간다. 멀리 보이는 제주 시내부터 서쪽으로 고개를 돌리면 서북쪽의 비양도, 서쪽 끝 차귀도, 서남쪽 산방산까지 제주 서쪽 일대의 모든 해안 풍경이 파노라마로 펼쳐진다.

◉ 주소 서제주시 애월읍 유수암리 산138 **▶ 내비게이션** '큰노꼬메오름'으로 검색 **ⓟ 주차장** 있음

잣성은 조선시대에 제주 중산간 지역의 목초지에 쌓은 경계용 돌담이다. 잣성은 해발에 따라 150~250m는 하잣성, 300~400m는 중잣성, 450~600m는 상잣성으로 구분한다. 하잣성은 말들이 농작물을 해치지 못하도록 쌓은 것이고, 상잣성은 말들이 한라산으로 올라가 얼어 죽는 사고를 방지하기 위해 쌓았다. 조선은 제주 지역 목장을 10개 구역으로 나누어 관리했는데 5구역에 해당하는 유수암과 소길리의 목장을 관리하기 위해 큰노꼬메오름 주변으로 상잣성을 쌓았다.

큰노꼬메오름 정상에서 족은노꼬메오름 방향으로 하산한 후 갈림길에서 궷물오름 쪽으로 길을 잡자. 이 길은 하늘 높이 솟은 삼나무 숲이 산책로 곳곳에 나타났다 사라지기를 반복한다. 피톤치드 향이 가득한 삼나무 숲을 걸으면 궷물오름 갈림길에 다다른다. 여기서 왼쪽으로 큰노꼬메오름 주차장 방향으로 길을 잡으면 바로 상잣성이 나타난다. 삼나무 아래로 길게 이어지는 돌담을 따라오면 다시 큰노꼬메오름의 출발지점으로 연결된다.

❶ 코스 정보 큰노꼬메오름 주차장 → 큰노꼬메오름 정상 → 족은노꼬메오름 방향으로 하산 → 궷물오름 방향으로 이동 → 궷물오름 갈림길에서 상잣길로 진입 → 큰노꼬메오름 주차장 **◎ 소요 시간** 2시간 30분~3시간

은빛 억새가 물결치며 반짝이는
새별오름

평화로를 달리다 보면 유독 도드라진 오름 하나가 있다. 초원 위에 우뚝 선 새별오름이다. 밤하늘의 샛별과 같이 빛나는 오름이라 하여 '새별'이라는 이름이 붙었다. 새별오름은 억새가 은빛 물결을 일으키는 가을에 더 빛난다. 능선을 뒤덮은 억새가 어찌나 많은지 바람에 흔들릴 때마다 마치 파도가 출렁이는 것처럼 보일 정도로 찬란하게 반짝인다. 정상에서는 일렁이는 은빛 억새 너머로 한라산 풍경이 한눈에 들어온다. 주차장에서 새별오름을 바라보면 사람들 대부분은 왼쪽으로 난 산책로를 따라 올라간다. 하지만 왼쪽 길은 가파르게 깎아지는 벼랑길로 이어진다. 길이 험해 걷기 힘드니 왼쪽이 아닌 오른쪽으로 갈 것을 추천한다. 오른쪽 길은 순탄하여 걷기 편하고, 더구나 왼쪽보다 억새도 훨씬 많다.

매년 3월 초에는 이곳에서 제주들불축제가 열린다. 중산간 초지에 불을 놓아 해묵은 풀을 없애고 새 풀이 자라나도록 하던 전통을 살린 축제다. 메인 행사는 오름 불 놓기! 불씨가 삽시간에 오름 전체로 번지며 온 세상을 붉게 물들인다.

 주소 제주시 애월읍 봉성리 산59-8 내비게이션 '새별오름'로 검색 주차장 있음

Travel Tip

새별오름에서 내려와 차로 5분 거리에 있는 나홀로나무에 가보는 것도 볼거리. 아무것도 없는 탁 트인 초원 위에 덩그러니 홀로 서 있는 나무는 훌륭한 포토 스팟이 되어준다.

나홀로나무

어벤져스를 만날 수 있는 키덜트 천국
피규어뮤지엄

우리는 영화나 애니메이션에 등장하는 캐릭터에 열광한다. 자신이 좋아하는 작품 속 캐릭터에 감정을 이입해 함께 울고 웃는 것. 캐릭터와 관련된 상품을 모아 진열대를 채우는 것을 취미로 하는 사람도 많다. 다 큰 성인이 애들처럼 장난감을 모으냐고 하던 시절은 옛말. 이제는 '키덜트'라고 일컬어지는 하나의 어엿한 문화로 자리잡았다. 피규어뮤지엄은 키덜트에게는 천국 자체고, 키덜트가 아니더라도 어린 시절 내가 좋아했던 캐릭터를 만나 동심으로 돌아가게 만드는 곳이다.

1층은 슈퍼 히어로라는 주제로 영화 속에 등장했던 다양한 영웅들의 피규어가 전시되어 있다. 가장 눈길을 사로잡는 캐릭터는 영화 《어벤져스》 멤버들. 마블 시리즈를 좋아하는 사람이라면 사랑에 빠질 수밖에 없는 공간이다. 이 곳의 백미는 시리즈가 계속될수록 진화하던 아이언맨의 슈트가 차례로 진열된 벽면. 슈트의 주인인 토니 스타크가 된 것처럼 두 팔을 벌리고 인증 사진을 남겨보자. 2층은 유명 영화와 애니메이션에 나왔던 피규어가 전시되어 있다. 베트맨과 조커, 트랜스포머와 에어리언, 스타워즈 피규어 등을 만나고, 연이어 쿵푸팬더를 비롯해 드래곤볼, 원피스, 나루토 등 애니메이션 속 캐릭터가 인사를 건넨다.

◎ **주소** 서귀포시 안덕면 한창로 243 ◎ **내비게이션** '피규어뮤지엄 제주'로 검색 ⓟ **주차장** 있음 ◎ **문의** 0507-1433-2264 ◎ **이용 시간** 10:00~18:00 ◎ **휴무** 연중무휴 ◎ **이용 요금** 어른 12,000원, 청소년 10,000원, 어린이 9,000원

붉은 동백이 만드는 길, 우리 꽃길만 걷자
카멜리아힐

제주의 가을을 지키는 것이 억새였다면, 동백은 제주의 겨울을 지킨다. 동백을 테마로 한 수목원인 카멜리아힐에서는 12월부터 동백이 피기 시작하여 3월까지 500여 품종의 동백이 피고 지기를 반복한다. 동백은 꽃이 질 때 꽃잎을 흩날리는 것이 아니라 굵은 눈물을 흘리듯 봉오리를 송두리째 떨궈 바라보는 이의 마음을 아름답게 사무치게 한다. 그렇게 떨어진 동백 꽃송이가 산책로 곳곳에 차곡차곡 쌓이면서 붉은 융단을 깔아놓은 마냥 곱디고운 꽃길이 되고, 꽃길 위로는 아기자기한 포토 스팟이 줄지어 나타나니 저절로 핸드폰을 꺼내 사진을 찍게 된다. 동백 터널 속에 파묻혀 우아한 산책을 즐기다 보면 어느새 한겨울 추위도 잊을 만큼 감성에 젖어든다.

동백을 주제로 한 수목원이지만 겨울에만 좋은 곳은 아니다. 여름에는 수목원 곳곳에서 피어나는 수국이 카멜리아힐을 푸르게 물들이고, 가을엔 가을 정원에서 만나는 핑크뮬리와 팜파스가 힐링 포인트가 된다.

📍 **주소** 서귀포시 안덕면 병악로 166 ⬤ **내비게이션** '카멜리아힐'로 검색 🅿 **주차장** 있음 📞 **문의** 064-792-0088 ⏰ **이용 시간** 08:30~18:00(6~8월 08:30~19:00) ⬤ **휴무** 연중무휴 ⬤ **이용 요금** 어른 9,000원, 청소년 7,000원, 어린이 6,000원

🧳 **Travel Tip**

계절마다 새롭게 옷을 갈아입는 덕분에 어느 때에 방문해도 만족도가 높다.

한자리에 모인 클래식카
세계자동차&피아노박물관

세계자동차&피아노박물관에는 그 어디서도 보기 힘든 클래식 자동차들이 줄지어 섰다. 한 대 구하기도 어려웠을 법한데 어떻게 이 많은 자동차를 수집했는지 설립자의 열정에 경외감이 든다. 박물관 중앙홀에는 벤츠 300SL이 갈매기가 날개를 편 모양으로 문을 열고 방문객을 맞이한다. 그 옆으로는 독일 칼 벤츠가 만든 세계 최초의 휘발유 내연기관 자동차인 벤츠 패턴트 카가 있다. 칼 벤츠가 처음 자동차를 개발했을 당시엔 말(馬)없이 스스로 움직이는 바퀴 달린 물체를 보고 놀란 사람들이 경찰에 신고하기도 했다는 재미난 이야기가 전해진다. 클래식카가 늘어선 1층 전시장에서 유독 눈에 띄는 차가 있으니 바로 힐만 스트레이트8이다. 이 차는 엔진과 바퀴를 제외하고 대부분 나무로 만들어진 것이 특징. 2층에는 우리나라의 올드카도 전시되어 있다. 욕설처럼 들리는 이름 때문에 인터넷 커뮤니티에서 유머 댓글로 이따금 회자 되는 우리나라 최초의 자동차 시발 자동차를 찾아보자. 2층 중앙홀에는 천장을 꽉 채운 커다란 벽화와 눈부신 샹들리에, 화려한 무늬를 자랑하는 피아노가 놓여있어 유럽의 어느 궁전에라도 온 것처럼 꾸며져 있다.

○ **주소** 서귀포시 안덕면 중산간서로 1610 ◐ **내비게이션** '세계자동차&피아노박물관'로 검색 ❷ **주차장** 있음 ◐ **문의** 064-792-3000 ◎ **이용 시간** 09:00〜18:00(입장 마감 17:00) ◑ **휴무** 연중무휴 ◒ **이용 요금** 어른 13,000원, 청소년&어린이 12,000원

함께 가볼 만한 곳들을 소개합니다. 당신의 취향은 어느 곳인가요?

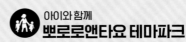

아이와 함께
뽀로로앤타요 테마파크

아이들이 가장 좋아하는 애니메이션 중 하나인 뽀로로와 타요 캐릭터로 만들어진 어린이 놀이공원. 관람차, 미니 바이킹, 짐볼, 미니 기차 등 다양한 유아용 놀이 시설이 조성되어 있다. 하루에 2~3회 진행되는 뽀로로의 싱어롱 공연, 뽀로로 퍼레이드 등이 테마파크의 하이라이트이니 놓치지 말 것. 단, 놀이 기구를 제대로 즐기려면 키가 100cm가 넘어야 하므로 참고할 것.

◉ **주소** 서귀포시 안덕면 병악로 269 ◉ **내비게이션** '뽀뽀로앤타요 테마파크'로 검색 ℗ **주차장** 있음 ☎ **문의** 064-742-8555 ◉ **이용 시간** 10:00~18:00 ● **휴무** 연중무휴 ◉ **이용 요금** 자유 이용권 어른 30,000원, 어린이 40,000원, 미니 이용권 어른 15,000원, 어린이 25,000원 ◉ **인스타그램** @pororotayo_jeju

친구&연인과 함께
바이나흐튼 크리스마스박물관

주인 부부가 여행하며 모은 크리스마스 장식과 물품을 전시한 박물관이다. '바이나흐튼(Weihnachten)'은 독일어로 성탄절을 뜻하는 말로, 독일 로텐부르크에 위치한 크리스마스 박물관의 외관을 본 따 건축했다. 박물관의 규모는 크지 않지만 크리스마스에 관한 다양한 자료와 소품들을 갖추고 있어, 언제라도 크리스마스 분위기를 느끼고 싶을 때 이곳을 찾으면 된다. 특히 12월에는 박물관 앞에서 크리스마스 마켓이 열려 활기찬 축제의 장소가 된다.

◉ **주소** 서귀포시 안덕면 평화로 654 ◉ **내비게이션** '바이나흐튼 크리스마스박물관'으로 검색 ℗ **주차장** 있음 ☎ **문의** 010-4602-7976 ◉ **이용 시간** 10:30~18:00 ● **휴무** 수요일 ◉ **이용 요금** 무료(기부금으로 운영) ◉ **인스타그램** @jejuchristmasmuseum

친구&연인과 함께
제주불빛정원

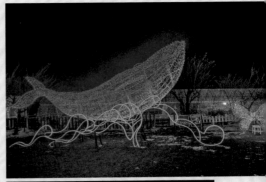

어두운 밤을 아름답게 밝히는 불빛 조형물 아래에서 재미난 사진을 남기기 좋은 테마파크. 대부분 일찍 문 닫는 제주는 밤에 즐길 수 있는 아이템이 많지 않은 편인데, 무료한 밤이 싫다면 찾아가도 좋을 제주의 대표적 야간 명소다. 불빛정원 옆에 있는 실내 사진관에서는 전문 스튜디오 못지않은 조명에 다양한 포토 존을 갖추고 있어 친구 또는 연인과 추억이 새겨진 사진을 남기기 좋다.

◎ **주소** 제주시 애월읍 평화로 2346 ◐ **내비게이션** '제주불빛정원'으로 검색 ℗ **주차장** 있음 ☎ **문의** 0507-1416-6996 ⊖ **이용 시간** 17:00~24:00(입장 마감 23:00) ⊖ **휴무** 연중무휴 ⊖ **이용 요금** 어른 12,000원, 청소년 10,000원, 어린이 8,000원 ◎ **인스타그램** @jeju_lightgarden

친구&연인과 함께
제주신화월드

한국 토종 애니메이션으로 세계적인 인기를 끈 《라바》의 세계관으로 꾸며진 놀이공원인 신화테마파크, 파도풀과 워터 슬라이드 등 물놀이 기구가 가득한 신화워터파크, 시그니처 레스토랑부터 푸드코트까지 다양한 다이닝, YG엔터테인먼트가 만든 복합 공간 YG리퍼블릭, 호텔과 리조트를 망라한 숙박 시설을 갖춘 대규모 테마파크다. 하루쯤 신화월드에서 휴양지에 온 것 같은 기분을 내며 먹고 자고 즐기는 모든 것을 한 번에 해결해봐도 좋을 것이다.

◎ **주소** 서귀포시 안덕면 신화역사로 304번길 98 ◐ **내비게이션** '신화테마파크'로 검색 ℗ **주차장** 있음 ☎ **문의** 1670-1188 ⊖ **이용 시간** 신화테마파크 10:00~20:00 ⊖ **휴무** 연중무휴 ⊖ **이용 요금** 자유이용권 30,000원, 빅3 이용권 17,000원 ◎ **인스타그램** @jejushinhwaworld

즐거웁게 미식
애월연어

연어 전문점답게 치즈를 두른 초밥, 특제 소스를 곁들인 스테이크, 사케동과 사시미 등 다채로운 연어 요리가 나온다. 일행이 있다면 생연어와 훈제연어, 구운 머리와 꼬리, 특수 부위인 배꼽살까지 연어 한 마리를 그대로 옮겨 놓은 메뉴인 애월연어한판을 주문해볼 것을 추천. 배꼽살은 연어의 뱃살 부위 중 가장 지방이 많아 고소한 맛이 강하다. 연어 특유의 쫀득함 식감을 맘껏 즐겨보자.

○ 주소 제주시 애월읍 하소로 660 **◎ 내비게이션** '애월연로'로 검색 **ⓟ 주차장 있음 ◐ 문의** 064-799-5300 **◎ 이용 시간** 11:00~21:00(브레이크 타임 15:00~17:00) **● 휴무** 일요일 **● 메뉴** 애월연어한판 52,000원, 스노우초밥 18,900원, 연어스테이크 34,000원 **◎ 인스타그램** @jeju__salmon

즐거웁게 미식
기찬밥상

제주산 흑돼지로 만든 족발을 6~7가지 밑반찬과 함께 내온다. 족발은 잡내 없이 쫄깃하고 부드럽게 조리되어 맛이 좋다. 밑반찬은 엄마가 해준 반찬처럼 맛이 깔끔하여 족발과 궁합이 좋다. 족발은 리필이 가능한데, 오히려 주인장이 나서서 권할 정도로 친절하다. 육지에서 족발을 먹을 때 가격을 생각하면 기찬밥상은 맛과 가격을 모두 사로잡은 제주 최고의 가성비 맛집이 아닐까 싶다.

○ 주소 제주시 애월읍 광성로 293 **◎ 내비게이션** 앞의 '주소'로 검색 **◐ 문의** 064-745-8332 **◎ 이용 시간** 09:00~21:00(토~월 09:00~15:00) **● 휴무** 연중무휴 **● 메뉴** 족발정식 8,000원, 족발 20,000원 **◎ 인스타그램** @gichanbabsang

🚗 **Drive tip**

가게 앞 길가에 주차

여유롭게 카페
씨힐

제주에는 바다 전망을 추구하는 카페가 많다. 그런데 씨힐(C.hill)은 반대로 한라산 뷰를 지향한다. 건물 외관은 검은색 컨테이너가 감각적으로 배치되어 있어 이색적이다. 대부분 통유리로 이루어져 있어 창밖을 바라보며 그저 멍하니 시간 보내기에 좋다. 땅콩 크림이 올려진 너티슬러그, 흑임자 크림이 가미된 블랙선셋은 씨힐을 대표하는 시그니처 메뉴. 커피 본연의 맛을 살리면서도 고소함을 더한 것이 특징.

📍 **주소** 제주시 해안마을10길 39 2층 🧭 **내비게이션** 'c.hill'로 검색 🅿 **주차장** 있음 📞 **문의** 070-8808-0838 🕐 **이용 시간** 10:00~20:00(라스트오더 19:30) 🔄 **휴무** 연중무휴 🍽 **메뉴** 너티슬러그 6,500원, 블랙선셋 6,500원 📷 **인스타그램** @c.hill.jeju

여유롭게 카페
카페비아라테

서광리 교차로 앞에 독특하게 디자인된 건물이 눈길을 사로잡는다. 제주에 집을 짓는다면 이렇게 설계하고 싶다는 생각이 들 만큼 예쁜 건축 디자인. 넓은 창을 통해 들어온 햇살이 흰색 톤으로 이루어진 내부 벽면에 머물면서 카페 안을 더욱 화사하게 만든다. 인공 색소가 가미되지 않고 재료 본연의 순수성을 살린 비아라테만의 블렌딩 티는 새콤달콤한 맛을 낸다.

📍 **주소** 서귀포시 안덕면 중산간서로 2093 🧭 **내비게이션** '카페비아라테'로 검색 📞 **문의** 0507-1373-2590 🕐 **이용 시간** 10:30 ~18:30 🔄 **휴무** 연중무휴 🍽 **메뉴** 히비스커스레드선셋 7,500원, 시트러스스린필드 7,500원, 크로아상 4,500원

🚗 **Drive tip**

서광서리복지회관에 주차

20

하루쯤은 건축물 투어
산록남로

산록남로는 서귀포 바다와 한라산 사이를 가로지른다. 해발 500m 높이의 한라산 자락에 길이 나 있다보니 도로를 달리노라면 창밖으로 얼핏 바다가 보이기도 하고, 얼핏 한라산이 보이기도 한다. 길가에 우거진 숲과 나무가 끊임없이 인사를 건네는 심심치 않은 길이다. 그저 천천히 달리기만 해도 기분 좋은 도로에는 중산간에 그 모습을 꽁꽁 감추고 있는 자연 비경과 더불어 세계적 건축가인 이타미 준과 안도 다다오의 건축이 보석처럼 반짝이고 있다.

① **돈내코 원앙폭포**
폭포에서 떨어지는
차가운 물로 더위 달래기

9km

② **서귀포 치유의 숲**
숲의 소리, 바람, 냄새로
힐링하기

13.9km

③ **본태박물관**
예술 작품 본연의
아름다움 느끼기

741m

④ **수풍석뮤지엄**
건축 작품 속에서
물, 바람, 돌 발견하기

826m

⑤ **방주교회**
연못 수면에 비친 교회 건물
감상하기

9km

⑥ **성이시돌목장**
테쉬폰 형식의
건축물에서 사진 찍기

2.6km

⑦ **금오름**
분화구 아래로 내려가
연못 가까이 가보기

산록남로
돈내코~서귀포 치유의 숲~본태박물관까지의 도로.
대부분이 시속 60km로 구간단속을 한다. 앞에 차가 없
어도 60km 이상 달리면 안되니 일찌감치 마음을 비우
고 여유롭게 드라이브 해보자.

Drive Map
코스 지도

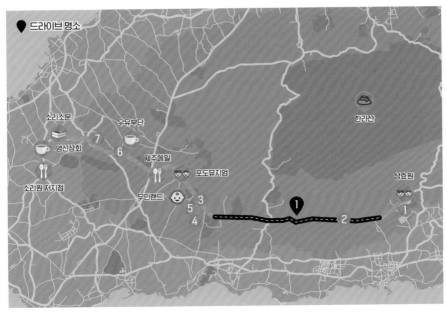

한라산에서 내려오는 깨끗하고 시원한 물
돈내코 원앙폭포

한라산 백록담에서 발원해 남쪽으로 내려오는 영천은 서귀포 상효동을 지나 쇠소깍이 있는 효돈천으로 흘러간다. 돈내코계곡은 그 중간에 있는데 '멧돼지가 내려와 물을 먹던 계곡'이라 하여 '돈내코'라는 이름이 붙었다는 전설이 전해 내려온다.

주차장에서 데크로 난 탐방로를 따라가면 가파른 계단이 나타나고, 계단 주위로 울창한 상록수림이 호위무사처럼 계곡을 감싸고 있다. 계곡에 다다르면 에메랄드 물빛이 눈부실 정도로 맑고 깨끗하여 탄성이 절로 나온다. 계곡 위로는 두 갈래의 물줄기가 사이좋게 폭포수를 이루고 있고, 금실 좋은 원앙 한 쌍이 살았다 하여 '원앙폭포'라 불려왔다. 물빛이 얼마나 맑

은지 바라보고만 있어도 시원한 사이다를 마신 듯 청량감이 전해진다. 이곳은 사철 내내 마르지 않으며, 맑고 차가운 물이 흐르고 숲 경치가 좋아 예전부터 제주도민들의 피서지로 유명했다. 특히 매년 백중날(음력 7월 15일)이 되면 원앙폭포에서 여름철 물맞이를 하곤 했다. 폭포에서 떨어지는 차가운 물을 맞으면 신경통이 사라진다는 제주식 민간요법이 전해져온다.

◉ 주소 서귀포시 돈내코로 137 **◐ 내비게이션** '돈내코유원지' 또는 '원앙폭포'로 검색 **ⓟ 주차장** 있음

'노고록'하게 만나는 한라산의 속살

서귀포 치유의 숲

한라산 중간 지점인 해발 320~760m 자락에 서귀포 치유의 숲이 조성되어 있다. 총 10개의 테마별로 난 산책로를 따라 난대림, 온대림, 한대림 식물이 고루 분포한 탐방 숲길. 방문자 센터부터 시작되는 약 1.9km의 길을 '가멍오멍숲길'이라 부르고 이 길을 중심으로 삼아 9개의 테마 산책길이 뻗어 나간다. 숲을 걷다 보면 중간중간 쉴 수 있는 쉼터를 만나는데, 잠시 의자에 누워 눈을 감고 오감을 열어보자. 노고록하게('여유롭게'의 제주 방언) 숲의 소리, 바람, 냄새를 느끼며 크게 숨을 들이마시면 숲을 깊게 삼킨 듯 몸의 긴장이 풀리면서 마음에 안정이 찾아온다. 치유의 숲을 온전히 이해하며 좀 더 자연과 가까워

지고 싶다면 해설사가 동행하는 숯굴이영 코스(왕복 6km)를 신청해도 좋다. 3시간에 걸쳐 진행되는 산림치유 프로그램(2인 이상 신청 가능)도 운영되고 있으니 반나절을 치유의 숲에 투자해도 좋을 듯.

◉ **주소** 서귀포시 산록남로 2271 ◉ **내비게이션** '서귀포 치유의 숲'으로 검색 ℗ **주차장** 있음 ◉ **문의** 064-760-3067 ◎ **이용 시간** 예약한 시간 맞춰 입장 ◯ **휴무** 연중무휴 ◉ **이용 요금** 어른 1,000원, 청소년 600원, 주차비 별도 중소형 2,000원, 대형 3,000원

🧳 Travel Tip
사전 예약을 해야만 입장 가능. 준비 없이 찾아가면 허탕을 치고 발길을 돌려야 한다. 홈페이지를 통해 예약을 진행. 잔여 인원이 남아있을 시 당일 예약도 가능하다.

전통과 현대가 어우러진 건축 작품

본태박물관

세계적 건축가 안도 다다오가 설계한 박물관. 그의 트레이드 마크인 노출 콘크리트가 경사진 대지를 거스르지 않고 주변 환경과 조화를 이루며 앉아 있다. 콘크리트 구조물 사이에는 우리의 전통 담장이 보태졌다. 현대적 콘크리트 건물에 포인트로 자리한 기와 담장, 그 옆으로 흐르는 물이 담고 있는 하늘까지 하나로 어우러져 건축물이 거대한 예술 작품처럼 느껴진다. 본태는 사람과 자연, 예술 작품이 품고 있는 '본래의 아름다움'을 뜻한다. 이름에서 드러나는 박물관의 지향점이 안도 다다오의 설계와 잘 어우러진다.

본태박물관은 총 5개의 전시실로 이루어져 있다. 우리나라의 전통 공예품이 전시된 제1관, 현대미술 작품과 안도 다다오 상설전이 열리는 제2관, 세계적인 설치미술과 쿠사마 야요이의 작품이 전시된 제3관, 우리나라의 전통 상례를 접할 수 있는 제4관, 불교미술 작품을 감상할 수 있는 제5관이다.

○ **주소** 안덕면 산록남로762번길 69 ● **내비게이션** '본태박물관'으로 검색 **P** **주차장** 있음 ● **문의** 064-792-8108 ◎ **이용 시간** 10:00~18:00 ● **휴무** 연중무휴 ● **이용 요금** 어른 20,000원, 청소년 및 어린이 12,000원, 미취학 아동(3~7세) 10,000원

제1관

최근 가장 주목받는 작품
《무한 거울방-영혼의 반짝임》

제3관에 있는 쿠사마 야요이의 작품 《무한 거울방-영혼의 반짝임》이 최근 SNS에서 많이 언급되고 있다. 직원의 안내에 따라 외부와 단절된 방으로 들어가면 어두운 공간에 수백 개의 LED 전구가 반짝인다. 별처럼 빛나며 다양한 색깔로 변화하는 모습을 가만히 보고 있으면 암흑의 우주 공간에 여행하고 있는 듯한 기분이 든다.

물, 바람, 돌이 예술이 되는
수풍석뮤지엄

수 뮤지엄

본태박물관에서 안도 다다오를 만났다면, 이번에는 수풍석뮤지엄에서 이타미 준을 만날 차례다. 이마티 준은 1937년에 일본 도쿄에서 태어난 재일동포 건축가로 본명은 유동룡이다. 수풍석뮤지엄은 예술 작품을 전시하는 것이 아닌 제주의 물과 바람, 돌을 전시한다. 단순히 이야기만 듣고 나면, 돌은 둘째치고 바람과 물을 어떻게 전시할지 궁금증이 생긴다. 백문이 불여일견이다. 뮤지엄을 관람하다 보면 그가 만들어낸 발상의 전환에 무릎을 치게 된다.

가장 먼저 만나게 되는 석(石) 뮤지엄은 녹슨 컨테이너처럼 생긴 철제 건축물이다. 건물 양옆으로 돌이 놓여있고, 어두컴컴한 건물 내부에는 천장의 구멍으로 빛 한 줄기가 들어와 시간과 계절에 따라 변하는 것과 변하지 않는 돌의 대비를 보여준다. 두 번째 풍(風) 뮤지엄은 목재 건축물이다. 촘촘하게 이어진 나무들 사이에 난 통로로 바람이 들어오고 나가길 반복한다. 눈에 보이지 않는 바람의 흔적이 건물에 기억되는 것이다. 마지막의 수(水) 뮤지엄은 천장이 둥글게 뚫린 타원형 건축물이다. 박물관 바닥에 물이 차 있고, 뚫린 천장을 통해 물에 하늘이 비치면서 물을 통해 하늘과 땅이 하나 된 듯한 풍경을 만든다. 1시간

에 걸쳐 진행되는 수풍석 뮤지엄 투어가 끝날 때면 잔잔하게 다가왔던 건축 작품에 의해 마음에 깊은 여운이 남는다. 지역의 고유성을 살려 인간의 삶에 어우러지는 건축을 추구했던 이마티 준은 물과 바람, 돌이 가득한 제주의 자연을 사랑하고 이해했기에 수풍석뮤지엄을 완성할 수 있었을 것이다. 언젠가는 우리 모두 제주의 자연이 들려주는 언어를 들을 수 있지 않을까.

주소 서귀포시 산록남로 762번길 79 **내비게이션** '디아넥스 호텔 주차장'에 주차 후 수풍석뮤지엄 만남의 장소 간판 앞에서 셔틀버스 탑승 **주차장** 있음 **문의** 010-7145-2366 **이용시간** 1부 14:00, 2부 15:30(6월1일~9월15일 사이에는 1부 10:00, 2부 16:00 운영) 예약한 시간에 맞춰 입장 **휴무** 연중무휴 **이용요금** 25,000원

Travel Tip
사전 예약으로만 운영. 방문 전 반드시 온라인으로 예약할 것

프라이빗 전원주택 단지
비오토피아

수풍석뮤지엄은 안덕면 상천리의 전원주택 단지인 비오토피아 안에 있다. 비오토피아는 사유지이기 때문에 그곳에 사는 주민이 아니라면 개인적으로 방문하는 것을 허용하지 않는다. 비오토피아 내에 위치한 수풍석뮤지엄만 방문이 가능한데 반드시 온라인으로 예약해야만 관람할 수 있다. 예약 후 집결 장소에서 셔틀버스를 타고 이동하여 큐레이터와 함께 뮤지엄을 둘러본다. 하루 2회만 운영되며 선착순 10명(코로나 바이러스로 기존 25명에서 10명으로 관람 인원을 줄여 운영 중)만 관람이 가능하여 예약 페이지가 오픈되자마자 마감되는 빠른 매진율을 보인다. 수풍석뮤지엄을 관람하고 싶다면, 최소 여행을 떠나기 2~3주 전에 홈페이지를 통해 예약을 잡는 것이 좋다.

풍 뮤지엄

마음과 영혼이 쉴 수 있는 곳
방주교회

수풍석뮤지엄과 마찬가지로 방주교회도 이타미 준이 설계한 건물이다. 그는 비록 이마티 준이라는 일본 이름으로 활동을 했지만, 한국인이라는 정체성에 긍지를 가지고 살아온 부모님의 영향을 받아 죽을 때까지 일본 귀화를 거부한 것으로 유명하다. 말년에는 제주도에 건축물 몇 채 남겼는데 그것이 바로 수풍석뮤지엄과 방주교회다. 방주교회는 노아의 방주를 모티브로 하여 배 모양으로 지은 교회다. 물을 담은 연못으로 건물 주변을 둘러싸 마치 바다 위에 떠 있는 방주처럼 보이게 했다. 비바람이 부는 날에는 연못이 파도처럼 물결치니 마치 거친 바다를 항해하는 배를 연상케 한다. 맑은 날에는 교회가 연못 수면에 선명하게 비치면서 반짝인다. 윤슬(햇빛이나 달빛에 비치어 반짝이는 잔물결)이 눈에 스쳐 아른거릴 때마다 자연을 건축과 하나 되게 만든 이타미 준의 작품에 다시 한번 경탄하게 된다.

연못을 따라 교회를 한 바퀴 돌며 관람한 후 돌다리를 건너 교회 안으로 들어가 보자. 예배당 안은 나무 기둥이 연이어져 있어 아늑하고 차분한 느낌을 준다. 신자가 아니더라도 잠시 의자에 앉아 있으면 절로 경건한 마음이 우러난다.

⊙ **주소** 서귀포시 안덕면 산록남로 762번길 113 ⊙ **내비게이션** '방주교회'로 검색 ⓟ **주차장** 있음 ⓒ **문의** 064-794-0611 ◉ **이용 시간** 외부 개방 09:00~18:00(하절기 08:00~19:00), 내부 개방 08:00~18:00(토요일 09:00~13:00, 일요일 13:00~18:00)

엽서 속에 나올 듯한 푸른 동산
성이시돌목장

산록남로를 따라 금악리로 접어들면 엽서 속에서 나 나올법한 푸른 초원이 나타나 시선을 붙든다. 바로 성이시돌목장이다. 1953년 아일랜드에서 온 패트릭 제임스 맥그린치 신부가 이듬해 제주시 한림본당에 부임하며 제주와의 인연이 시작됐다. 척박하기 그지없던 제주의 중산간 지역의 가난을 목격한 맥그린치 신부는 황무지를 개간하여 초지를 일궜다. 1961년 스페인의 성인 이시돌의 이름을 딴 목장을 열고 축산기술을 전파해 지역 주민들이 먹고살 수 있는 기틀을 마련했다.

목장에는 2천 년 전부터 바그다드 테쉬폰 지역에서 전해 내려오는 테쉬폰 양식 건물이 있는데, 산록남로 건축물 투어에서 빼놓을 수 없는 장소다. 길쭉한 타원형의 독특한 외형 덕에 인증 사진 명소로 인기가 많다.

 주소 제주시 한림읍 금악동길 38 ● **내비게이션** '성이시돌목장'으로 검색 **주차장** 있음

🧳 Travel Tip

성이시돌센터에서 제주 전통 음료인 쉰다리를 판매한다. 제주 사람들은 여름에 찬밥이 많이 남으면 보관이 어렵기 때문에 누룩가루를 넣어 저농도 알코올 음료인 쉰다리를 만들어 먹었다고 한다. 알뜰한 지혜가 엿보인다.

깊이 있는 목장의 이야기 속으로
성이시돌센터

성이시돌목장에 왔다면 목장에서 안으로 더 들어가 성이시돌센터에 들려보자. 그곳에 가면 성이시돌목장을 만든 맥그린치 신부의 생애를 알 수 있다. 공간은 크지 않지만 그의 행적을 한눈에 볼 수 있도록 알차게 구성해 둔 것. 그가 데려온 한 마리의 돼지가 새끼를 낳아 10마리가 되었던 게 목장의 시작이며, 이후 목장 주변에 요양원과 복지원 등 호스피스 시설을 만들면서 지역 사회에 큰 도움을 베푼 얘기까지 감동이 넘친다. 푸른 눈의 외국인이 낯선 땅에 와서 평생을 타인을 위해 살아온 삶에 감사한 마음이 절로 우러난다.

센터 안에 있는 카페이시도르는 목장 앞의 우유부단카페보다 비교적 넓으니 잠시 쉬어가기 좋다. 목장에서 생산된 우유를 맛보거나 제주 전통 발효 음료 쉰다리를 맛보기를 추천한다. 성이시돌센터에서 나와 바로 앞에 있는 새미은총의동산을 걸어보는 것도 좋다. 동산에는 예수의 생애가 담겨있는 십자가의 길이 조성되어 있다. 종교를 떠나 복잡한 생각을 잠시 내려놓고 자신만의 사색에 잠기기 좋은 산책길이다.

◎ **주소** 제주시 한림읍 금악북로 353 ◎ **내비게이션** '성이시돌센터'로 검색 ℗ **주차장** 있음 ◎ **문의** 064-796-7191 ◎ **이용 시간** 09:00~17:00 ◎ **휴무** 연중무휴 ◎ **이용 요금** 무료

가난한 이 땅에 첫 발을 딛으며
제 마음에 떠오른 예수님 말씀이 있었습니다.
When I saw their poverty, these words of Jesus came to mind.

"Whatever you do for the least of these you do for me."

"너희가 이 가장 작은 이들 가운데 한 사람에게 해 준 것이
바로 나에게 해 준 것이다."
마태오 25:40

"Whatever you don't do for the least of these you don't do for

"너희가 이 가장 작은 이들 가운데 한 사람에게 해 주지 않은 것이
바로 나에게 해 주지 않은 것이다."
마태오 25:45

"Love one another as I have loved you."

"내가 여러분을 사랑한 것처럼 너희도 서로 사랑하여라."
요한 15:12

분화구에 자리한 작은 연못

금오름

금오름은 JTBC에서 방영되었던 《효리네 민박》에서 이효리가 아이유와 함께 방문한 이후 많은 여행자가 찾아와 서쪽에서 가장 인기 있는 오름이 된 곳. 금오름이 짧은 시간에 큰 인기를 끌 수 있었던 이유는 오름 정상에 도착하면 단번에 알게 된다. 정상 분화구에 자리한 작은 연못이 아름다운 풍경을 만들어내기 때문. 연못은 맑은 날에 하늘을 담아 푸르게 빛나고, 노을이 질 때는 노을빛을 머금어 붉게 빛난다. 산책로를 따라 분화구 아래로 내려가 연못 가까이 다가갈 수도 있다. 건기가 이어질 때는 물이 말라 바닥을 드러내기도 하지만, 비가 오는 계절엔 항상 물이 고인다.

분화구에서 올라가 정상 둘레를 따라 걸으면 제주 서부 지역의 멋진 풍경을 감상할 수 있다. 오른쪽으로는 한라산의 넓은 품 안에서 이어지는 오름 군락을 감상할 수 있고, 시선을 바다로 돌리면 쪽빛 바다 위에 두둥실 떠 있는 비양도까지 한눈에 넣을 수 있다. 특히 금오름에서 보는 노을이 무척 아름다우니 해가 질 무렵에 금오름에 갔다면 일몰을 놓치지 말자. 하늘과 바다를 붉게 물들이며 떨어지는 태양은 가슴 속에 깊은 여운을 남긴다.

⊙ **주소** 제주시 한림읍 금악리 산1-1 ⊙ **내비게이션** '금오름'으로 검색 ⊙ **주차장** 있음

함께 가볼 만한 곳들을 소개합니다. 당신의 취향은 어느 곳인가요?

동네 책방
소리소문

작은 시골 마을에 있는 옛 돌집을 꾸며 책방으로 만들었다. 문을 열고 들어가면 낭만적인 서점 분위기에 매료된다. 거실을 중앙에 두고 양옆으로 연결된 작은 방들이 제각기 특색있게 꾸며져 공간을 구경하는 재미도 쏠쏠하다. 주인장 부부의 취향이 담긴 책을 비롯하여 누구나 관심을 가질만한 다양한 주제와 시대상을 반영한 책들이 진열되어 있다. 매일 걷고 뛰고 읽고 쓰는 삶을 살면서 건강한 책을 소개하는 것이 주인장의 목표이다.

◉ **주소** 제주시 한경면 저지동길 8-31 ◐ **내비게이션** '책방 소리소문'으로 검색 ☎ **문의** 0507-1320-7461 ◉ **이용 시간** 11:00~18:00 ⊖ **휴무** 화 · 수요일 ◎ **인스타그램** @sorisomoonbooks

🚗 Drive tip
책방 앞에 있는 교차로와 골목길 사이에 있는 작은 공터에 주차 후 도보로 1분

아이와 함께
무민랜드

무민 캐릭터를 만든 핀란드의 국민 작가 토베얀손의 히스토리를 비롯해 75년간 역사를 이어온 무민 캐릭터에 관련된 전시가 열리는 테마파크. 귀여운 표정을 짓고 있는 무민 캐릭터가 전시관 곳곳에서 인사를 건넨다. 아기자기하게 꾸며진 전시장을 돌아다니며 무민과 함께 나만의 인증 사진을 남길 수 있다. 무민 캐릭터에 애정이 있거나 아기자기한 것을 좋아하는 사람이라면 흥미롭게 즐길만한 박물관이다.

◉ **주소** 서귀포시 안덕면 병악로 420 ◐ **내비게이션** '무민랜드'로 검색 Ⓟ **주차장** 있음 ☎ **문의** 064-794-0420 ◉ **이용 시간** 10:00~19:00(입장 마감 18:00) ⊖ **휴무** 연중무휴 ◐ **이용 요금** 어른 15,000원, 청소년 14,000원, 어린이 12,000원

친구&연인과 함께
포도뮤지엄

전시 관람을 즐기는 사람이라면 놓치면 안 될 산록 남로의 새로운 명소다. 루체빌리조트 단지를 인수한 SK그룹이 기존에 박물관으로 사용되던 건물을 미술 작품 전시관으로 새롭게 단장하여 2021년 4월에 개관했다. 지구 생태환경과 인류의 공생을 생각하고, 사회 소외계층의 목소리에 귀를 기울이는 공간을 목표로 삼아 이와 관련된 예술작품을 전시한다. 440평으로 이루어진 넓은 규모와 탁 트인 공간 구성이 돋보여 쾌적한 관람 환경을 제공한다. 전시는 약 1년마다 교체될 예정.

◎ **주소** 서귀포시 안덕면 산록남로 788 ⊙ **내비게이션** '포도뮤지엄'으로 검색 ⓟ **주차장** 있음 ⓒ **문의** 064-794-5115 ◎ **이용 시간** 10:00~18:00 ⊖ **휴무** 화요일 ⊖ **이용 요금** 성인 5,000원, 청소년 3,000원, 어린이 무료

친구&연인과 함께
상효원

수많은 명소가 줄줄이 늘어선 제주에서 비교적 호젓하게 제주의 정취를 느끼며 산책할 수 있는 수목원. 넓은 부지에 다양한 테마를 주제로 16개의 크고 작은 정원이 이어지며 1년 내내 알록달록한 꽃들이 다채롭게 피고 진다. 봄에는 화사한 튤립과 우람한 겹벚꽃이 봄나들이 온 상춘객을 설레게 하고, 여름에는 형형색색 피어나는 수국에 마음을 빼앗긴다.

◎ **주소** 서귀포시 산록남로 2847-37 ⊙ **내비게이션** '상효원'으로 검색 ⓟ **주차장** 있음 ⓒ **문의** 064-733-2200 ◎ **이용 시간** 09:00~18:00 ⊖ **휴무** 연중무휴 ⊖ **이용 요금** 어른 9,000원, 청소년 7,000원, 어린이 5,000원

즐거웁게 미식
제주메밀(한라산아래첫마을)

해발 500m의 중산간에 자리한 광평리 마을회에서
'한라산아래첫마을'이라는 법인을 설립하여 직접 농
사지은 메밀로 먹거리를 내놓는 음식점. 가게 앞으
로 메밀밭이 펼쳐져 있어 밭에 들어가 사진을 찍어도
좋다. 메밀로 만든 면을 재료로 한 물냉면과 비빔냉
면이 기본 메뉴다. 그 외에 피를 맑게 해준다고 하여
해녀와 산모가 보양식으로 즐겨 먹던 제주 향토 음식
인 조베기(제주식 수제비)나 메밀로 만든 면에 제철
나물과 담백한 들기름을 곁들여 비벼 먹는 비비작작
면이 이색적이면서도 담백한 맛을 자랑하니 꼭 주문
해볼 것!

조베기

🅞 **주소** 서귀포시 서귀포시 안덕면 산록남로 675 🅞 **내비게이
션** 앞의 주소로 검색 🅟 **주차장** 있음 🅒 **문의** 064-792-8245 🅞
이용 시간 10:30~18:30(브레이크타임 15:00~16:00) 🅞 **휴무** 월
요일 🅞 **메뉴** 물냉면&비빔냉면 10,000원, 비비작작면 10,000원,
조베기 9,000원

비비작작면

즐거웁게 미식
소리원 저지점

예전부터 도민 맛집으로 유명했던 제주 시내 중국 음
식점인 소리원이 저지리에 낸 분점. 본점에 뒤지지
않는 맛으로 저지점 역시 많은 손님으로 붐빈다. 매
운 음식을 좋아하는 사람이라면 삼선고추짬뽕을 추
천. 신선한 해산물이 어우러져 얼큰하면서도 시원한
바다 맛을 낸다. 짜장면은 춘장 양념이 달거나 짜지
않아 면과의 궁합이 좋고, 찹쌀을 이용해 만든 등심
탕수육은 쫄깃하고 바삭하여 벌써 소리원의 별미로
자리 잡았다.

🅞 **주소** 제주시 한경면 중산간서로 3679 🅞 **내비게이션** '소리원
저지점'으로 검색 🅟 **주차장** 있음 🅒 **문의** 064-773-0034 🅞 **영업
시간** 11:00~19:10(라스트오더 18:30) 🅞 **휴무** 주 1회, 일요일 또는
월요일에 휴무(일요일이나 월요일에 방문 예정이라면 전화로 문
의) 🅞 **메뉴** 짜장면 6,000원, 간짜장 7,000원, 삼선짬뽕 8,000원,
삼선고추짬뽕 8,000원

☕ 여유롭게 카페
우유부단

성이시돌목장에서 생산하는 유기농 우유, 수제 아이스크림, 밀크티 등 우유를 테마로 운영하는 카페. 우유부단은 '넘칠 우, 부드러울 유, 아니 부, 끊을 단'을 합성하여 만든 이름으로 '부드러워 끊을 수 없다'는 의미와 '우유를 향한 부단한 노력'이라는 중의적인 뜻을 가진다. 목장 카페인만큼 우유의 신선도가 가장 큰 장점으로 언제 가도 건강한 맛을 즐길 수 있는 카페다.

◎ **주소** 제주시 한림읍 금악동길 38 ◎ **내비게이션** '우유부단'으로 검색 ℗ **주차장** 있음 ☎ **문의** 064-796-2033 ◎ **이용 시간** 10:00~18:00 ⊖ **휴무** 연중무휴 ◎ **메뉴** 유기농 아쌈 밀크티 5,000원, 유기농우유 2,500원, 수제아이스크림 5,000원 ◎ **인스타그램** @uyubudan

---

☕ 여유롭게 카페
영신상회

'상회'라는 이름처럼 과거에 동네 슈퍼였던 건물이 카페로 탈바꿈했다. 하얀색 페인트가 칠해진 외벽에 검정 글씨로 적힌 가게 이름은 7080 시대의 레트로한 분위기를 자아낸다. 내부는 전체적으로 노란색 톤을 이루고, 나무 소재의 가구와 소품들이 잘 배치되어 있어 아늑하다. 시그니처 메뉴인 바나나크림캐라멜라떼는 달콤한 맛이 매력적이다. 매일 직접 만드는 치즈케이크와 파운드케이크는 풍미가 깊고 부드럽다.

◎ **주소** 제주시 한림읍 명월성로 673 ◎ **내비게이션** '영신상회'로 검색 ☎ **문의** 064-710-6801 ◎ **이용 시간** 11:00~18:00 ⊖ **휴무** 토요일 ◎ **메뉴** 아메리카노 5,500원, 카페라떼 6,500원, 바나나크림카라멜라떼 7,000원, 치즈케이크 6,500원, 큐브파운드 4,000원

🚗 **Drive tip**

가게 앞 갓길에 주차

21

자연이 살아 숨 쉬는 곳
저지리
문화예술의 길

중산간에 자리한 마을 저지리에서는 어디를 향해 가든 고즈넉한 풍경과 마주친다. 시골 마을의 평화로움은 마음을 가볍게 만든다. 마을 주변에는 '제주의 허파'라 불리는 곶자왈과 드넓은 녹차 밭이 짙은 녹음을 이루고 있다. 녹음 사이에 아늑하게 자리한 미술관에서는 현대미술 작품을 만나며 문화생활을 즐기기 좋다. 자연과 예술이 한데 어우러진 저지리에서 나의 최애 여행지를 찾으려면 하루로 부족하지 않을까?

① 오설록티뮤지엄 & 이니스프리제주하우스
/ 티스톤에서 다도체험 해보기 \

2.1km

② 제주항공우주박물관
/ 우주비행사가 된 듯 테마관에서
중력가속도 체험하기 \

4.5km

③ 환상숲곶자왈
/ 숲해설가와 함께
신비롭고 몽환적인 숲 산책하기 \

3.4km

④ 제주현대미술관
/ 흥미로운 1평 미술관 방문하기 \

476m

⑤ 제주도립김창열미술관
/ 물방울 화가의 작품 감상하기 \

2.2km

⑥ 저지오름
/ 정상에 올라 한라산, 비양도, 산방산까지
파노라마로 둘러보기 \

3.6km

⑦ 낙천아홉굿마을
/ 중산간의 아늑한
마을 풍경 즐기기 \

환상숲곶자왈~제주현대미술관

한적한 시골 마을을 여유롭게 달린다. 저지마을회관 근처로 상업 시설이 조금 나타나지만 잠시뿐이다. 용금로를 타고 미술관으로 향하는 길에는 다시 전원 풍경을 마주하니 느림보가 된다.

Drive Map

코스 지도

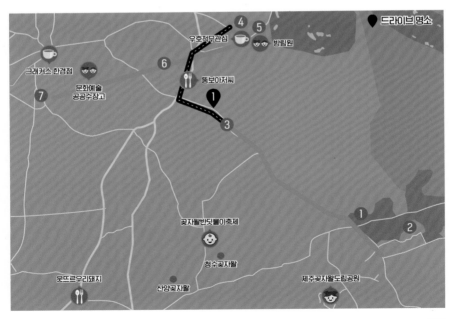

끝없이 펼쳐지는 서광다원

오설록티뮤지엄 & 이니스프리제주하우스

서광다원은 아모레퍼시픽에서 운영하는 녹차 밭. 광활하게 펼쳐진 푸른 들판은 보고 또 보아도 새로운 감동을 안겨준다. 다원은 싱그러운 초록빛을 하고 있어 찻잎 사이로 난 두렁을 따라 걷다 보면 눈은 편안해지고 마음도 차분해진다. 길 건너편에는 녹차를 테마로 한 오설록티뮤지엄과 화장품을 테마로 한 이니스제주프리하우스가 운영되고 있다. 티뮤지엄에는 차의 역사와 온갖 다기가 전시되어 있으며, 티뮤지엄 내 카페에서는 다양한 녹차와 녹차 아이스크림까지 맛볼 수 있다. 티뮤지엄에서 조금 떨어진 곳에 있는 이니스프리제주하우스에서는 제주의 자연에서 얻은 다양한 재료들로 만든 화장품을 만날 수 있다. 이곳 카페의 경우 티뮤지엄에 비해 비교적 한적하고, 창밖으로 녹차 밭이 펼쳐져 있어 풍경도 좋다.

◉ 주소 서귀포시 안덕면 신화역사로 15 ◐ 내비게이션 '오설록 티뮤지엄'으로 검색 ❷ 주차장 있음 ◉ 문의 064-794-5312 ◉ 이용시간 09:00~18:00 ⊜ 휴무 연중무휴 ⊜ 이용 요금 무료(카페 이용료는 메뉴에 따라 다름)

Travel Tip

이니스프리제주하우스 카페에서만 맛볼 수 있는 시그니처 메뉴를 주문해놓고 여유 있게 머무는 것도 좋다.

다도 체험을 할 수 있는
오설록의 티스톤

오설록티뮤지엄에 있는 티스톤에서는 다도 체험을 할 수 있다. 티스톤의 프로그램은 '뮤지엄 투어 & 그린티 클래스'와 '프리미엄 티 클래스'로 나누어 운영 중. 프리미엄 티 클래스의 경우 오설록의 유기농 녹차로 웰컴티를 맛보는 것을 시작으로 전문가의 안내에 따라 제주의 화산암차로 다도 체험을 하며 발효차에 관한 이야기를 듣는다. 이후 제공되는 애프터눈 티 세트는 제주숲홍차와 함께 오색넛츠타르트, 곶감호두말이, 미니케이크, 아이스경단 등 디저트가 제공된다. 디저트의 양은 많지 않지만 정갈하고 맛이 좋다. 통유리창을 통해 햇살을 머금은 티스톤에 앉아 디저트와 함께 차 한 잔을 즐기고 있으면 잠시나마 머리가 맑아져 개운한 기분이 든다. 마지막으로 티스톤 지하에 있는 발효차 숙성고를 둘러보면 다도 체험이 끝난다. 뮤지엄 투어 & 그린티 클래스에서는 애프터눈 세트가 제공되지 않으므로 프리미엄 티 클래스를 해보기를 추천한다. 최근에는 프라이빗 공간에서 티타임을 즐기는 '티 라운지'도 운영하기 시작했다.

티스톤 ☎ **문의** 010-4568-5312 ⏰ **이용 시간** 뮤지엄 투어 & 그린티 클래스 1일 2회(8:30~09:30, 10:00~11:00), 프리미엄 티 클래스 1일 3회(12:30~13:20, 14:00~14:50, 15:30~16:20) 💰 **이용 요금 티 클래스** 30,000원. **티 라운지** 35,000원(사전 예약 필수)

체험을 통해 즐기는 오감 우주 놀이터
제주항공우주박물관

서광다원 녹차 밭 끝자락에 항공우주박물관이 들어섰다. 녹차 밭 위로 모습을 드러낸 박물관이 지구에 잠시 내려앉은 UFO처럼 보이기도 한다. 미지의 세계이면서도 끊임없는 연구와 발견을 거듭하고 있는 우주에 관심이 많은 사람이라면 흥미로운 전시물로 가득한 박물관은 시간이 가는 줄 모르고 놀 수 있는 놀이터가 된다.

박물관에 처음 들어서면 26대의 크고 작은 실제 항공기가 전시되어 있어 웅장함이 느껴진다. 1층은 항공의 역사와 기술에 관한 내용이 전시되어 있으며, 2층의 천문우주관에는 천문학의 역사와 우주에 관한 전시물이 이어진다. 천문우주관을 둘러보고 나오면 제주항공우주박물관의 메인 전시라 할 수 있는 테마관이 나타난다. 5개의 주제로 구성된 테마관은 우주와 우주여행에 관한 다양한 영상과 체험으로 이루어져 있다. 5D 입체 영상을 시청하며 우주를 여행하고, 중력가속도 체험을 통해 실제 우주선에 탑승한 것 같은 경험을 해본다. 실제 우주비행사는 자기 몸무게의 6배에 해당하는 중력가속도를 경험하게 되는데, 체험 기구는 탑승자 몸무게의 2배에 해당하는 중력을 느낄 수 있도록 설계되어 있다. 평소 경험할 수 없던

중력의 힘을 간접적으로 체험하며 어릴 적 한 번쯤 꿈꿨던 우주비행사를 떠올려보자.

⊙ 주소 서귀포시 안덕면 녹차분재로 218 **⊙ 내비게이션** '제주항공우주박물관'으로 검색 **℗ 주차장** 있음 **☎ 문의** 064-800-2000 **⊙ 이용 시간** 09:00~18:00 **⊙ 휴무** 셋째 주 월요일(해당일이 공휴일이면 다음 날 휴무) **⊙ 이용 요금** 어른 10,000원, 청소년 9,000원, 어린이 8,000원

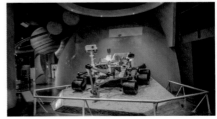

영화《아바타》속 정글 같은 신비의 숲

환상숲곶자왈

곶자왈은 제주에서만 볼 수 있는 신비의 숲이다. 제주 사람들은 '돌은 낭 으지허곡 낭은 돌 으지헌다'는 말로 곶자왈을 설명한다. '돌은 나무에 의지하고 나무는 돌에 의지한다'는 의미다. 화산활동으로 용암이 흘러내리면서 만들어진 바위에 오랜 세월 동안 여러 식물의 뿌리가 파고들어 자리를 잡으면서 제주도 특유의 원시림인 곶자왈을 만들었다. 이런 지형은 천연 동굴과 비슷한 역할을 해서 여름에는 시원하고 겨울에는 따스한 기온을 유지한다. 덕분에 한대식물과 난대식물이 공존하는 세계 유일의 생태계가 형성되었다.

제주만의 독특한 환경을 지닌 곶자왈을 가꿔 아름다운 숲길로 바꾼 곳이 바로 환상숲곶자왈이다. 이곳의 이형철 대표는 뇌경색으로 쓰러져 두 번의 수술을 받고 제주 곶자왈로 내려왔다. 4년간 맨손으로 이곳에 산책로를 일구면서 건강도 되찾았다. 그의 이야기는 TV〈인간극장〉에 소개된 바도 있다. 환상숲곶자왈에는 바위와 나무 사이로 얽히고설킨 넝쿨이 지천으로 깔려있다. 사람의 손으로 잘 가꿔진 숲이면서도 원형의 형태를 유지하고 있어 마치 영화 아바타에 나오는 정글처럼 신비로운 분위기가 충만하다.

주소 제주시 한경면 녹차분재로 594-1 **내비게이션** '환상숲곶자왈'로 검색 **주차장** 있음 **문의** 064-772-2488 **이용시간** 09:00~18:00(일요일 13:00~18:00) **휴무** 연중무휴 **이용 요금** 어른 5,000원. 청소년 및 어린이 4,000원

자연 속에서 꽃 피우는 예술
제주현대미술관

제주의 자연 친화성을 중점으로 한 공모전에서 최우수 작품으로 당선된 건물. 지하 1층, 지상 2층 규모의 제주현대미술관은 주변의 자연과 잘 조화를 이루어 편안한 느낌을 준다.

방문객을 향해 악수하고자 손 내민 듯한 커다란 조각상이 반기는 입구를 지나 미술관에 들어서면 김흥수 화백의 기증 작품이 전시된 상설 전시관을 가장 먼저 만난다. 동양의 음양 사상을 근간으로 한 독특한 하모니즘 화풍으로 유명한 김흥수 작가의 작품은 미술에 대해 깊게 모르는 사람이라도 화려한 색감에 눈길이 절로 간다. 야외 정원에는 1평의 공간을 활용하여 설치예술 작품을 전시한 1평 미술관이 있다. 한 명의 관람객과 하나의 작품이 오롯이 소통할 수 있는 전시

형태로 오랫동안 사용하지 않던 곳을 감성적인 전시 공간으로 탈바꿈시킨 것이다.

정원 곳곳에는 꽃의 얼굴을 한 표범 등 상상의 날개를 더한 조형 작품이 전시되어 있다. 야외 정원 뒤쪽으로는 예술인들이 모여 사는 저지리예술인마을이 이어진다. 공간적 분리감이 거의 없어 편하게 둘러볼 수 있으나 거주 공간인 만큼 에티켓을 지켜야 한다.

● **주소** 제주시 한경면 저지14길 35 ● **내비게이션** '제주현대미술관'으로 검색 ● **주차장** 있음 ● **문의** 064-710-7801 ● **이용 시간** 09:00~18:00 ● **휴무** 월요일 ● **이용 요금** 어른 2,000원, 청소년 1,000원, 어린이 500원

1평 미술관

물방울 화가의 예술 세계
제주도립김창열미술관

'물방울 화가'로 알려진 김창열 화백의 작품을 만날 수 있는 미술관. 김창열 화백은 한국전쟁 때 1년 6개월 동안 제주에 머무르며 제주와 인연을 맺었다. 초기에는 추상화로 작품 활동을 하다가 1972년부터 캔버스에 뚝 떨어진 듯한 물방울을 그려 넣기 시작해 이후 50여 년간 물방울 작품에 매진했다.

김창열 화백의 물방울 작품은 빛과 그림자가 공존하고 있어 누군가 실수로 작품 위에 흘린 물방울이 아닐까 싶을 정도로 생생하다. 물방울 하나하나를 관찰하다 보면 오로지 한길만 걸어온 작가의 예술혼이 느껴져 경외감이 든다. 미술관은 중앙에 빛의 중정을 중심으로 각각의 방들로 구성되어 있다.

● **주소** 제주시 한림읍 용금로 883-5 ● **내비게이션** '김창열미술관'으로 검색 ● **주차장** 있음 ● **문의** 064-710-4150 ● **이용 시간** 09:00~18:00 ● **휴무** 월요일 ● **이용 요금** 어른 2,000원. 청소년 1,000원, 어린이 500원

물방울 조형 작품
《의식》

다양한 물방울 작품 전시 중에서 방과 방 사이에 놓인 《의식》이라는 조형 작품은 매우 인상적이다. 통유리로 된 창문으로 들어오는 빛이 투명한 유리 물방울 속으로 투과된다. 작품은 어두운 공간에 있으나 창밖으로 보이는 푸른 숲과 햇살이 유리 물방울을 통해 보는 이에게 전달되는 이채로운 작품이다.

칠성단에서 소원을 빌어보자

저지오름

저지오름은 제주도 서부 중산간 마을을 대표하는 오름으로 해발 239m, 비고(比高) 100m의 높이로 솟아 있다. 과거에는 민둥산이었으나 저지리 마을 주민들이 1960년대부터 소나무와 삼나무를 심어 현재는 푸르름이 가득한 숲으로 거듭났으니 지금은 옛 모습을 기억하기 어려울 정도다.

오름의 산책로는 숲을 빙 돌아 오르는 형태로 나 있어 크게 힘들이지 않고 오를 수 있다. 둘레길을 따라 산책로를 걷다가 중간 지점에서 정상으로 향하는 오르막길로 들어서면 된다. 짙푸른 숲을 지나 정상에 다다르면 푸른 하늘이 열리고 전망대가 나타난다. 한라산의 산세가 장쾌하게 흐르는 모습을 시작으로 눈 앞에는 비양도가 떠 있는 바다가 보이고, 등 뒤로는 저지오름의 분화구 지나 서남쪽의 산방산이 눈에 들어온다. 사방으로 뻥 뚫린 풍경을 바라보고 있으면 가슴이 절로 후련해진다. 전망대 옆으로는 분화구 아래로 내려가는 관찰로가 나 있다. 경사가 급한 계단을 따라 내려가면 800m 둘레의 분화구 속으로 파묻히는 듯한 경험을 할 수 있다.

주소 제주시 한경면 저지리 산51 **내비게이션** '제주시 한경면 저지리 1715-12'로 검색 **주차장** 내비게이션 주소에 주차하거나 도로 갓길에 주차

🧳 Travel Tip

분화구로 내려갈 경우 계단으로 내려갔다 다시 올라와야 하므로 노약자와 함께라면 굳이 추천하지 않는다.

천 개의 의자가 있는 마을
낙천아홉굿마을

낙천아홉굿마을은 제주도에서는 보기 드문 아홉 개의 샘이 있다는 뜻으로 마을에 오신 손님들에게는 9가지 좋은 것(굿, Good)들이 있다는 의미를 담고 있다. 화려한 볼거리는 없지만 제주 중산간 지역의 소소한 마을 풍경이 궁금한 사람이라면 한 번쯤 들려볼 만한 마을이다.

아홉굿마을에 있는 낙천의자공원은 낙천리의 마을 주민들이 직접 못질해서 만든 1,000개의 의자가 있는 이색 공원이다. 입구에는 빌딩처럼 높게 솟은 의자가 가장 먼저 인사를 건네고 안으로 각양각색의 의자들이 끝없이 놓여있다. 의자 사이를 거닐며 새겨진 문구를 하나씩 들여다보자. 수많은 의자 중 마음에 드는 의자를 골라 잠시 걸터앉아 휴식을 취해보자.

찾는 이가 많지 않으면서도 고즈넉한 분위기를 자아내고 있어 훌륭한 언택트 여행지다.

 주소 제주시 한경면 낙수로 97 ▶ **내비게이션** '낙천의자공원'으로 검색 **주차장** 있음 **문의** 064-773-1946

🧳 **Travel Tip**

낙천의자공원 끝에는 올레 13코스를 따라 잣길이 이어진다. 잣길이란 돌무더기 땅을 농토로 일구면서 만든 농로로, 척박한 제주의 환경 속에서 살아남기 위한 억척스러운 선인들의 지혜를 엿볼 수 있게 해준다.

여유롭고 맑은 풍경을 지닌 낙천리 마을 길을 따라 드라이브하다 보면 곳곳에서 연못을 발견할 수 있다. 그중 연못 위로 의자 조형물이 설치된 '저갈물'이라는 연못을 찾아보는 것이 포인트. 이 연못은 과거에 물을 먹기 위해 찾아온 돼지들이 땅을 계속 파헤쳐서 규모가 커졌다고 한다. 마을 사람들에 의해 관리가 잘 되어 있으며 저갈물 주변에 놓인 돼지 조각상을 찾아보는 재미가 쏠쏠하다. 연못 덕에 그 주변으로 사람들이 몰려 살기 시작했고, 지금의 마을이 생겼다고 하니 참 소중한 연못이다.

함께 가볼 만한 곳들을 소개합니다. 당신의 취향은 어느 곳인가요?

아이와 함께
곶자왈반딧불이축제

6월 초·중순이 되면 곶자왈에 찾아오는 손님이 있으니 바로 반딧불이다. 청수곶자왈에서는 매년 6월 초부터 7월 초순까지 반딧불이 축제를 열므로 그 시기에 제주를 여행한다면 축제에 참여해보기를 적극 추천한다. 노란 불빛을 반짝이며 곁을 지나치는 반딧불이의 모습을 보고 있노라면 마치 동화 속으로 빠져드는 것만 같다. 근처에 있는 산양큰엉곶에서 6월 중순~6월 말에 반딧불 체험 신청을 할 수 있다. 단, 반딧불이는 빛에 매우 민감하므로 반딧불이 보존을 위해 카메라 플래시나 손전등 등 불빛 사용은 금하고 정숙해야 한다.

○ 주소 주시 한경면 연령로 348 **○ 내비게이션** '웃뜨르빛센터'로 검색 **○ 문의** 064-772-5580 **○ 이용 시간** 매월 6~7월 사이 20:00~21:30 **○ 휴무** 연중무휴 **○ 이용 요금** 어른 10,000원, 청소년 및 어린이 5,000원(축제는 선착순으로 티켓을 발부. 4시부터 구매 순번표를 뽑고 대기 후 5시에 입장권 발행)

🚗 Drive tip
센터 앞 도로변 갓길에 주차

친구&연인과 함께
문화예술 공공수장고

제주현대미술관은 공공수장고의 다목적실을 활용해 몰입형 미디어아트 영상 전시장을 만들었다. '제주의 자연, 현대미술을 품다'라는 주제로 현대미술관이 보유하고 있는 소장품에 생동감 있고 역동적인 효과를 더해 미디어아트로 구현했다. 상영 시간은 약 20분이므로 이곳만 단독으로 찾아오는 것보다 제주현대미술관이나 제주도립김창열미술관을 방문했을 때 함께 둘러보기 좋다.

○ 주소 제주시 한경면 저지12길 84-2 **○ 내비게이션** '문화예술공공수장고'로 검색 **P 주차장** 있음 **○ 문의** 064-710-4154 **○ 이용 시간** 10:00~17:00(30분 간격으로 상영, 1회당 25명, 상영시간 30분 전부터 선착순 예매) **○ 휴무** 월요일 **○ 이용 요금** 성인 4,000원, 청소년 2,000원, 어린이 1,000원

친구&연인과 함께
방림원

꽃과 식물을 좋아하는 원장 부부가 십 년 넘도록 키운 2,000여 종의 야생화와 나무 등을 약 5,000여 평 부지에 다양한 주제에 따라 전시한 화원. 온실 전시관을 비롯하여 야외 정원, 화산송이 동굴 등 다양한 볼거리가 있다. 연못과 개울을 따라 아기자기하게 꾸며진 산책로 옆으로 이름 모를 야생초들이 철 따라 무더기로 꽃을 피운다. 꽃을 좋아하는 사람이라면 놓치지 말아야 할 명소 중 한 곳이다.

◉ **주소** 제주시 한경면 용금로 864 ◉ **내비게이션** '방림원'으로 검색 ◉ **문의** 064-773-0090 ◉ **이용 시간** 09:00~18:00(11~2월 17:00까지 운영) ◉ **휴무** 연중무휴 ◉ **이용 요금** 어른 8,000원, 청소년 및 어린이 6,000원

 Drive tip
방림원 앞 공터에 주차 공간 있음

혼자라면
제주곶자왈도립공원

곶자왈의 체계적인 보전 및 관리를 위해 도에서 조성한 공원. 곶자왈 숲을 만끽하고 싶은 사람이라면 제주곶자왈도립공원을 추천한다. 테우리길, 한수기길, 빌레길, 오찬이길, 가시낭길로 이루어진 탐방로를 따라 곶자왈 곳곳을 산책할 수 있다. 길은 평탄하지만 자연 흙과 자갈로 이루어진 길이 많으니 등산화나 운동화를 신고 가는 것이 좋다. 금~일요일에 10시와 14시에는 사전 예약 없이도 해설사와 함께하는 곶자왈 탐방이 가능하다.

◉ **주소** 서귀포시 대정읍 에듀시티로 178 ◉ **내비게이션** '제주곶자왈도립공원'으로 검색 ◉ **주차장** 있음 ◉ **문의** 064-792-6047 ◉ **이용 시간** 09:00~16:00(탐방 시간 18:00까지, 11~2월에는 입장 15:00, 방 17:00까지 운영) ◉ **휴무** 연중무휴 ◉ **이용 요금** 어른 1,000원, 청소년 800원, 어린이 500원

즐거웁게 미식
뚱보아저씨

제주에서 가장 가성비 좋은 갈치구이 음식점이라고 해도 과언이 아니다. 9900원에 갈치구이를 비롯하여 고등어조림과 성게미역국이 함께 나오니 도민들도 종종 찾아오는 맛집이다. 바싹하게 튀긴 것처럼 나오는 갈치구이는 살이 도톰하여 식감이 좋다. 튀김옷에 굵은 소금이 더해져 짭짤하고 고소한 맛을 낸다. 함께 나오는 밑반찬들도 깔끔하니 맛이 좋아 집밥을 먹는 듯하다.

📍 **주소** 제주시 한경면 중산간서로 3651 ◐ **내비게이션** '뚱보아저씨'로 검색 📞 **문의** 064-772-1112 ◐ **이용 시간** 08:30~20:00(브레이크 타임 15:30~17:00) ◐ **휴무** 목요일 ◐ **메뉴** 갈치구이정식 9,900원, 육개장 8,000원

🚗 **Drive tip**
음식점 주변 도로 갓길에 주차

즐거웁게 미식
웃뜨르우리돼지

흑돼지 고깃집이 즐비한 제주에서 도민들이 찾아올 만큼 맛이 좋은 음식점 중 하나다. 사장님의 부모님께서 운영하는 농장에서 키우는 흑돼지만을 취급하여 마블링이 좋고 부드러운 고기를 제공한다. 두툼한 고기와 풍부한 육즙은 고소하고 쫄깃한 식감을 내어 입을 즐겁게 한다. 유아용 의자, 유아용 식기, 유아용 된장국 등 아이들을 동반한 가족을 위한 배려가 돋보인다. 점심 특선으로 흑돼지 두루치기를 무한 리필로 이용할 수 있다.

📍 **주소** 제주시 한경면 연명로 2 ◐ **내비게이션** '웃뜨르우리돼지'로 검색 📞 **문의** 0507-1409-5993 ◐ **영업시간** 11:30~21:30 ◐ **휴무** 수요일 ◐ **메뉴** 흑돼지 오겹살 200g 20,000원, 흑돼지 목살 200g 20,000원

🚗 **Drive tip**
음식점 주변 도로 갓길에 주차

여유롭게 카페
우호적무관심

미술관 옆 카페답게 전시관 같은 분위기의 단조롭고
깔끔한 외관과 정원. 작지만 독특한 공간구성이 잘 어
우러진 모습이 인상적인 카페. 4면이 모두 통유리로
되어 있어 카페 이름처럼 무관심하듯 조용한 저지리
의 풍경을 바라보며 차 한잔 마시기에 어울리는 분위
기다. 메뉴가 다양하지는 않지만, 커피와 티, 요거트
와 음료, 그리고 케이크와 브라우니까지 나름 알차다.

◉ **주소** 제주시 한경면 저지12길 103 ◐ **내비게이션** '우호적무관
심'으로 검색 ◗ **주차장** 있음 ◉ **문의** 0507–1313–2866 ◉ **이용 시
간** 11:00~18:00 ◖ **휴무** 연중무휴 ◉ **메뉴** 아메리카노 5,000원.
카페라떼 5,500원, 이른아침 6,000원, 늦은오후 6,000원, 말차파
운드케이크 4,500원 ◉ **인스타그램** @woomoo.cafe

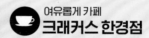

여유롭게 카페
크래커스 한경점

크래커스는 직접 운영하는 로스터스에서 제조하는
원두로 커피를 내린다. 다크초콜릿의 쌉쌀함과 잘 익
은 과일의 단맛을 골고루 갖춘 밸런스 커피인 리허설
과 화사한 꽃과 과일의 향미를 통해 단맛을 느낄 수
있는 개성 커피인 커튼콜을 판매한다. 커피 맛도 일
품이지만, 시골 할머니 댁에 놀러온 듯한 분위기에
가로로 길게 뚫린 창문을 통해 화사한 햇살이 비추는
'햇살 맛집'이기도 하다.

◉ **주소** 제주시 한경면 낙수로1 1층 ◐ **내비게이션** '크래커스 한경
점'으로 검색 ◉ **문의** 064–773–0080 ◉ **이용 시간** 10:00~18:00
◖ **휴무** 금요일 ◉ **메뉴** 아메리카노 5,000원, 콜드블루 6,000원,
오렌지오렌지 6,500원 ◉ **인스타그램** @crackerscoffeeroasters

🚗 **Drive tip**
음식점 주변 도로 갓길에 주차

22

고난 속에서 꽃피운 예술혼
김정희를 만나는
추사유배길

조선시대 제주는 유배의 땅이었다. 죄 중에서도 가장 큰 죄를 지은 사람이 제주도로 유배 왔다. 고문과 형벌로 만신창이된 몸을 이끌고 해남이나 강진까지 걸어온 후, 배를 타고 바다의 모진 풍파를 겪어야 비로소 제주에 도착했다. 제주에 도착한 김정희는 "백 번을 꺾이고 천 번을 갈아 끝내 도착한 곳"이라고 자신의 심정을 표현했다. 하지만 김정희는 역경 속에서도 예술혼을 불태웠다. 그의 숨결을 따라 대정읍을 여행하며 마음의 위안을 얻는다.

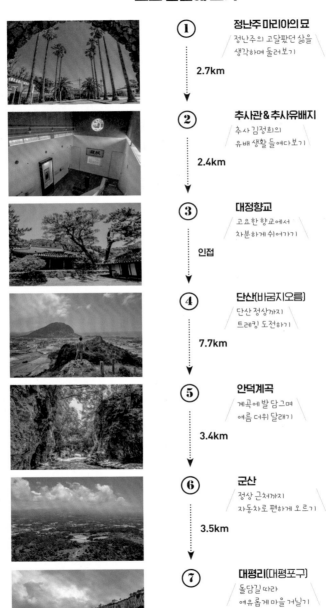

① **정난주 마리아의 묘**
정난주의 고달팠던 삶을
생각하며 둘러보기

2.7km

② **추사관 & 추사유배지**
추사 김정희의
유배 생활 들여다보기

2.4km

③ **대정향교**
고요한 향교에서
차분하게 쉬어가기

인접

④ **단산(바굼지오름)**
단산 정상까지
트레킹 도전하기

7.7km

⑤ **안덕계곡**
계곡에 발 담그며
여름 더위 달래기

3.4km

⑥ **군산**
정상 근처까지
자동차로 편하게 오르기

3.5km

⑦ **대평리(대평포구)**
돌담길 따라
여유롭게 마을 거닐기

드라이브 명소

추사관 & 대정읍성~대정향교

드넓은 제주의 들녘을 가로지른다. 주로 마늘밭이 푸르름을 지키고, 봄에는 도로 중간중간에 유채꽃이 피어 세상을 노랗게 물들인다.

안덕계곡~대평리

마치 강원도의 험준한 고개를 넘는 것처럼 S자로 이어진 길을 따라 대평리로 내려간다. 창문 밖으로 드넓게 펼쳐진 대평리마을을 보며 천천히 운전해보자.

Drive Map

코스 지도

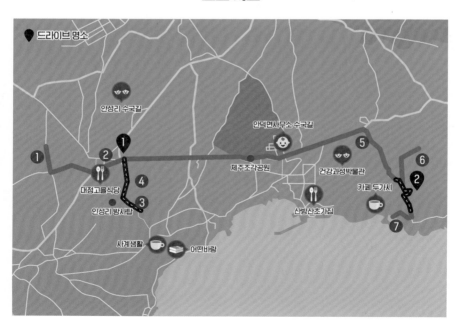

드라이브 명소

안성리 수국길

안덕면사무소 수국길

제주조각공원

건강과성박물관

대정고을식당

인성리 방사탑

카페 두가시

산방산초가집

사계생활   어떤바람

고달픔은 뒤로 한 채 평화로움만 남은

정난주 마리아의 묘

정난주 마리아의 묘에 들어서면 하늘 높이 곧게 선 야자수가 가장 먼저 눈에 들어온다. 거센 바람이 불 때마다 서로 부딪히며 흔들리는 야자수 잎의 서걱이는 소리만 들릴 뿐 묘지는 평화롭고 고요하다.

안락한 묘지의 겉모습과는 달리 정난주의 삶은 고달 팠다. 그녀는 다산 정약용의 큰형인 정약현의 딸로 고모부였던 이승훈으로부터 '마리아'라는 세례명을 받고 천주교도가 되었다. 1801년에 천주교도를 탄압한 신유박해 때 정약용의 집안이 큰 피해를 보았고, 정난주는 시어머니와 갓난쟁이 아들을 데리고 친정인 남양주로 피신하였다. 이후 남편이었던 황사영이 신유박해의 참상을 알리기 위해 가톨릭교회 북경 교구의 주교에게 편지를 전달하려다 발각되어 처형되

었고, 정난주는 제주의 대정현에서 관노비로 남은 일생을 살았다. 그녀는 노비였음에도 훌륭한 인품과 풍부한 학식으로 주민들을 교육하였다. 그녀가 66세의 나이로 사망하였을 때 마을 사람들은 '한양 할머니'가 죽었다며 슬퍼할 만큼 존경받았다고 전해진다.

ⓞ **주소** 서귀포시 대정읍 동일리 10-1 ⓝ **내비게이션** '대정성지'로 검색 ⓟ **주차장** 있음

역경을 이겨낸 김정희를 만나다

추사관 & 추사유배지

추사 김정희(1786~1856)는 '추사체'로 알려진 조선 후기의 대표적 서예가다. 추사체가 워낙 유명해 보통 서예가로 알고 있지만, 그는 비석에 새겨진 글자를 연구하는 금석학의 대가이자 역사학자였고 실학자였다. 명문가였던 김정희 집안은 권력투쟁에 휘말리면서 아버지는 고금도에 유배되었다가 1년 뒤 귀양에서 풀려나 세상을 떠났고, 본인은 병조참판에 올랐으나 머지않아 제주도 대정읍으로 유배를 당한다. 위리안치, 죄인을 가시로 둘러싼 담장에 가두고 바깥 출입을 금지하는 유배 생활을 한 것. 당시 50대였던 김정희는 제주의 낯선 풍토에 적응하며 험한 삶을 살았고 얼마 후 부인까지 사망하면서 힘든 시간을 보냈다. 고난의 세월 속에서도 학문에 대한 열정을 잃지 않았던 그는 역경을 이겨내고 추사체를 완성했다. 유배 오기 전에는 추사의 글씨가 두껍고 윤기 가득한 기름진 글씨였다면, 유배 시절 완성된 추사체는 독창적이고 파격적인 형태이면서도 그 안에 간결함이 배어있다. 유배 생활을 통해 비워내고 덜어낸 김정희의 마음가짐이 글씨에 녹아든 것 아닐까.

추사관은 김정희의 최고 걸작으로 꼽히는 《세한도》에 그려진 집을 본 따 지었다. 외관은 제주에서 볼 수 있는 흔한 창고의 형태를 하고 있어 오랜 역사를 지닌 대정읍마을과 이질적이지 않게 어우러진다. 돌담으로 둘러싸인 유배지 담장 안쪽에는 탱자나무가 초록빛을 뽐내고, 대문간에는 제주만의 독특한 대문인 정낭이 있다. 막역한 사이였던 초의선사가 추사를 위로하기 위해 차를 보내주고, 직접 찾아와 차나무를 심어주기도 했다고 전해진다.

⊙ 주소 서귀포시 대정읍 추사로 44 **● 내비게이션** '추사관'으로 검색 **ⓟ 주차장** 있음 **● 문의** 064-710-6801 **◎ 이용 시간** 09:00~18:00 **● 휴무** 월요일 **⊜ 이용 요금** 무료

세한도 속 집을 본 따 만든 추사관

조선시대의 모습을 그대로 간직한
대정읍성

추사관과 추사유배지는 대정읍성에 자리한다. 조선시대 제주는 1목 2현의 행정구역이었다. 한라산을 중심으로 북쪽 절반은 제주목, 남서 지역은 대정현(현재의 대정읍, 안덕면 일대), 남동 지역은 정의현(현재 성산읍, 표선읍, 남원읍 일대)으로 나뉘어 있었다. 그중 대정현은 매서운 바람이 끊이질 않는 척박한 땅으로 주로 중죄인이 이곳으로 유배 왔다.

모진 환경 속에서 살아온 대정현의 흔적인 옛 대정읍성이 지금까지도 일부 남아 마을을 감싸 안고 있다. 입구에는 오래된 돌하르방이 오가는 사람들에게 인사를 건네고, 마을 안에는 돌담이 굽이굽이 길을 내고 있다. 마을의 유일한 우물이었다는 두레물, 광해군이 영창대군을 죽이자 그의 처형이 부당하다는 상소를 올렸다가 제주로 유배된 동계 정온의 유허비가 읍성 내에 자리하고 있다. 추사관부터 시작해 두레물과 동계정온유허비 등 오래된 읍성의 정취를 감상하면서 돌아보는 '집념의 길'을 걸어보자.

🏃 **코스 정보 집념의 길**: 추사관 → 송죽사터 → 송계순집터 → 두레물 → 동계정온유허비 → 추사관(왕복 2km) ⏱ **소요 시간** 30분

드론으로 본 대정읍성 마을

《세한도》의 나무를 옮겨온 듯한
대정향교

대정향교는 단산 기슭에 자리를 깔고 앉아 대정읍의
바다를 바라보는 배치로 지어졌다. 거센 바람이 잦은
지역이라 지붕은 낮게 올렸고, 단단한 돌벽으로 향
교 건물을 둘러쌌다. 향교 내에 들어서면 지붕 위까
지 솟은 팽나무와 소나무가 먼저 눈에 띈다. 오래된
나무가 품고 있는 세월이 대정향교의 역사를 전하는
모습이다. 두 나무는 김정희의 《세한도》에 그려진 나
무와 닮았다. 김정희는 대정향교의 풍경을 보고 세한
도의 영감을 얻지 않았을까. 김정희는 대정향교에 글
씨도 남겼다. 향교의 훈장이었던 강사공은 김정희가
제주로 유배 왔다는 소식을 들었다. 그는 김정희에
게 청하여 '의문당(疑問堂)'이라 적힌 글씨를 받아 대
정향교 동재에 현판을 걸었다. 의문당 현판의 진품은
추사관에서 볼 수 있다.

《세한도》

📍 **주소** 서귀포시 안덕면 향교로 165-17 🧭 **내비게이션** '대정향교'
로 검색 🅿 **주차장** 있음 📞 **문의** 064-794-7944

액운아 오지마
인성리 방사탑

추사관과 대정읍성을 지나 대정향교로 가는 길에 있는 인성리 방사탑에 들러보자. 방사탑은 제주 사람들이 마을에 액운이 오는 것을 막기 위해 기가 허한 곳에 세운 탑이다. 탑 위에 작은 돌하르방을 세운 모습이 독특하다. 박쥐가 날개를 펼친 것처럼 산등성이가 굴곡진 단산을 배경으로 방사탑이 서 있어 제주의 수많은 방사탑 중 가장 멋스럽다. 방사탑 옆으로 펼쳐진 마늘밭을 지나면 대정향교에 도착한다.

◎ 주소 서귀포시 대정읍 인성리 30-2

산도롱헌 바람의 위로

단산(바굼지오름)

단산은 아주 먼 옛날 대정 들녘이 물에 잠겼을 때 오름 끝이 바굼지(바구니의 제주 방언)만큼만 보였다는 이야기에 따라 민간에서 '바굼지오름'이라 불린 곳이다. 그런가 하면 오름이 박쥐가 날개를 편 모습처럼 보인다고 하여 '바구미(박쥐의 제주 방언)'라고 불리다 바굼지로 변했다는 설도 있다.

단산은 이처럼 보는 위치에 따라 다양한 얼굴을 드러낸다. 겉모습도 화려하지만 가장 큰 매력은 정상에 올라야 느낄 수 있다. 깎아지는 절벽이 날카롭게 솟은 단산 정상에 서면 우뚝 솟은 산방산과 아기자기한 사계리 마을이 눈앞에 펼쳐지는 것. 오른쪽으로 천천히 고개를 돌리면 형제섬을 시작으로 멀리로 송악산이 보이고, 그 뒤로 가파도와 마라도까지 대정읍의

바다가 파노라마로 이어진다. 바다에서 불어오는 산도롱헌('시원하고 서늘하다'는 뜻의 제주 방언) 바람이 머리를 스치고 지나가면 험한 산길을 올랐던 고생스러움은 까마득히 잊고 만다. 단산은 제주를 찾는 여행자들에게 많이 알려지지는 않은 곳이지만, 정상에서 바라보는 풍경은 그 어느 오름보다 아름다운, 숨은 보석 같은 곳이다.

⊙ 주소 서귀포시 안덕면 사계리 3123-1 **▶ 내비게이션** '단산사'로 검색 **ⓟ 주차장 없음**

🚗 **Drive tip**

단산사 앞 삼거리에 주차할 수 있는 도로 공간이 있다. 주차 후 단산사 정문으로 걸어와 옆으로 난 등산로를 따라 오른다.

목표는 너른바위
단산 트레킹하기

단산은 출발 지점인 단산사 입구에서 정상까지 약 20분이 걸린다. 코스는 길지 않지만, 등산로가 거칠고 험해 트레킹화나 튼튼한 운동화를 신고 올라가는 것이 좋다. 한여름에는 등산로에 풀이 무성하게 자라 긴바지를 입는 게 도움이 된다. 정상까지 가기 꺼려진다면 출발지에서 7~8분만 걸어가면 도착하는 너른바위까지만 가보자. 돌무더기 구간을 올라 오른쪽에 있는 너른바위 위에 서면 사계리의 풍경이 펼쳐진다.

기암절벽이 둘러싼 비밀의 숲
안덕계곡

도로 옆으로 난 입구에서 안덕계곡이 시작된다. 과거
엔 아는 사람만 오는 계곡이었지만, 최근에는 SNS를
통해 입소문이 나면서 찾아오는 이들이 점점 늘고 있
다. 숲길에 들어서면 주변이 도로였다는 것을 잊을
만큼 거짓말처럼 소음이 사라진다. 산책로를 따라 조
금만 걸으면 기암절벽이 둘러싼 안덕계곡이 나타난
다. 절벽 틈 사이사이로 뿌리를 내린 나무가 울창한
숲을 이루고 있어 신비로운 느낌마저 든다. 나뭇가지
들이 계곡 쪽으로 뻗어 위태로운 느낌도 들지만, 기
암절벽과 어우러진 풍경이 감탄을 자아낸다.

김정희 역시 안덕계곡의 아름다움에 반해 자주 찾았
다고 전해진다. 계곡 밑바닥은 비교적 평평한 암반
이 깔려 있어 그늘에 자리를 잡고 앉아 계곡의 운치
를 즐겨도 좋다. 계곡물에 발을 담그고 나만의 '비밀
의 숲'에서 여유를 즐겨보자. 안덕계곡을 따라 이어
진 난대 상록수림은 희귀한 식물이 많아 천연기념물
제377호로 지정되어 있다.

♀ 주소 서귀포시 안덕면 감산리 1946 **⊙ 내비게이션** '안덕계곡'
으로 검색 **ₚ 주차장** 있음(주차장에 주차 후 길을 건너면 안덕계
곡 입구가 있다) **☎ 문의** 064-794-9001

자동차로 오르는 오름
군산

안덕계곡을 나와 대평포구로 가는 길에 군산오름이 있다. 군산오름은 대평리를 병풍처럼 에워싸고 있을 만큼 제주 내에서 가장 큰 규모를 자랑한다.

군산오름은 무엇보다 자동차로 정상 근처까지 갈 수 있다는 것이 장점이다. 차로 주차장까지 온 후 등산로를 따라 조금만 걸으면 정상에 닿는다. 오름 정상에는 뿔이 난 것처럼 두 개의 바위가 솟아 있다. 그 모습이 용머리에 솟아난 뿔 모양이라 상서로운 산으로 여겼다. 제주 사람들은 묘를 오름에 조성하곤 했는데, 이곳에 묘를 쓰면 큰 가뭄이 온다는 얘기가 전해져 군산엔 묘가 없다. 바위에 올라서면 중문관광단지가 한눈에 들어오고, 반대쪽으로는 대평리와 산방산 일대의 풍경이 이어진다. 날씨가 좋으면 가파도와

마라도까지 보일 정도로 시원하게 전망이 펼쳐진다. 등 뒤로 고개를 돌리면 제주를 품에 안고 있는 한라산의 넓은 산등성이가 모습을 드러낸다. 그 위를 지나가는 구름이 한라산 정상인 백록담에 종종 걸린다. 한라산이 구름 모자를 번갈아 쓰는 모습을 보고 있는 것만으로도 힐링이 된다.

⊙ 주소 서귀포시 안덕면 창천리 564 **⊙ 내비게이션** '군산오름'으로 검색 **⊙ 주차장** 있음

🚗 Drive tip
차로 올라갈 수 있는 오름이지만 도로가 외길이다. 마주 오는 차가 있다면 길 가장자리로 차를 바짝 붙여야만 지나갈 수 있다. 초보 운전자는 진땀을 뺄 수도 있다.

용왕의 아들이 살았다는
대평리(대평포구)

군산에서 내려와 대평포구로 향하는 길은 마치 강원도의 험준한 산맥을 넘는 것처럼 높은 곳에서 낮은 곳까지 S자 도로로 이어진다. 차창 밖으로 보이는 대평리 마을의 아늑한 모습이 이곳에서 한 번쯤 살아보고 싶다는 생각이 들게 만들 정도로 정겹다. 빨간등대가 서 있는 포구까지 가면 약 100m의 높이의 주상절리가 길게 늘어선 해안 절벽인 박수기정을 만난다. 바가지로 물을 뜰 수 있는 샘물을 뜻하는 '박수'와 절벽을 뜻하는 '기정'이 합쳐져 '박수기정'이라 이름 붙었다.

박수기정에는 재미난 전설이 전해진다. 옛날에 용왕의 아들이 대평리에 살면서 공부를 했는데, 3년 동안 공부를 마친 용왕의 아들이 스승에게 소원 하나를 들어준다고 말했다. 이에 스승은 냇물 소리가 공부에 방해되니 없애달라고 청했다. 이에 용왕의 아들은 박수기정을 만들어 방음벽을 설치했고, 동쪽으로 군산을 만들고 떠났다. 전설에 따라 대평리의 옛 이름도 '용왕난드르'였다. 난드르는 '넓은 들판'을 의미하는 제주 방언으로 '용왕이 나온 넓은 들'이라는 뜻이다. 대평리마을은 사람들이 붐비는 관광지가 아니다. 특별히 할 것을 찾는 것보다는 그저 여유롭게 돌담길

을 따라 마을을 걷다 파도 소리를 들으며 박수기정의 풍경을 감상하면 그만이다. 어느새 뉘엿뉘엿 해가 질 때면 박수기정 옆으로 붉은 노을이 지기 시작해 우리의 마음에 위안을 건넨다.

◎ 주소 서귀포시 안덕면 감산리 982-5 **◐ 내비게이션** '대평포구'로 검색 **ⓟ 주차장** 있음

🚗 Drive tip
주차한 후 자갈이 깔린 해변을 지나 해안가로 가면 박수기정을 가까이 볼 수 있다.

함께 가볼 만한 곳들을 소개합니다. 당신의 취향은 어느 곳인가요?

동네 책방
어떤바람

옛 구멍가게를 개조해 만든 서점이다. 초록색 담쟁이 덩굴이 노란색 건물을 휘감고 있는 모습이 눈길을 사로잡는다. 서점 내부는 돌담으로 만든 계산대와 목재로 만든 커다란 창문을 이용해 고풍스러운 멋을 살렸다. 벽면에 걸린 작은 그림들과 곳곳에 놓인 소품들이 아기자기함을 더한다. 화려하진 않지만 작은 책방의 소소한 아름다움이 돋보인다.

◉ **주소** 서귀포시 안덕면 산방로 374 ◉ **내비게이션** '어떤바람'으로 검색 ◉ **문의** 064-792-2830 ◉ **이용 시간** 12:00~18:00 ◉ **휴무일** · 월요일

🚗 Drive tip
마을 길가에 주차해야 한다. 편의점이 있는 사거리에서 사계로 방향으로 올라가면 비교적 넓은 도로가 나타나 길가에 주차하기 편하다.

아이와 함께
안덕면사무소 수국길

제주도의 많은 수국 명소 중 가장 접근성도 좋고 주차하기도 편한 곳. 안덕면 행정복지센터 앞에 넓은 주차장이 있기 때문. 근처에 안덕산방도서관이 있어, 수국을 구경한 후 아이들과 함께 들러도 좋다. 도로 양옆으로 놓인 인도 위로 약 700m 구간에 수국이 가득 피어난다. 버스 정류장 주변을 가득 메운 수국이나, 산방산을 배경으로 한 수국 등 다양한 배경으로 수국 인증 사진을 남길 수 있다.

◉ **주소** 서귀포시 안덕면 화순서서로 74 ◉ **내비게이션** 앞의 주소로 검색 ◉ **주차장** 있음

Travel Tip
수국이 절정을 향하는 6월 중순~6월 말경에 찾는 것이 좋다.

친구&연인과 함께
안성리 수국길

마을 주민들이 손수 가꾼 수국길이다. 마을의 좁은
돌담길을 따라 수국이 줄지어 핀다. 이곳을 찾는다면
주민들의 삶의 공간이므로 예의를 지키고 조용히 즐
겨야 한다. 수국은 토양이 산성일 때 푸른 계열을 띠
고, 알칼리성일 때 붉은빛을 띤다. 안성리 수국은 붉
은빛과 자줏빛 수국이 많아 다른 곳과는 차별화된 수
국을 만날 수 있다.

○ **주소** 서귀포시 대정읍 안성리 998 ⊙ **내비게이션** 앞의 주소로
검색 ℗ **주차장** 없음(마을 초입이나 수국길을 지나 좀 더 위로 올
라가 골목에 주차해야 한다.)

Travel Tip

수국이 절정을 향하는 6월 중순~6월 말경에 찾는 것이 좋다.

친구&연인과 함께
건강과성박물관

성(性)을 테마로 한 박물관으로 성에 대한 건강한 인
식을 심어주기 위해 조성된 박물관이다. 전시물을 관
람하다 보면 얼굴이 붉어질 만큼 민망할 때도 있지
만, 편한 마음으로 성에 대해 접근하고 이야기할 수
있다는 점에서 즐거움을 주기도 한다. 미성년자는 입
장이 불가능한, 그야말로 '어른'들을 위한 공간이다.

○ **주소** 서귀포시 안덕면 일주서로 1611 ⊙ **내비게이션** '건강과 성
박물관'으로 검색 ℗ **주차장** 있음 ☎ **문의** 064-792-5700 ◎ **이용
시간** 09:00~19:00 ⊖ **휴무** 연중무휴 ⊜ **이용 요금** 13,000원

즐거웁게 미식
대정고을식당

'도민 맛집'으로 통하는 고기국수와 돔베고기 집이다. 노부부가 점심시간에만 영업하고 테이블은 8개뿐인 작은 식당이지만, 찾아오는 마을 주민들로 항상 붐빈다. 제주의 고기국수는 돼지 뼈를 진하게 우려낸 육수를 쓰는 것이 특징. 고을식당은 돼지고기 육수를 낼 때 양파를 가득 넣어 맛이 시원하고 깔끔하다. 잘 삶아진 돼지고기는 두툼하고 부드러워 국수의 감칠맛을 더한다.

주소 서귀포시 대정읍 일주서로 2258 **내비게이션** '고을식당'으로 검색 **문의** 064-794-8070 **이용 시간** 11:00~15:00 **휴무** 연중무휴 **메뉴** 고기국수 7,000원, 돔베고기 14,000원

🚗 Drive tip
추사관 주차장을 이용하거나 식당 주변 길가에 주차

즐거웁게 미식
산방산초가집

전복해물전골, 전복구이, 전복뚝배기 등 다양한 전복 요리를 주로 하는 음식점. 전복이 크고 싱싱해서 전복 맛을 음미하며 만족스러운 식사를 할 수 있다. 다양한 전복 요리를 한 번에 맛보고 싶다면 코스 메뉴인 초가집밥상을 추천한다. 전복죽을 시작으로 전복구이, 전복전골, 전복회가 함께 나와 각양각색의 전복 요리를 코스로 즐길 수 있다.

주소 서귀포시 안덕면 화순해안로 189 **내비게이션** '산방산초가집'으로 검색 **문의** 064-792-0688 **이용 시간** 11:00~20:00 **휴무** 목요일 **메뉴** 초가집밥상(2인 이상 주문 가능) 24,000원, 전복해물전골 2인분 45,000원, 3인분 55,000원, 4인분 65,000원

🚗 Drive tip
주차장은 따로 없지만, 음식점 앞 도로가 넓어 주차하기 쉽다.

여유롭게 카페
사계생활

1996년부터 20년 이상 농협 건물로 쓰이다가 2017년에 농협이 다른 곳으로 이전하면서 비게 된 공간을 제주상회가 개조하여 여행자를 위한 카페로 운영하고 있다. 농협이었던 특색을 살려 주문 데스크를 은행처럼 꾸며놓은 아이디어가 눈에 띈다. 사계리에서 난 재료로 만든 빵과 음료를 팔고, 제주를 소재로 한 다양한 굿즈까지 만나볼 수 있는 공간이다.

주소 서귀포시 안덕면 산방로 380 **내비게이션** '사계생활'로 검색 **주차장** 있지만 협소 **문의** 064-792-3803 **이용 시간** 10:30~18:00 **휴무** 연중무휴 **메뉴** 산방산카푸치노 7,000원, 돌담크림모카 7,000원 **인스타그램** @sagyelife

🚗 Drive tip
빈자리가 없다면 길가에 주차

여유롭게 카페
카페 두가시

'두가시'는 제주말로 부부를 뜻하는 말, 부부가 제주의 오래된 집을 카페로 꾸미고 직접 케이크를 굽는 카페다. 달고나라떼는 설탕을 불에 그을리는 '브륄레' 방식으로 만든다. 커피 위로 굳어진 설탕을 숟가락으로 탁탁 깬 후 커피와 섞어 먹으면 기분 좋은 달콤함이 입안에 퍼진다. 사계절 제철 식재료로 만든 개성 있는 케이크가 준비되어 있고, 꽃을 심어놓은 아담한 정원은 옛집과 어우러져 편안한 분위기를 만든다.

주소 서귀포시 안덕면 대평감산로 9 **내비게이션** '카페 두가시'로 검색 **문의** 064-739-0108 **이용 시간** 10:00~18:00 **휴무** 수 · 목요일 **메뉴** 달고나라떼 6,500원, 코시롱라떼 6,500원, 바나나케이크 6,500원 **인스타그램** @cafe.dugasi

🚗 Drive tip
주차장이 따로 없으니 가게 앞 갓길에 주차

Part

03

빛나는 보석 같은
제주의 산과 섬

23

제주의 보석
한라산

제주에 왔다면 꼭 한 번 한라산에 올라가 봐야 한다. 한라산에서 폭발한 화산이 제주라는 섬을 만들었다. 제주를 여행하다 보면 날씨가 좋은 날에는 동서남북 어디에서든 한라산이 보인다. 한라산은 두 팔을 벌린 양 장대하게 능선을 뻗었고, 바닷가까지 흘러내려 오름, 숲, 마을을 품었다. 우리가 여행하며 만나는 제주의 풍경은 결국 한라산에서 비롯된 것이나 마찬가지다.

제주의 창조 설화는 한라산의 폭발을 설문대할망이 자다가 방귀를 뀌었더니 불기둥이 하늘로 치솟고 땅이 요동쳤다고 표현한다. 할망은 치맛자락에 흙을 퍼다 불을 끄면서 한라산을 만들었고, 이때 치마의 터진 구멍으로 흘러내린 흙들이 여기저기 떨어져 오름이 되었다고 전한다.

한라산 탐방로

대표 코스는 정상인 백록담을 다녀오는 성판악–관음사 코스와 한라산 아래 남벽분기점을 다녀오는 영실 & 어리목 & 돈내코 코스로 나뉜다. 성판악 & 관음사 코스는 8~9시간이 소요되는 고된 길이지만 백록담을 마주하는 감격을 맛볼 수 있고, 영실 & 어리목 코스는 정상에 닿을 수는 없어도 한라산에서 가장 아름다운 풍경을 만나는 코스다.

자동차로 이동해 탐방로 입구에 주차하고 등산을 한다면 정상에 올랐다가 다시 출발 지점으로 돌아오는 원점 회귀 방식을 택해야 한다. 이왕 한라산에 간다면 좀 더 다양한 풍경을 감상하기 위해 버스로 이동하는 것을 추천한다. 산행 출발 지점까지 버스를 타고 가서 산행을 시작하는 종주 방식이 좋다. 성판악탐방안내소에서 오르기 시작하여 관음사로 내려오거나, 영실휴게소에서 산행을 시작하여 어리목 코스로 내려오기를 추천한다(반대 방향도 가능).

한라산 탐방 유의사항

🏠 2021년부터 성판악 & 관음사 코스가 사전 예약제로 변경되었다. 백록담을 보기 위해서는 한라산탐방 예약 시스템 홈페이지(visithalla.jeju.go.kr)를 통해 예약해야 한다. 하루 기준으로 성판악 코스는 1000명, 관음사 코스는 500명으로 인원이 제한된다. 탐방 월 기준 전월 1일 09시부터 예약 홈페이지가 열린다. 예약 후 취소 없이 탐방하지 않을 경우, 1회는 3개월 동안, 2회는 1년 동안 탐방 예약이 불가능하니 유의할 것!

🏠 호우, 태풍, 대설 주의보 및 경보 등 기상 특보가 발령되면 입산이 통제된다. 관련 정보는 한라산국립공원 홈페이지(www.jeju.go.kr/hallasan)에 실시간으로 업데이트 된다.

🏠 한라산 등반 전에 물과 간식, 등산화는 필수다. 한라산 등반을 시작하면 매점이 없어 미리 준비해야 한다. 겨울철이라면 아이젠과 장갑은 꼭 챙길 것!

🏠 한라산은 해발고도가 높아서 일기 변화가 심한 편이다. 갑자기 비가 쏟아지기도 하고 강풍이 불기도 한다. 고도가 높아질수록 기온 편차가 심하며 특히 체감 온도는 더 내려간다. 계절에 따라 바람막이나 등산 자켓, 경량 패딩 등을 준비하는 것이 좋다.

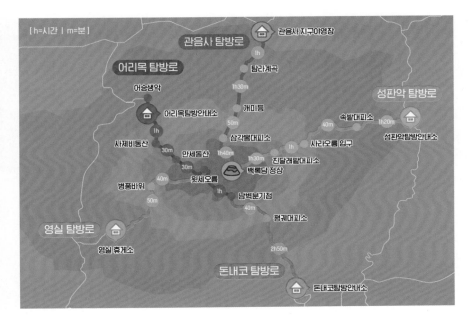

CLIMBING MAP
탐방로 지도

[h=시간 | m=분]

관음사 탐방로
관음사지구야영장
1h
탐라계곡
1h30m
어리목 탐방로
어승생악
개미등
50m
성판악 탐방로
어리목탐방안내소
1h
삼각봉대피소
속밭대피소
40m
성판악탐방안내소
1h20m
사제비동산
30m
만세동산
1h40m
1h
사라오름 입구
30m
1h30m
진달래밭대피소
윗세오름
백록담 정상
병풍바위
40m
1h
50m
남벽분기점
40m
평궤대피소
영실 탐방로
영실 휴게소
2h50m
돈내코 탐방로
돈내코탐방안내소

난이도 쉬움 ● 보통 ● 어려움 ●

❶ 성판악 탐방로
길이 9.6km **소요 시간** 4시간 30분
목적지 백록담
코스 성판악탐방안내소 → [● 4.1km] → 속밭대피소 → [● 1.7km] → 사라오름 입구 → [● 1.5km] → 진달래밭대피소 → [● 2.3km] → 백록담 정상

❷ 관음사 탐방로
길이 8.7km **소요 시간** 5시간
목적지 백록담
코스 관음사지구야영장 → [● 3.2km] → 탐라계곡 → [● 1.7km] → 개미등 → [● 1.1km] → 삼각봉대피소 → [● 2.7km] → 백록담 정상

❸ 영실 탐방로
길이 5.8km **소요 시간** 2시간 30분
목적지 남벽분기점
코스 영실휴게소 → [● 1.5km] → 병풍바위 → [● 2.2km] → 윗세오름 → [● 2.1km] → 남벽분기점

❹ 어리목 탐방로
길이 6.8km **소요 시간** 3시간
목적지 남벽분기점
코스 어리목탐방안내소 → [● 2.4km] → 사제비동산 → [● 0.8km] → 만세동산 → [● 1.5km] → 윗세오름 → [● 2.1km] → 남벽분기점

❺ 돈내코 탐방로
길이 7km **소요 시간** 3시간 30분
목적지 남벽분기점
코스 돈내코탐방안내소 → [● 5.3km] → 평궤대피소 → [● 1.7km] → 남벽분기점

성판악 & 관음사 코스

백록담을 마주하는 감격

성판악 코스는 백록담으로 가는 한라산의 대표적 코스다. 성판악탐방안내소에서 출발하면 진달래밭대피소까지 완만한 숲길이 이어져 산림욕을 즐기며 걷기에 무난하다. 탐방로 중간쯤에는 사라오름으로 올라가는 갈림길도 나온다. 체력적으로 여유가 있다면 사라오름에 다녀오는 것도 좋다.

사라오름은 분화구에 물이 고여 습지를 이룬 산정 호수다. 비가 온 직후에는 탐방로가 물에 살짝 잠겨 찰랑거린다. 사람들은 등산화를 벗고 맨발로 물 위를 걷기도 한다. 푸른 하늘을 담은 듯 반짝이는 호수의 풍경이 운치 있어 인기가 많다.

사라오름 산정 호수를 본 후 다시 성판악 코스로 내려와 진달래밭대피소로 향한다. 단, 백록담 정상을 가려면 12:00까지 진달래밭대피소를 지나야 하므로 사라오름을 들르려면 시간 계산을 잘 해야 한다. 대피소를 지나면 숲이 끝나고 하늘이 열린다. 등 뒤로 한라산이 품고 있던 오름 군락이 펼쳐진다. 마지막 급경사를 오르면 드디어 백록담에 도착한다. 거대한

관음사코스	관음사코스	성판악코스	성판악코스
관음사코스	백록담	사라오름	사라오름

연못에 흰 사슴이 산다는 백록담. 그 앞에 서면 지금까지 고되게 걸어왔던 시간을 잊을 만큼 감동이 밀려온다.

백록담 정상에서 반대편으로 관음사 탐방로와 연결된다. 관음사 코스는 한라산 등산 코스 중 가장 경사가 심하고 길이 험하다. 계단으로 된 오르막 구간이 많아 체력 소모도 심한 편이다. 탐라계곡까지는 비교적 길이 완만하고, 이후 삼각봉대피소와 백록담까지 끊임없이 오르막길이 이어진다. 길이 험한 만큼 계곡이 깊고 산세가 웅장하다. 해발고도에 따라 역동적으로 변화하는 한라산의 다양한 풍경을 만날 수 있다는 점이 매력인 코스다.

대부분의 등산객은 성판악 탐방로로 올라 백록담을 찍고 관음사 코스로 내려간다. 성판악 코스만을 왕복으로 다녀오더라도 8~9시간이 걸린다. 온종일 등산을 해야 하므로 체력 안배가 중요하다.

영실 & 어리목 & 돈내코 코스
광활한 자연을 마주하는 감동

영실 코스는 백록담 아래 있는 영실탐방안내소에서 시작하여 병풍바위를 지나 윗세오름과 남벽분기점을 다녀오는 코스. 백록담을 가볼 수 없다는 아쉬움이 있지만, 걷기 쉽고 소요 시간도 짧은 데다가 한라산에서 가장 아름다운 풍경을 즐길 수 있는 코스라서 인기가 많다. 영실휴게소에서 시작하여 호젓한 숲을 지나고 나면, 하늘이 열리고 시야가 탁 트여 저 멀리 서귀포 일대의 풍경까지 내려다보인다. 영실기암의

병풍바위를 바라보며 데크로 난 탐방로를 따라 윗세오름에 올라선다. 윗세오름에 도착하면 드넓게 펼쳐진 초원과 길 끝에 보이는 웅장한 백록담 남벽이 모습을 드러낸다. 한라산에서 가장 아름다운 비경이라 할 수 있을 만큼 이국적이고, 6월 초에는 윗세오름에 분홍빛 산철쭉이 비단을 깐 것처럼 끝간 데 없이 꽃을 피워 황홀한 풍경을 만든다. 영실 코스는 6월 초에는 산철쭉, 가을에는 단풍, 겨울에는 눈꽃이 피어

| 영실코스 | 어리목코스 | 영실코스 | 윗세오름 |
| 돈내코코스 | 만세동산 | 어리목코스 | 윗세오름 |

나 언제 찾아도 아름답기 그지없다.

윗세오름을 지나 정상인 남벽분기점에 다다르면 영실, 어리목, 돈내코 3개의 코스가 만난다. 대부분의 등산객은 남벽분기점에서 어리목 코스로 방향을 잡고 하산한다. 어리목 코스는 초원처럼 완만하게 펼쳐진 만세동산의 풍경이 좋다. 해발고도가 높은 산에 평원이 있다는 것이 놀랍다. 평원을 지나 숲을 따라 내려오면 어리목탐방안내소에 도착한다.

돈내코 코스는 한라산 남쪽에서 올라오는 코스. 상록수부터 활엽수, 한대림까지 다양한 숲이 분포해 고도에 따라 바뀌는 숲을 즐기며 산림욕 하기 좋다. 숲을 지나면 발밑으로 서귀포의 바다가 보이고 머리 위로는 백록담 화구가 손에 닿을 듯 가까이 이어진다. 영실과 어리목에 비하면 난이도 높은 코스라 다른 탐방로에 비해 등산객이 많지 않다.

24

제주의 보배
섬 속의 섬

한국인이 가장 사랑하는 국내 여행지는 단연코 제주도. 제주도와 서울(김포공항)을 잇는 비행기가 단일 노선 중 세계에서 가장 많은 운항 횟수를 기록할 정도라니 우리들의 제주 사랑은 남다른 셈이다.

제주를 여러 번 방문한 사람이라면, 이번에는 시야를 넓혀 제주의 부속 섬으로 가 보는 것은 어떨까. 섬 속의 섬에서 제주를 바라보면 바다 너머로 한라산의 장대한 능선이 날씨에 따라 신기루처럼 나타났다 사라지기를 반복하고, 오름 군락은 일렁이는 파도처럼 아득하게 늘어선 것을 알게 된다. 제주 본섬을 등 뒤로하고 부속섬에 발을 디디면, 섬들은 자신만의 소소한 모습을 숨바꼭질하듯 살며시 드러낸다. 소박한 섬마을을 여행하며 느끼는 잔잔한 감흥은 깊은 여운을 가슴에 남긴다.

작고 소중한 또 다른 제주
우도

우도는 '작은 제주도'라 불릴 만큼 제주의 부속 섬 중 가장 인기가 많은 섬이다. 우도를 한 번도 가지 않은 사람은 있어도 한 번만 가본 사람은 없다는 말이 있을 정도. 섬 전체를 에메랄드빛 바다가 한 바퀴 휘감고 있어 바닷속에 잠들어 있던 진주가 물 위로 솟아오른 것처럼 아름답고 화려하다. 우도 여행의 첫 시작은 전기차를 빌리는 것. 작고 귀여운 전기차를 타고 시계 방향으로 우도를 한 바퀴 돈다. 우도는 별다른 내비게이션이 필요 없다. 그저 여유롭게 해안을 따라 달리면 그만이다.

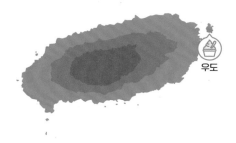

우도

⛵ 우도 가기

우도는 최근 몇 년간 렌터카 입도를 제한하고 있다. 자가용은 자유롭게 입도가 가능하지만, 렌터카로 입도를 하려면 몇 가지 조건이 필요하다. 우도 내에서 숙박하거나, 만 6세 미만 취학 전 아동, 65세 이상 대중교통 이용이 어려운 노년층, 1급 및 2급 장애인, 대중교통 이용이 어려운 3급 장애인, 임산부를 동반한 사람만 렌터카로 입도할 수 있다.

그래서 일반 여행자 대부분은 우도에 도착해 가장 먼저 전기차를 빌린다. 현장에서 전기차를 대여하는 것보다 인터넷을 통해 미리 예약하는 것이 더 저렴하다. 전기차 대여 업체마다 금액과 이용 시간이 조금씩 차이가 있으니 미리 검색하는 게(네이버쇼핑 '우도전기차' 검색) 좋다. 예약 시 주의할 점은 업체의 위치를 파악해야 한다는 것. 성산에서 출발한 우도행 배는 우도의 천진항이나 하우목동항으로 입항하는데 수시로 양쪽 항구를 다닌다. 두 항구의 거리는 약 2.8km이니 예약 시 업체의 위치를 파악하여 가까운 항구로 가는 배에 탑승하는 것이 좋다.

성산포종합여객터미널

● **문의** 064-782-5671 ● **홈페이지** udoboat.smart9.net/m/index.php
● **운행 시간** 07:30~18:00(10~3월 17:00)까지 30분 간격으로 운행. 성산항에서 출발하여 우도의 천진항과 하우목동항을 오간다. ● **이용 요금**(왕복 기준) 성인 10,500원, 청소년 10,100원, 어린이 3,800원, 3~7세 3,000원 차량 선료금 경차 21,600원, 중소형 및 9인 이하 승합 26,000원, 대형 및 12인 이하 승합 34,000원 ● **해상공원 이용 요금** 성인 1,000원, 청소년 800원, 어린이 500원

COURSE 2
답다니탑망대

산호해수욕장을 나와 다시 해안을 따라 달리면 하우 목동항을 지나 주흥포구에 닿는다. 바다를 끼고 돌담을 쌓은 포구마을의 풍경이 정겹다. 마을을 지나면 하얀 등대가 서 있는 답다니탑망대에 도착한다. 지금은 전망대가 된 옛 봉수대에 오르면 바닷가에 쌓은 하트 모양의 원담이 눈길을 끈다. 원담은 밀물과 썰물의 차이를 이용해 고기를 잡기 위해 쌓은 일종의 돌 그물이다.

◉ **주소** 제주시 우도면 우도해안길 602 ◐ **내비게이션** '답다니탑망대'로 검색 ℗ **주차장** 없음(앞 공터에 주차)

COURSE 1
산호해수욕장(서빈백사)

바다 건너 제주 본섬 풍경을 바라보며 해안을 달리면 하얀 백사장이 나타난다. 에메랄드 물빛과 함께 반짝이는 백사장은 지중해에 온 듯한 착각을 불러일으킬 정도로 아름답다. 바닷속에 살던 붉은 홍조류 해초가 밀려와 해안에 쌓이고, 자갈처럼 굳어지며 하얗게 변했다고 한다.

과거에는 '서쪽에 있는 흰 모래 해변'이라는 의미로 '서빈백사'라고 불렸다. 햇살이 비치면 모래알이 보석처럼 하나하나 반짝여 더욱 눈부신 풍경이 된다. 우도와의 첫 만남부터 이토록 황홀하다니, 오길 참 잘했다는 생각이 들게 만든다. 홍조류 해변은 전 세계적으로도 드물어 천연기념물로 지정되어 있다.

◉ **주소** 제주시 우도면 연평리 2565-1 ◐ **내비게이션** '산호해수욕장' 또는 '홍조단괴해빈'으로 검색 ℗ **주차장** 있음

COURSE 3
하고수동해수욕장

조개가 쌓이고 부서져 비단을 깔아놓은 것처럼 곱고 부드러운 백사장이 하고수동해변에 있다. 백사장도 넓고 파도도 잔잔하여 해수욕을 즐기기에는 산호해수욕장보다 더 낫다. 신발을 벗고 찰랑거리는 파도에 발을 담가 보자. 푹신한 감촉의 백사장 위에 남겨진 발자국은 어느 여행자가 우도에 두고 온 마음의 흔적 아닐까.

◉ **주소** 제주시 우도면 연평리 1200-11 ◐ **내비게이션** '하고수동해수욕장'으로 검색 ℗ **주차장** 있음

COURSE 4
비양도

제주도에는 비양도가 둘이다. 하나는 협재와 금능 해변 앞에 있는 비양도이고, 다른 하나는 우도 동쪽에 있는 비양도다. 우도의 비양도는 우도에 딸린 작디작은 섬으로 '섬 속의 섬 속의 섬'인 셈이다. 비양도의 작은 언덕 위에 오르면 너른 초원이 나타나고 눈앞에는 우도의 해안 풍경이 펼쳐진다. 제주의 캠핑 성지 중 하나일 만큼 텐트를 친 캠핑족들이 많다. 바닷가에는 해녀의 집과 등대가 서 있다. 물때가 맞는다면 바다로 나가 물질하는 해녀를 볼 수 있는 행운도 만난다.

⊙ 주소 제주시 우도면 연평리 1-3 **◉ 내비게이션** '안비양길' 검색 **℗ 주차장** 있음

COURSE 5
검멀레해변

하얀색 백사장, 푸른 바다가 연이어 나타나던 우도에 갑자기 칠흑빛 검은 모래 해변을 품은 해안 절벽이 나타난다. 검멀레는 '검은 모래'를 뜻하는 제주 방언이다. 절벽 아래에는 커다란 동굴이 나 있는데, 오랜 세월 동안 파도가 절벽을 깎아 만든 해식 동굴이다. 이곳에서 고래가 살았다는 전설이 전해진다. 밀물 때는 동굴이 바다에 잠겨 들어갈 수 없고, 썰물 때만 물이 빠져나가 동굴에 접근할 수 있다. 보트를 타고 나가면 우도봉 아래에 있는 또 다른 동굴을 만나게 된다. 보트는 바다 위를 통통 뛰어다니듯 거칠게 바다 위를 내달린다.

⊙ 주소 제주시 우도면 연평리 312-10 **◉ 내비게이션** '검멀레해변' 검색 **℗ 주차장** 있음

COURSE 6
우도봉 & 우도등대

우도봉은 우도 여행의 하이라이트다. 제주에서 섬을 바라보면 소가 누운 듯한 모습이라 하여 '우도(牛島)'라는 이름이 붙었는데, 우도봉이 바로 소의 머리에 해당한다. 우도봉에서 섬 안쪽으로는 완만한 지형이고, 바깥쪽으로는 급격하게 깎아내린 절벽이 바다와 맞닿아 있다. 우도봉 정상에는 100년이 넘도록 불빛을 밝혀온 등대가 서 있다. 탁 트인 등대 주변으로 늘 바닷바람이 불어와 상쾌하다. 우도봉에 오르면 발아래 평화로운 우도의 마을 풍경이 펼쳐지고, 푸른 바다 너머로는 그림 같은 제주의 풍경이 이어져 감탄사가 절로 나올 만큼 황홀하다.

⊙ 주소 제주시 우도면 연평리 343-1 **◉ 내비게이션** '우도봉 주차장' 검색 **℗ 주차장** 있음

함께 가볼 만한 곳들을 소개합니다. 당신의 취향은 어느 곳인가요?

동네 책방
밤수지맨드라미

우도에도 독립서점이 있다. 책을 좋아하는 사람이라면 그냥 지나칠 수 없는 곳. 규모는 크지 않지만 '더 기억하자, 더 담아두자, 더 곁에 두자'라는 주인장의 마음이 담긴 책방은 아늑하다. 제주 바다에 사는 분홍색 산호초인 밤수지맨드라미로 이름을 지은 것도 재미있고, 유리창에 적혀 있는, 어쩌면 우리나라에서 가장 먼 책방이라는 문구가 공간을 감성적으로 만든다. 여행과 여성, 제주에 관한 독립출판물 등 다양한 책을 만날 수 있다.

📍 **주소** 제주시 우도면 우도해안길 530 🔽 **내비게이션** '밤수지맨드라미'로 검색 🅿 **주차장** 책방 뒤편에 주차 📞 **문의** 010-7405-2324 🕙 **이용 시간** 10:00~17:00 ⛔ **휴무** 비정기 휴무(인스타그램 확인) 📷 **인스타그램** @bamsuzymandramy.bookstore

즐거웁게 미식
소섬전복

전복요리 전문점. 전복밥을 기본으로 전복물회, 전복뚝배기, 전복성게미역국 중 하나를 선택할 수 있는 세트 메뉴로 구성되어 있다. 깔끔한 홀, 쫄깃한 전복과 정갈한 밑반찬에 비싸지 않은 금액으로 다양한 전복 요리를 즐길 수 있다는 점에서 가성비가 좋다. 동행이 있다면 전복버터구이가 나오는 혼례상세트나 수라상세트를 주문하는 것도 좋다. 통유리로 된 창을 통해 우도의 바다를 바라보며 식사를 할 수 있는 풍경 맛집이기도 하다.

📍 **주소** 제주시 우도면 우도해안길 1158 🔽 **내비게이션** '소섬전복'으로 검색 🅿 **주차장** 있음 📞 **문의** 064-782-0062 🕙 **이용 시간** 09:00~20:00(라스트오더 18:30) ⛔ **휴무** 풍랑주의보, 배 안 뜨는 날 🍴 **메뉴** 전복밥+전복뚝배기 17,000원, 전복밥+전복물회 17,000원, 전복버터구이 30,000원, 혼례상세트 46,000원, 수라상세트 70,000원 📷 **인스타그램** @soseomjeonbog

즐거웁게 미식
우도로93

새우를 주재료로 하여 우동과 튀김을 만드는 음식점. 새우와 토마토를 넣은 육수에 바질로 맛을 낸 매콤한 새우토마토우동, 신선한 채소에 버터 갈릭 새우를 토핑해서 새콤한 맛을 낸 샐러드우동을 판매한다. 탱글탱글하고 촉촉한 새우와 쫀득한 면발의 궁합이 좋다. 땅콩이나 코코넛을 섞어 만든 새우튀김도 별미이니 꼭 함께 주문할 것!

⊙ 주소 제주시 우도면 우도로 93 1층 **◑ 내비게이션** '우도로93'으로 검색 **ⓟ 주차장** 없음(가게 주변에 주차) **◐ 문의** 0507-1329-2329 **◎ 이용 시간** 10:00~16:00 **◖ 휴무** 비정기(인스타그램 확인) **◲ 메뉴** 새우우동 12,000원, 새우튀김 7,500원, 우동+튀김 세트 18,500원 **◎ 인스타그램** @udoro_93

즐거웁게 미식
카페살레

우도에 왔다면 땅콩 아이스크림은 꼭 먹어봐야 한다. 카페 살레는 땅콩 아이스크림을 시그니처 메뉴로 하는 카페. 주인장 부모님께서 직접 재배하는 우도 땅콩을 재료로 하여 음료와 디저트를 만든다. 땅콩소보루라떼나 우도땅콩라떼는 달콤함과 고소함이 잘 어우러져 맛이 좋다. 제주돌담당근케이크는 당근 케이크에 치즈를 올리고 땅콩을 넣어 만들었다. 2층에 올라가면 하고수동해변의 쪽빛 바다가 한눈에 들어온다.

⊙ 주소 제주시 우도면 우도해안길 816 **◑ 내비게이션** '우도 카페 살레'로 검색 **ⓟ 주차장** 있음 **◐ 문의** 010-4164-8409 **◎ 이용 시간** 09:30~18:00 **◖ 휴무** 풍랑주의보, 배 안 뜨는 날 **◲ 메뉴** 우도땅콩아이스크림 5,500원, 제주돌담당근케이크 7,500원, 우도땅콩라떼 7,000원

제주와는 사뭇 다른 매력
추자도

제주에 속한 또 다른 섬 추자도. 전라도와 제주도 사이에 있어 오래전부터 육지와 제주를 잇는 뱃길의 중간 기착지였다. 현무암으로 이루어진 지형도 아니고, 육지의 영향을 많이 받아 제주보다는 오히려 전라도 문화권에 더 가깝다. 제주와는 사뭇 다른 곳이지만, 아름다운 바다를 친구 삼아 바다 위에 떠 있는 40여 개의 추자군도를 바라보는 것만으로도 이 섬을 여행할 이유는 분명하다.

 ## 추자도 가기

추자도와 제주를 오가는 배의 종류는 2가지다. 해남 우수영–상추자항–제주를 오가는 퀸스타2호와 완도–하추자도–제주를 오가는 송림블루오션이 그것. 퀸스타2호는 쾌속선으로 배는 빠르지만 차량 선적이 불가능하다. 차량을 가지고 입도하려면 송림블루오션을 이용해야 한다. 제주를 오가는 배가 하루에 1대뿐이라 시간을 잘 맞추어 여행 일정을 짜야 한다. 제주항에서 13:45 하추자항 배를 타고 추자도에 와 1박을 하고, 다음날 하추자도에서 10:30 제주행 배를 타고 돌아와야 한다. 1박 2일로 계획을 짜도 배편 일정

때문에 실제 추자도에 머무르는 시간은 24시간이 채 되지 않는다. 자가용으로 제주를 여행하는 사람이라면 완도여객터미널에서 제주로 바로 가지 말고 추자도를 들렀다 가는 것이 한결 수월하다. 완도항에서 08:00 하추자도행 배를 타고 입도하여 여행한 후 다음날 10:30분 제주행 배로 나오면 다소 여유가 있다. 꼭 차를 가지고 섬에 들어가지 않아도 된다면 퀸스타 2호를 이용해 다소 여유 있게 배편 일정을 조율할 수 있다. 상추자도항 근처에 오토바이 렌터카 업체가 있으니 스쿠터를 빌려 섬을 여행해보는 것도 좋다 (2021년 기준 1일 30,000원).

완도항 연안여객선터미널 &
제주항 국제여객선터미널

한일고속페리(www.hanilexpress.co.kr)

※ 차량 선적 가능(차종별로 선적료 상이함)

• **선박명** 송림블루오션
• **문의** 1688-2100

완도발 차량선적문의 한일운송 061-554-3265
제주발 차량선적문의 동광해운 064-723-6996
추자발 차량선적문의 일조해운 064-712-7622

• **운항 스케줄 및 요금**

<u>완도 → 추자 → 제주(1일 1회)</u>

⛴ **운행 시간** 완도 출발 07:40 하추자 도착 10:20
💰 **이용 요금** 2등의자석 24,850원, 2등객실석 23,050원
⛴ **운행 시간** 하추자 출발 10:40 제주 도착 12:40
💰 **이용 요금** 2등의자석 10,450원, 2등객실석 8,650원

<u>제주 → 추자 → 완도(1일 1회)</u>

⛴ **운행 시간** 제주 출발 13:45 하추자 도착 15:45
💰 **이용 요금** 2등의자석 11,950원, 2등객실석 10,150원
⛴ **운행 시간** 하추자 출발 16:05 완도 도착 18:45
💰 **이용 요금** 2등의자석 23,350원, 2등객실석 21,550원

해남우수영여객선터미널

씨월드고속훼리(www.seaferry.co.kr) ※ 차량 선적 불가능

• **선박명** 퀸스타2호
• **문의** 1577-3567
• **운항 스케줄 및 요금**

<u>해남우수영 → 추자 → 제주</u>

⛴ **운행 시간** 우수영 출발 14:30 추자 도착 16:00
💰 **이용 요금** 33,000원
⛴ **운행 시간** 추자 출발 16:30 제주 도착 17:30
💰 **이용 요금** 11,900원

<u>제주 → 추자 → 해남우수영</u>

⛴ **운행 시간** 제주 출발 09:30 추자 도착 10:30
💰 **이용 요금** 13,400원
⛴ **운행 시간** 추자 출발 11:00 우수영 도착 12:30
💰 **이용 요금** 31,500원

추자도

COURSE 1
신양항

관공서가 몰려 있는 상추자항에 비하면 규모가 작지만, 있을 건 다 있는 하추자도의 관문이 바로 신양항 마을. 상추자도가 시내라면 신양항이 있는 하추자도는 시외쯤 된다 할 수 있겠다. 신양항을 통해 배가 들어오고 나갈 때 가장 눈에 띄는 것은 바다 위에 떠 있는 사자섬이다. 사자가 들판에 앉아있는 것 같은 모습으로 신양항을 바라보고 있는 것이 마치 추자도를 지키는 수호신 같다. 신양항 옆 방파제 위로 쭉 뻗은 길을 따라가면 빨간 등대가 있는 끝에서 사자섬이 보인다. 맑은 날에는 사자섬 뒤로 한라산의 실루엣이 모습을 드러내니 '추자도는 역시 제주!'라는 생각이 든다. 마을 초입에 있는 신양상회는 나름 하추자도의 핫플레이스다. 100년 가까이 역사를 이어온 구멍가게에는 마을주민들의 추억이 담겨 있다.

○ 주소 제주시 추자면 신양리 434-10 **○ 내비게이션** '추자도 신양항'으로 검색 **○ 주차장** 있음

COURSE 2
눈물의 십자가

신양항에서 예초리 마을의 신대산전망대에 가면 절벽 끝에 바다를 마주하고 선 커다란 십자가가 있다. 십자가가 세워진 배경에는 제주도 대정읍에 있는 정난주 마리아의 묘와 이야기가 이어진다. 1801년 천주교도를 박해했던 신유박해 당시, 황사영이 일으킨 백서 사건으로 부인이었던 정난주는 제주로, 아들이었던 황경한은 추자도로 유배당한다. 제주로 떠나던 그녀는 한 살배기 아들이 죄인으로 살까 봐 죽은 것처럼 꾸며 추자도 예초리 갯바위에 아이를 두고 떠난다. 황경한은 마을주민에 의해 발견되어 길러졌고, 어른이 된 후 사연을 알게 되면서 본인의 이름을 되찾았다. 가족과 동료를 잃고, 갓 태어난 아들의 손까지 놓았어야 했던 정난주의 고달픈 삶을 위로하기 위해 눈물의 십자가가 세워졌다. 주차장에서 올레길을 따라 약 20분 걷거나, 차로 약 5분 가면 황경한의 묘지에 도착한다. 단, 길이 좁은 외길이라 차로 가는 것은 그다지 추천하지 않는다.

○ 주소 제주시 추자면 예초리 산 7 **○ 내비게이션** '신대산전망대'로 검색 **○ 주차장** 있음

COURSE 3
추자등대전망대

눈물의 십자가가 있는 예초리 마을을 지나 해안도로를 따라 상추자도로 향한다. 오른쪽으로 펼쳐진 망망대해에 넋을 놓고 있는 것도 잠시, 상추자도와 하추자도를 연결하는 다리가 나타난다. 상추자도에서 가장 먼저 갈 곳은 추자등대전망대. 주차장에 차를 세우고 계단을 걸어 올라가면 등대가 나타난다. 올라가는 길에서 뒤를 돌아보면 상추자항이 한눈에 내려다보인다. 알록달록한 지붕을 얹은 항구 마을의 풍경이 아기자기하고 평화롭다. 등대 안으로 들어가 전망대에 서면 추자 주변 바다가 한눈에 들어온다. 여러 섬이 이어지는 추자군도의 풍경을 바라보고 있으면 다도해에 온 것 마냥 아름다운 풍경에 감탄사가 절로 나온다. 등대에서 내려올 때는 영흥리 벽화 골목에 잠시 들려도 좋다. 색색의 타일로 그린 벽화와 오래된 섬마을의 소박한 풍경이 어우러져 있다.

❶ **주소** 제주시 추자면 영흥리 77-3 ❶ **내비게이션** '추자도 등대'로 검색 ❶ **주차장** 있음

COURSE 4
용둠벙 & 나바론하늘길

상추자도 후포 해안을 넘어가면 섬 끝에 용둠벙이 나타난다. 용이 살던 연못이라는 이름인데, 용둠벙의 풍경보다는 앞에 있는 나바론하늘길의 웅장한 풍경에 시선이 쏠린다. 수직으로 치솟은 절벽이 병풍을 세운 것처럼 섬을 두른다. 영화 〈나바론 요새〉에 나오는 절벽을 닮아 '나바론 절벽'이라 이름 붙이고, 깎아지른 벼랑 위로 트레킹 코스를 만들어 나바론하늘길을 조성했다. 벼랑을 따라 스릴을 즐기며 걷다 보면 이전 코스였던 추자등대전망대에서 길이 끝난다. 주차장으로 다시 돌아와야 하므로 길을 다 걷기에는 시간이 촉박하다. 나바론하늘길 초입 구간만 걸어보고 아쉬운 발걸음을 돌린다.

❶ **주소** 제주시 추자면 대서리 산 186 ❶ **내비게이션** 앞의 '주소'로 검색 ❶ **주차장** 있음

COURSE 5
상추자도항

상추자도항이 있는 마을에 면사무소, 보건소, 우체국 등 대부분의 관공서가 몰려 있다. 항구가 섬 안쪽으로 U자 형으로 이루어져 있어 마을 풍경이 엄마의 품에 안긴 것처럼 아늑하고 포근하다. 무지개색으로 칠해진 추자초등학교 뒤로 이어지는 산책로에 가면 고려시대의 무신 최영 장군의 사당이 나타나고 상추자도의 마을 풍경이 펼쳐진다. 공민왕 시절 제주에서 일어난 난을 진압하기 위해 파견되었던 최영은 풍랑을 만나 추자도에서 잠시 정박하게 된다. 추자도에서 정박하면서 주민들에게 어업 기술을 가르쳤고, 마을 주민들은 그 덕을 기리기 위해 사당을 지었다고 한다.

❶ **주소** 제주시 추자면 대서리 14-6 ❶ **내비게이션** '상추자항'으로 검색 ❶ **주차장** 포구 근처에 주차

함께 가볼 만한 곳들을 소개합니다. 당신의 취향은 어느 곳인가요?

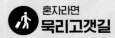

혼자라면
묵리고갯길

상추자도에서 하추자도로 넘어가다 보면 묵리고갯길을 지난다. 잠시 차를 세우고 전망대에 서면 하추자도와 추자군도의 풍경이 이어지고 짙푸른 바다가 섬과 섬 사이로 모습을 드러낸다. 묵리 마을은 앞뒤가 산에 둘러싸여 있어 바람도 쉬어갈 만큼 고요하다.

⦿ **주소** 제주시 추자면 묵리 산 115 ⦿ **내비게이션** 앞의 '주소'로 검색 ⦿ **주차장** 있음

친구&연인과 함께
돈대산

해발 164m의 돈대산은 추자도 내에서 가장 높은 봉우리다. 정상에 있는 팔각정에 서면 하추자도 마을 전경과 바다가 파노라마로 펼쳐진다. 신양항에서 출발하여 약 30~40분 정도 걸으면 돈대산 정상에 도착할 수 있다. 시간적 여유가 있는 사람이라면 한 번쯤 다녀오기 좋은 코스.

⦿ **주소** 제주시 추자면 묵리 산 3 ⦿ **내비게이션** 앞의 '주소'로 검색 ⦿ **주차장** 신양항 주차장 이용

즐거웁게 미식
추자도 민박집 밥상

추자도의 숙박 시설은 대부분 민박집 형태다. 오래 전부터 여행자보다는 낚시꾼이 많이 찾아오는 섬이다 보니, 낚시꾼을 위해 숙박과 함께 음식을 제공해 왔다. 민박집 밥상에는 섬에서 기르고 바다에서 잡은 싱싱한 먹거리들이 올라온다. 제주보다는 전라도의 영향을 더 많이 받은 섬답게 상 위에 차려진 10첩 반상은 식당에서 사 먹는 것에 못지않을 만큼 맛이 좋다. 민박집 요금은 평균적으로 1인당 50,000원에 숙박과 저녁, 아침이 포함 된다(2021년 기준). 제주에 비하면 시설은 좋지는 않지만, 추자도만의 문화를 즐겨보는 것도 여행의 좋은 추억으로 남을 것이다.

ℹ️ **Info** 민박집이 다양하고 많으니 네이버에서 '추자도 민박집'으로 검색하여 본인의 취향에 맞는 곳 선택할 것. 추자도민박, 나바론민박, 유심이감성하우스민박이 대표적인 곳이다.

즐거웁게 미식
오동여식당

삼치는 10월부터 살이 오르기 시작하여 겨우내 가장 맛있는 추자도의 대표 먹거리다. 김 위에 밥을 올리고 삼치회를 양념장에 푹 찍어 얹는다. 마지막으로 파김치까지 올려 먹으면 추자식 삼치회가 완성된다. 삼치회는 기름기가 많아 차지고 부드러워 맛이 좋다. 추자도는 가을 조기로도 유명하다. 가을이면 어선마다 참굴비를 가득 싣고 다닌다. 참굴비로 만든 조기구이나 조기매운탕을 먹어보기를 추천한다.

📍 **주소** 제주시 추자면 추자로 20 🧭 **내비게이션** '오동여식당'으로 검색 🅿️ **주차장** 없음(가게 주변에 주차) 📞 **문의** 064-742-9086 🕐 **이용 시간** 09:30~때에 따라 다름 🍽 **메뉴** 생선 모둠구이 정식 15,000원, 참조기구이 12,000원, 조림 및 매운탕 중 40,000원, 모듬회 1kg 80,000원

청보리가 물결치는
가파도

마라도와 더불어 제주의 서남쪽에 있는 섬. 대정읍과 안덕면에서 바다를 바라보면 납작한 만두처럼 바다 위에 살짝 떠 있는 섬이 가파도다. 해발고도가 불과 20.5m로 우리나라에서 가장 낮은 섬이다. 가파도 어디에 서 있든 낮은 고도 덕에 바다와 섬이 하나처럼 느껴진다.

4월부터는 청보리가 섬을 뒤덮어 초록빛으로 일렁인다. 마을을 제외하고는 오직 청보리뿐이다. 청보리가 바람에 몸을 맡기고 이리저리 흔들리며 춤을 춘다. 눈에 보이지 않는 바람의 생김새를 청보리의 움직임을 통해 엿볼 수 있다. 가파도를 걷고 있노라면 푸른 바다와 하늘, 싱그러운 청보리 물결, 아늑하고 조용한 바다 마을까지 온통 서정적인 풍경이 여행자를 감싼다. 가파도에서 보이는 제주도는 가까이 송악산과 산방산의 해안선이 멋스럽게 펼쳐지고 날씨가 좋은

날에는 한라산의 장대한 능선이 한눈에 드러난다. 5월부터는 청보리가 익어가면서 황금빛으로 물들어 색다른 풍경을 만든다. 4월에 열리는 청보리 축제에 많은 인파가 몰린다면, 5월은 축제 시즌보다 찾는 사람이 줄어들어 비교적 한적하게 섬을 즐기기 좋다.

약 5km 구간으로 이어진 올레길을 따라 천천히 걸어보자. 올레길은 상동마을 할망당을 시작으로 해안을 걷다가 S자 코스로 청보리밭을 지나 하동마을에 닿는다. 가파도 선착장 앞 마을회관에서 자전거를 대여(1인승 5,000원, 2인승 10,000원)할 수 있다. 자전거를 타면 걸을 때보다 시간이 절약된다는 것이 장점! 여행 일정에 여유가 있다면 가파도에서 하룻밤 묵어가며 관광객이 빠져나가 바람 소리만 남은 섬마을의 호젓한 분위기를 즐겨보는 것은 어떨까.

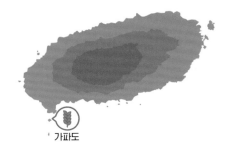

가파도

⛵ 가파도 가기

대정읍에 있는 운진항 여객터미널에서 가파도를 오가는 여객선이 운영된다. 평소
에는 하루에 4회만 운항하다가 청보리 축제 시즌이 되면 7~8회로 늘어난다. 단,
여객선 탑승 인원을 맞추기 위해 가파도에서 숙박하는 경우를 제외하면 출발하는
배편을 구매할 때 돌아오는 배편도 자동으로 정해진다. 오전과 오후 배편은 가파
도에 체류하는 시간이 약 2시간밖에 되지 않는다. 오직 11시나 12시, 점심 무렵에
출발하는 배편만 약 3시간의 체류가 가능하다. 섬을 여유롭게 둘러보고 싶은 사
람이라면 점심 배편을 이용해 1시간을 더 확보해보자. 승선 신고서를 작성하고 신
분증 검사를 하므로 주민등록증, 운전면허증, 주민등록등본, 가족관계증명서 등
을 꼭 지참해야만 한다. 청보리 축제 때는 사람이 많이 몰리기 때문에 예약하는
것이 좋다.

운진항 여객터미널 ※ 차량 입도 불가

🌐 **홈페이지** www.wonderfulis.co.kr 📞 **문의** 064-794-5490
📍 **주소** 서귀포시 대정읍 최남단해안로 120 ⏱ **운행 시간** 계절과
기상 상황에 따라 유동적이니 홈페이지 참고 🎫 **해상공원 이용 요
금** 성인 1,000원, 청소년 800원, 어린이 500원 🎫 **이용 요금**(왕복
기준) 성인 및 청소년 13,100원, 어린이 6,600원

대한민국 최남단
마라도

마라도는 제주도의 가장 남쪽이면서 대한민국의 영
토의 최남단이기도 하다. 땅끝마을을 찾아가는 것은
언제 가더라도 왠지 모르게 설레고 애틋한 감정이 든
다. 섬의 동쪽과 북서쪽 해안은 해식동굴이 만들어질
정도로 지형이 높고, 북쪽부터 남서쪽 해안은 바다로
쭉 내려갈 만큼 경사가 낮다. 섬 곳곳에 난대성 동식
물이 분포하여 천연기념물 제432호로 지정되어 있다.
제주에서 배를 타고 30분 남짓이면 마라도에 도착
한다. 선착장 왼편으로 파도와 바람에 의해 오랜 시
간 동안 깎여 포효하듯 선 절벽이 나타난다. 섬은 동
서로 500m, 남북으로 1.25km, 둘레가 4.5km밖에 되
지 않아 넓은 운동장에 서 있는 기분이 든다. "짜장면
시키신 분~!"을 외치던 광고나 MBC 예능 프로그램
〈무한도전〉에 등장한 짜장면 때문일까, 마라도에 오
면 짜장면을 먹는 것이 여행의 필수 코스. 한 바퀴를
도는데 천천히 걸어도 1시간이면 충분히 둘러볼 수

있으니 먼저 짜장면을 먹는다. 톳이나 보말 등 해산
물을 넣고 만들어 맛이 색다르다.

짜장면 한 그릇을 든든하게 먹고 난 후 탐방로를 따
라 섬을 둘러보자. 마을을 지나 해안을 따라가면 대
한민국 최남단 비석에 도착한다. 우리나라 영토의 최
남단임을 알리는 상징석이다. 비석 앞에 펼쳐진 망망
대해를 바라보며 태평양에서 불어오는 바람을 맞고
있으면 가슴이 벅차오르기도 하고 뭉클해지기도 한
다. 다시 해안 절벽을 따라 선착장을 향해 오다 보면
마라도 성당을 만난다. 전복의 생김새를 본 따 만든
성당은 동화 속에 나오는 집처럼 귀엽다. 천주교 신
자라면 최남단의 성당에서 기도를 올려 보는 것도 색
다른 추억이 될 듯. 한때 마라도의 상징이었던 등대
는 철거되고 새로운 모습으로 재탄생될 예정이다. 선
착장으로 돌아오며 바다 건너의 제주의 풍경을 감상
하며 여행을 마무리하자.

마라도 가기

대정읍에 있는 운진항여객터미널이나 송악산선착장에서 여객선을 타야 한다. 배편은 하루에 6~7회 운행된다. 가파도와 마찬가지로 여객선 탑승 인원을 맞추기 위해 마라도에서 숙박하는 것이 아니라면 출발하는 배편을 구매할 때 돌아오는 배편도 자동으로 정해진다. 가파도처럼 오전과 오후 배편은 약 2시간 체류하며, 11시나 12시 점심 무렵에 출발하는 배편만 약 3시간 동안 체류가 가능하다. 승선 신고서를 작성하고 신분증 검사를 하므로 주민등록증, 운전면허증, 주민등록등본, 가족관계증명서 등을 꼭 지참해야만 한다.

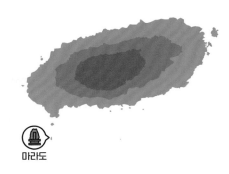

마라도

운진항 여객터미널 ※ 차량 입도 불가

◉ **홈페이지** www.wonderfulis.co.kr ◕ **문의** 064-794-5490
◉ **주소** 서귀포시 대정읍 최남단해안로 120 ◉ **운행 시간** 계절과 기상 상황에 따라 유동적이니 홈페이지 참고 ◉ **해상공원 이용 요금** 성인 1,000원, 청소년 800원, 어린이 500원 ◎ **이용 요금**(왕복 기준) 성인 및 청소년 18,000원, 어린이 9,000원

해안 절벽 따라 둘러보는 무인도
차귀도

차귀도는 제주의 서쪽에 있는 섬이다. 자구내포구에서 차귀도 매바위를 배경으로 감상하는 노을이 제주에서 가장 아름다운 일몰 포인트로 알려졌으나 정작 차귀도 안을 여행해 본 사람은 많지 않다. 40여 년 전만 해도 섬에 사람이 살았으나 1974년 추자도 간첩단 사건이 일어나면서 차귀도 주민들을 제주로 내보내 무인도가 되었다. 마라도처럼 섬 전체가 천연기념물로 지정되어 있는데, 40년 동안 사람의 손길이 닿지 않던 곳이라 자연 그대로의 모습을 간직하고 있어 소박하고 정겨운 풍경이다.

선착장에서 계단을 오르면 건물터로 연결된다. 건물터를 지나면 본격적인 탐방이 시작된다. 산책로를 따라가 정상에 올라서면 제주 서북쪽 해안선이 길게 이어진 풍경이 나타난다. 해안 위로 신창풍차해안도로의 풍력발전기들이 일렬로 섰다. 시원한 바람을 느끼며 제주의 푸르디푸른 해안선을 감상하기에 제격이다. 전망대에서 내려와 해안 절벽을 따라가면 등대를 지나고 장군바위를 만난다. 곧게 선 모습으로 차귀도를 지키고 있는 것 같아 늠름하다. 장군바위 주변을 병풍처럼 둘러싼 붉은 절벽이 인상적이다.

차귀도는 한 바퀴 도는데 1시간 남짓이면 충분하다. 섬을 돌고 난 후 유람선에 탑승하면 바로 자구내포구로 돌아가는 것이 아니라 매바위 옆으로 이동한다. 선장님이 들려주는 차귀도의 이야기를 들으며 바다 위를 유람한다. 운이 좋으면 유람선 가까이 돌고래가 나타나 재미난 추억을 만들어주기도 한다.

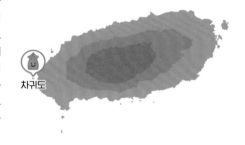

차귀도

⛵ 차귀도 가기

한경면 자구내포구에 있는 차귀도유람선 선착장에서 배를 타야 한다. 하루 2회만 운행하기 때문에 예약을 하는 것이 좋다. 섬에 사람들을 내려준 후 정해진 시간에 돌아와 다시 태운다. 승선 신고서를 작성하고 신분증 검사를 하므로 주민등록증, 운전면허증, 주민등록등본, 가족관계증명서 등을 꼭 지참해야만 한다.

차귀도유람선 ※ 차량 입도 불가

📞 문의 064-738-5355 📍 주소 제주시 한경면 노을해안로 1163 🕐 운행 시간 10:30~12:00, 14:30~16:00 💳 이용 요금(왕복 기준) 성인 및 청소년 16,000원, 어린이(2세~13세) 13,000원

협재&금능해변의 랜드마크
비양도

쪽빛 바다가 아름다운 협재와 금능해변 앞에 사계절 내내 변함없는 모습으로 바다 위에 떠 있는 섬이 비양도다. 조선시대 쓰여진 지리서인 〈신증동국여지승람〉에 의하면 1002년 바다가 폭발하면서 섬이 생겼다고 전해진다. 섬의 생성 과정이 정확하게 기록되어 있다는 점이 흥미롭다. 하지만, 실제 지질 조사에 따르면 훨씬 이전에 형성된 것으로 추정된다. 중국에서 섬이 떠내려오다가 물질을 하던 해녀들의 목소리를 듣고 멈췄다 하여날 비(飛)에 날릴 양(敭)자를 써서 '비양도'라는 이름이 붙었다는 전설이 있다.

한림항에서 배를 타면 약 15분 만에 섬에 도착한다. 선착장을 중심으로 왼쪽 해안을 따라 섬을 한 바퀴 돌고 난 후 비양봉을 올라갔다 오면 여행이 마무리된다. 단, 짧은 시간 내에 섬을 둘러보고 비양봉까지 다녀오기에는 빠듯할 수 있어 넉넉하게 3~4시간 소요 시간을 잡는 것이 좋다. 해안을 걷다 보면 용암지대와 화산탄 분포지가 이어진다. 지금은 사라진 비양도의 다른 분화구가 파도와 바람에 침식하면서 코끼리 모양으로 남은 코끼리 바위, 용암이 흐르는 동안 물을 만나 소규모로 뿜어져 나가면서 형성된 용암 굴뚝인 애기업은돌이 이색적인 볼거리다. 애기업은돌은 기가 세서 집안에 안 좋은 일이 있을 때 이곳에서 기도하면 해결된다는 이야기가 전해져오니 돌 앞에 서서 소원을 빌어보는 것은 어떨까. 용암지대를 지나 습지인 팔랑못을 거쳐 다시 선착장으로 돌아오게 된다. 비양도 여행의 하이라이트는 비양봉이다. 선착장부터 이어진 등산로를 통해 비양봉에 오른다. 대나무 숲을 지나면 정상에 있는 등대에 닿는다. 발아래 협재와 금능해변이 내려다보이고 한라산부터 뻗어져 내려오는 제주의 웅장한 모습이 손에 닿을 듯 가까이 펼쳐진다.

애기업은돌

코끼리 바위

⛵ 비양도 가기

한림읍 있는 한림항도선대합실에서 비양도를 오가는 배를 운항한다. 천년호와 비양도호가 하루에 각각 4회씩 다닌다. 천년호를 타고 들어갔으면 천년호를 타고 나와야 하고, 비양도호도 마찬가지이니 배 시간을 잘 확인해야 한다. 승선 신고서를 작성하고 신분증 검사를 하므로 주민등록증, 운전면허증, 주민등록등본, 가족관계증명서 등을 꼭 지참해야만 한다.

비양도

한림항도선대합실 ※ 차량 입도 불가

📞 **문의** 064-796-7522 📍 **주소** 제주시 한림읍 한림해안로 192
🕐 **운행 시간** 천년호 09:00~09:15, 12:00~12:15, 14:00~14:15, 16:00~16:15
비양도호 09:20~09:35, 11:20~11:35, 13:20~13:35, 15:20~15:35
(앞 한림항 출발, 뒤 비양도 출발, 계절이나 기상 상황에 따라 유동적임)
💰 **이용 요금**(왕복 기준) 성인 및 청소년 9,000원, 어린이(2~11세) 5,000원

Outro

언젠가 제주 입도를
꿈꾸는 사람에게

어떤 제주를
꿈꾸나요?

제주에서 만나는 풍경은 별게 다 위안이 된다.

머리를 스치는 바람, 소박하고 정겨운 돌담과 마을,

푸르고 또 푸른 파도, 제주의 속살을 보여주는 오름,

길가에서 마주하는 이름 모를 숲과 목장까지

찰나의 순간마저 위로로 다가오고,

이것이 모이고 모여 행복이 된다.

가만히 멈추어 깊고 느리게 숨 쉬기

올망졸망
올멍줄멍

파란 하늘에

붉은 색 물감이 톡톡

아도록헌 자연이 주는 선물

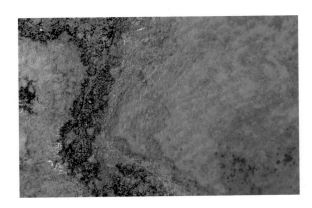

바람의 소리일까

억새의 소리일까

나의 마음은 어떤 소리를 내고 있을까

안녕, 제주

다음에 또 만나.

Index

장소별

여행 명소

1100고지	314
516도로 숲터널	298
9.81파크	326
가시리풍력발전단지	225
감귤박물관	302
감사공묘역	049
갑마장길&쫄븐갑마장길	229
강병대교회	156
갯깍주상절리	146
거문오름	251
거슨세미오름	286
건강과성박물관	389
고근산	319
공천포	117
곶자왈 반딧불이	370
곽지해수욕장	191
관덕정	209
관음사	295
광치기해변	091
교래자연휴양림	267
구들책방	048
구엄돌염전	195
국립제주박물관	041
군산	386
귀덕궤물동산(영등할망공원)	190
금능해수욕장	172

금산공원(납읍난대림)	193
금오름	351
기당미술관	133
김경숙해바라기농장	257
김녕미로공원	066
김녕성세기해변	060
김영갑갤러리	098
낙천아홉굿마을	368
남원 큰엉해안경승지	110
너븐숭이4.3기념관	057
넥슨컴퓨터박물관	310
노루생태관찰원	242
녹산로	227
논짓물	147
다랑쉬오름	283
단산(바굼지오름)	383
달리책방	198
닭머르해안길	046
당산봉	179
당오름	278
대정읍성	380
대정향교	381
대정현역사자료전시관	156
대평리	387
대포주상절리	040
도두봉	206
도순다원	316
돈내코 원앙폭포	342
돌하르방미술관	067
동검은이오름	286
동문시장	212
동백포레스트	303
두멩이골목	215

디앤디파트먼트제주	215
따라비오름	228
라바북스	116
렛츠런팜제주	271
마린스테이지(퍼시픽리솜)	148
만장굴	061
만춘서점	066
망장포	117
머체왓숲길	271
메이즈랜드	243
모슬포항	156
목장카페 드르쿰다	256
무명서점	182
무민랜드	352
문화예술 공공수장고	370
물영아리오름	269
바라나시책골목	214
바이나흐튼 크리스마스박물관	334
박물관이 살아있다	148
방림원	371
방주교회	348
백약이오름	281
베릿네오름	141
별방진	077
보롬왓	252
보목포구	114
본태박물관	344
북살롱이마고	231
북스토어아베끄	182
북촌포구	058
불탑사5층석탑	045
블루마운틴 커피랜드	257
비자림	241

빛의벙커	095
뽀로로앤타요 테마파크	334
사계해안	161
사라봉	214
사려니숲	268
사슴책방	27
산굼부리	239
산방산&산방굴사	16
산방산탄산온천	16
산천단	294
삼사석	04
삼성혈	04
삼양검은모래해변	04
상잣길	32
상효원	35
새별오름	33
새연교&새섬	13
서귀다원	30
서귀포 치유의숲	34
서귀포매일올레시장	12
서귀포유람선	13
서귀포자연휴양림	31
서귀포잠수함	13
서실리책방	24
서연의집	11
서프라이즈테마파크	27
서해안로(용담해안도로)	20
선흘 동백동산	28
섭지코지	09
성산일출봉	09
성읍녹차마을	25
성읍랜드	25
성읍민속마을	25

성이시돌목장	349	안돌오름 비밀의숲	240	이호테우해변	197	중엄새물	198
성이시돌센터	350	안성리 수국길	389	인성리방사탑	382	지미봉	081
세계자동차&피아노박물관	333	알뜨르비행장&섯알오름	158	자구내포구	178	진아영할머니삶터	175
세화해변	074	알작지	196	자구리해안	129	책방무사	100
소라의성	124	애월해안로	194	자연사랑미술관	230	천아계곡	319
소리소문	352	어떤바람	388	저갈물	369	천제연폭포	142
소심한책방	082	어승생악	313	저지오름	367	천지연폭포	130
소정방폭포	124	엉덩물계곡	149	절물자연휴양림	238	추사관&추사유배지	379
송당리마을	243	엉또폭포	317	정난주 마리아의 묘	378	카멜리아힐	332
송악산	159	엉알해안	180	정방폭포	125	코코몽에코파크	116
쇠소깍	113	에코랜드	266	제주4.3평화공원	236	큰노꼬메오름	328
수목원길 야시장	318	여미지식물원	144	제주곶자왈도립공원	371	큰사슴이오름(대록산)	224
수산봉	199	영주산	255	제주도립김창열미술관	365	테디베어뮤지엄	148
수월봉	180	오라동메밀밭	318	제주도립미술관	312	판포포구	183
수풍석뮤지엄	346	오솔록티뮤지엄	360	제주돌문화공원	264	평대리	064
숨비소리길	076	오저여	067	제주동백수목원	111	포도뮤지엄	353
스누피가든	279	오조포구	092	제주마방목지	297	표선해비치해변	109
신산공원	049	온평리포구	097	제주맥주 양조장	183	피규어뮤지엄	331
신엄도대불	194	왈종미술관	133	제주목관아	209	하도리해변&철새도래지	078
신창풍차해안도로	176	외돌개	131	제주민속자연사박물관	048	하도어촌체험마을	083
신천아트빌리지	101	요트투어 샹그릴라(퍼시픽리솜)	149	제주민속촌	109	하모해수욕장	165
신풍신천바다목장	099	용눈이오름	284	제주불빛정원	335	한담해안산책로	192
신흥리동백마을	112	용두암&용연	208	제주세계자연유산센터	250	한라생태숲	296
아끈다랑쉬오름	285	용머리해안	163	제주신화월드	335	한라수목원	311
아라리오뮤지엄	210	용수포구	177	제주자연생태공원	282	한림공원	173
아르떼뮤지엄	327	월령선인장군락지	174	제주풀무질	082	함덕서우봉	056
아부오름	280	월정리	062	제주항공우주박물관	362	항몽유적지	199
아비앙또정원	257	유민미술관	101	제주허브동산	108	해녀박물관	075
아침미소목장	302	유채꽃프라자	225	제주현대미술관	364	해녀의부엌	083
아쿠아플라넷제주	100	이니스프리 제주하우스	360	조랑말체험공원	226	해맞이해안로(세화리~종달리)	079
아프리카박물관	148	이듬해봄	164	조함해안로(조천리~신흥리)	047	해맞이해안로(월정리~세화리)	063
안덕계곡	385	이승악오름(이승이오름)	303	종달리마을	080	협재해수욕장	172
안덕면사무소 수국길	388	이중섭미술관	128	중문색달해변	145	형제해안도로	161

혼인지	096	모카다방	119	웃뜨르 우리돼지	372	눈물의 십자가	412
화북포구	042	바다다	321	원앤온리	167	답다니탑망대	406
화순금모래해변	164	보래드베이커스	119	유동커피	135	돈대산	414
환상숲곶자왈	363	북촌에 가면	069	으뜨미식당	288	마라도	418
회천동 석인상	265	불특정식당	102	이스틀리	103	묵리고갯길	414
휴애리자연생활공원	299	블라썸	135	자리돔횟집	134	밤수지맨드라미	408
		사계생활	391	잔디공장	103	비양도	422

음식점&카페

3인칭관찰자시점	185	사계의시간	166	잔물결	185	비양도(우도)	407
가스름식당	230	산방산초가집	390	정이가네	320	산호해수욕장	406
각지불	272	산티아고 가는 길	272	제주메밀(한라산아래첫마을)	354	상추자도항	413
갈치공장	084	선흘곶	288	제주시차	201	소섬전복	408
고사리식당	258	섭섭이네	244	조천수산	050	신양항	412
고요새	051	소리원 저지점	354	쪼끄뜨레	184	오동여식당	415
고우니제주를담다	200	수두리보말칼국수	150	천짓골식당	134	용듬벙	413
공천포식당	118	술의 식물원	245	초가헌	259	우도	402
그초록	069	스타벅스 중문점	151	촌촌해녀촌	068	우도로93	409
기찬밥상	336	시흥해녀의 집	084	카페 두가시	391	우도봉&우도등대	407
나이체	305	씨힐	337	카페비아라테	337	차귀도	420
다니쉬	051	아줄레주	259	카페한라산	085	추자도	410
담아래	320	애월연어	336	크래커스 한경점	373	추자도 민박집 밥상	415
동백	289	어니스트밀크 본점	289	큰돈가 중문점	150	추자등대전망대	413
대정고을식당	390	어제보다오늘	201	탐라간장게장	118	카페살레	40■
더로맨틱 내 생애 가장 아름다운 날들	273	에이바우트 토평점	305	판타스틱버거	231	하고수동해수욕장	40■
더클리프	151	여누카페	273	팟타이만	068	한라산	39■
도도해녀의집	216	영신상회	355	풍림다방	245	한라산 성판악~관음사 코스	39■
똥보아저씨	372	영해식당	166	해왓	102	한라산 영실~어리목 코스	40■
리듬앤브루스	217	옛날팥죽	258	화성식당	050		
마루나키친	184	오롯	304	효성마을초가집	244		
마음에온	217	와토커피	167				
모녀의부엌	304	우연못	321	## 산과 섬			
모뉴에트	085	우유부단	355	가파도	416		
모들한상	200	우진해장국	216	검멀레해변	407		
		우호적무관심	373	나바론하늘길	413		

지역별

제주 동쪽

지불	272
치공장	084
사공묘역	049
문오름	251
슨세미오름	286
사리식당	258
요새	051
음사	295
래자연휴양림	267
들책방	048
립제주박물관	041
초록	069
경숙해바라기농장	257
녕미로공원	066
녕성세기해변	060
분숭이4.3기념관	057
루생태관찰원	242
니쉬	051
랑쉬오름	283
머르해안길	046
오름	278
로맨틱 내 생애 가장 름다운 날들	273
하르방미술관	067
검은이오름	286
츠런팜제주	271
장굴	061
춘서점	066
이즈랜드	243
뉴에트	085
방진	077

북촌에 가면	069
북촌포구	058
불탑사5층석탑	045
비자림	241
사려니숲	268
사슴책방	270
산굼부리	239
산천단	294
삼사석	043
삼성혈	040
삼양검은모래해변	044
서실리책방	242
서프라이즈테마파크	270
선흘 동백동산	287
선흘곶	288
섭섭이네	244
세화해변	074
소심한책방	082
송당리마을	243
술의 식물원	245
숨비소리길	076
스누피가든	279
시흥해녀의 집	084
신산공원	049
아끈다랑쉬오름	285
아부오름	280
아침미소목장	302
안돌오름 비밀의숲	240
에코랜드	266
여누카페	273
오저여	067
용눈이오름	284
월정리	062

으뜨미식당	288
절물자연휴양림	238
제주4.3평화공원	236
제주돌문화공원	264
제주마방목지	297
제주민속자연사박물관	048
제주세계자연유산센터	250
제주풀무질	082
조천수산	050
조함해안로(조천리~신흥리)	047
종달리마을	080
지미봉	081
촌촌해녀촌	068
친봉산장	289
카페한라산	085
팟타이만	068
평대리	064
풍림다방	245
하도리해변&철새도래지	078
하도어촌체험마을	083
한라생태숲	296
함덕서우봉	056
해녀박물관	075
해녀의부엌	083
해맞이해안로(세화리~종달리)	079
해맞이해안로(월정리~세화리)	063
화북포구	042
화성식당	050
회천동 석인상	265
효섬마을초가집	244

제주 서쪽

9.81파크	326
곶자왈 반딧불이	370
곽지해수욕장	191
관덕정	209
구엄돌염전	195
귀덕궤물동산(영등할망공원)	190
금능해수욕장	172
금산공원(납읍난대림)	193
금오름	351
기찬밥상	336
나이체	305
낙천아홉굿마을	368
넥슨컴퓨터박물관	310
달리책방	198
담아래	320
당산봉	179
도두봉	206
동문시장	212
두멩이골목	215
디앤디파트먼트제주	215
뚱보아저씨	372
무명서점	182
문화예술 공공수장고	370
바라나시책골목	214
방림원	371
북스토어아베끄	182
사라봉	214
상잣길	329
새별오름	330
서해안로(용담해안도로)	207
소리소문	352
소리원 저지점	354

수목원길 야시장	318	중엄새물	198	물영아리오름	269	옛날팥죽	258
수산봉	199	진아영할머니삶터	175	백약이오름	281	오조포구	092
수월봉	180	천아계곡	319	보래드베이커스	119	온평리포구	097
신엄도대불	194	크래커스 한경점	373	보롬왓	252	왈종미술관	133
신창풍차해안도로	176	큰노꼬메오름	328	보목포구	114	외돌개	131
씨힐	337	판포포구	183	북살롱이마고	231	유동커피	135
아라리오뮤지엄	210	한담해안산책로	192	불특정식당	102	유민미술관	101
아르떼뮤지엄	327	한라수목원	311	블라썸	135	유채꽃프라자	225
알작지	196	한림공원	173	블루마운틴 커피랜드	257	이스틀리	103
애월연어	336	항몽유적지	199	빛의벙커	095	이승악오름(이승이오름)	303
애월해안로	194	협재해수욕장	172	산티아고 가는 길	272	이중섭미술관	128
어승생악	313	환상숲곶자왈	363	새연교&새섬	132	자구리해안	129
엉알해안	180			서귀다원	300	자리돔횟집	134
영신상회	355	**서귀포 동쪽**		서귀포매일올레시장	126	자연사랑미술관	230
오라동메밀밭	318	516도로 숲터널	298	서귀포유람선	132	잔디공장	103
오롯	304	가스름식당	230	서귀포잠수함	132	정방폭포	125
용두암&용연	208	가시리풍력발전단지	225	서연의집	117	제주동백수목원	111
용수포구	177	감귤박물관	302	섭지코지	094	제주민속촌	109
우연못	321	갑마장길&쫄븐갑마장길	229	성산일출봉	090	제주자연생태공원	282
우유부단	355	공천포	117	성읍녹차마을	253	제주허브동산	108
우호적무관심	373	공천포식당	118	성읍랜드	256	조랑말체험공원	226
웃뜨르 우리돼지	372	광치기해변	091	성읍민속마을	254	책방무사	100
월령선인장군락지	174	기당미술관	133	소라의성	124	천지연폭포	130
이호테우해변	197	김영갑갤러리	098	소정방폭포	124	천짓골식당	134
자구내포구	178	남원 큰엉해안경승지	110	쇠소깍	113	초가헌	259
저갈물	369	녹산로	227	신천아트빌리지	101	코코몽에코파크	116
저지오름	367	동백포레스트	303	신풍신천바다목장	099	큰사슴이오름(대록산)	224
제주도립김창열미술관	365	따라비오름	228	신흥리동백마을	112	탐라간장계장	118
제주도립미술관	312	라바북스	116	아비앙또정원	257	판타스틱버거	231
제주맥주 양조장	183	망장포	117	아줄레주	259	표선해비치해변	109
제주목관아	209	머체왓숲길	271	아쿠아플라넷제주	100	해왓	102
제주불빛정원	335	모카다방	119	어니스트밀크 본점	289	혼인지	096
제주현대미술관	364	목장카페 드르쿰다	256	영주산	255	휴애리자연생활공원	299

귀포 서쪽

00고지	314	상효원	353	카페 두가시	391
병대교회	156	서귀포 치유의숲	343	카페비아라테	337
깍주상절리	146	서귀포자연휴양림	315	테디베어뮤지엄	148
강과성 박물관	389	성이시돌목장	349	포도뮤지엄	353
근산	319	성이시돌센터	350	피규어뮤지엄	331
산	386	세계자동차&피아노박물관	333	하모해수욕장	165
짓물	147	송악산	159	형제해안도로	161
산(바굼지오름)	383	수풍석뮤지엄	346	화순금모래해변	164
왕수천예래생태공원	148	아프리카박물관	148		
정고을식당	390	안덕계곡	385		
정읍성	380	안덕면사무소 수국길	388		
정향교	381	안성리 수국길	389		
정현역사자료전시관	156	알뜨르비행장&섯알오름	158		
평리	387	어떤바람	388		
포주상절리	040	엉덩물계곡	149		
순다원	316	엉또폭포	317		
내코 원앙폭포	342	에이바우트 토평점	305		
녀의부엌	304	여미지식물원	144		
슬포항	156	오설록티뮤지엄	360		
긴랜드	352	요트투어 샹그릴라(퍼시픽리솜)	149		
구다	321	용머리해안	163		
기나흐튼 크리스마스 물관	334	이니스프리 제주하우스	360		
물관이 살아있다	148	인성리방사탑	382		
주교회	348	정난주 마리아의 묘	378		
킷네오름	141	정이가네	320		
태박물관	344	제주곶자왈도립공원	371		
로로앤타요 테마파크	334	제주메밀(한라산아래첫마을)	354		
계생활	391	제주신화월드	335		
계해안	161	제주항공우주박물관	362		
괭산&산방굴사	162	중문색달해변	145		
괭산초가집	390	천제연폭포	142		
괭산탄산온천	165	추사관&추사유배지	379		
		카멜리아힐	332		

Making
note

Designer's note

내 사랑 제주를 조금 더 속속들이 들여다볼 수 있는 기회를 주신 정희경 에디터와 작가님에게 감사 인사를 전합니다.

Illustrator's note

익숙함 속의 새로움, 지도 작업을 통해 속속들이 제주를 여행하는 기분이었다.

Proofreader's note

이 책은 두 가지 점에서 독보적이다. 첫째, 제주 여행이 자가용이나 렌터카를 이용하는 경우가 많으므로 주요 도로를 중심으로 관광 스폿을 설명하여 합리적 실용성을 갖췄다는 점이다. 둘째, 음식점이든 관광지이든 각 스폿마다 달린 필자의 촌평이 직접 발로 뛴 흔적이어서 신뢰도가 높아진다는 점이다. 여기에 '여행정보서'라는 카테고리로 묶이는 책들의 내용이 '하드'할 수밖에 없음에도 전설, 민담, 어원, 역사, 지질학 등 갖가지 인문학 지식마저 더한 것은 신의 한 수!

Editor's note

자전거로 버스로 택시로 배로 자동차로, 참 다양한 이동수단으로 제주를 여행하곤 했습니다. 이 책을 작업하는 동안, 자동차로 여행할 때 나는 무엇이 가장 좋았을까 곰곰이 생각해 보았는데요. 달리는 차 안에서 옆자리, 뒷자리에 앉은 동행자들과 밀착해 도란도란 이야기를 나누던 순간이 제일 먼저 떠올랐습니다. 이제는 이 책 덕분에 도로 중간중간 멈추어야 할 지점을 알게 되었습니다. 조금 돌아가더라도 여유를 가지고 도로 위 제주 풍경에 흠뻑 빠져 보고 싶습니다. 첨벙첨벙!